짱 중요한 유형

기출! 나는 수능에
나오는 유형만 공부한다!

수학 II

新수능

이제부터 수준별, 유형별 기출문제로 대비한다!

수능에서 가장 쉬운 유형별 교재!

- 수능 4, 5등급을 목표로 하는 교재이다.
- 3등급을 목표로 하는 학생의 기본기를 점검하는 교재이다.

↓

수능에서 가장 중요한 유형별 교재!

- 수능 2, 3등급을 목표로 하는 교재이다.
- 1등급을 목표로 하는 학생의 기본기를 점검하는 교재이다.

↓

수능에서 가장 어려운 유형별 교재!

- 수능 1등급을 목표로 하는 교재이다.
- 만점을 목표로 하는 학생의 기본기를 점검하는 교재이다.

※ **대표저자** : 이창주(前 한영고, EBS·강남구청 강사, 7차 개정 교과서 집필위원)

※ **연구 및 편집** : 정준교, 구수해, 박상원, 전신영, 이상은

짱 쉬운 확장판으로 수능 4등급은 확보!!!

짱 쉬운 유형은 풀만하던가요?

짱 쉬운 유형만 풀 수 있어도 수능 4등급은 충분합니다.

짱 쉬운 유형 문항 수 2배 + 짱 쉬운 모의고사 5회로 구성

총3종 수학 I, 수학 II, 확률과 통계

짱시리즈의 완결판!

짱 Final
실전모의고사

짱 시리즈는 연계가 아니라 적중입니다!!!

수능 문제지와
가장 유사한
난이도와 문제로 구성된
실전 모의고사 8회

EBS교재
연계 문항을 수록한
실전 모의고사 교재

김새연
대전 우송고

"고2까지는 개념을 완벽히 익힐 수 있는 문제집 학습도 병행해야..."

고등학교 입학 당시 저의 수학 실력은 다른 과목에 비해 좋은 편이 아니었습니다. 수학 성적이 오르지 않아 걱정하던 중, 친구가 공부하던 『짱 쉬운 수학』을 우연히 접했습니다. 그 책을 대강 주욱~ 훑어보면서 '이 걸로 공부해 볼까?' 하는 생각이 들었지요. 이를 계기로 『짱 수학』으로 공부하면서부터 수학 공부에 탄력이 붙었습니다. 문제를 풀며 까먹었거나 헷갈렸던 공식들을 완벽하게 숙지하여 적용해 가는 공부를 하니, 점차 학습 진도가 빨라졌고 결과적으로 수학 성적이 올랐습니다.

그 이후 『짱 쉬운』으로 수학 I·II, 확률과 통계를 공부한 결과, 고등학교 2학년 내내 모의고사에서 반 1등을 놓치지 않았습니다. 기출 문제집을 풀며 실전 감각을 익히는 것도 중요하지만, 나에게 맞는 수준의 문제들에 대한 학습을 병행하며 개념을 완벽하게 익혀 적용해 나가는 훈련도 중요하다는 점을 깨달았습니다.

고3이 된 후에는 『짱 중요한』 유형으로 수능을 준비했습니다. 고1 때는 수학에 큰 기대를 걸지 않았는데, 현재는 수학으로 최저학력기준을 맞추려 노력 중이며, 2등급을 목표로 하고 있습니다. 중학생인 남동생에게도 『짱 수학』을 추천할 겁니다.

"쉬운 문제를 빨리 풀어야 어려운 문제 풀 시간을 확보"

어렵고 새로운 문제를 많이 풀어보는 것도 중요하지만, 전형적인 유형의 문제를 실수 없이 빠르게 푸는 것도 중요하다고 생각했습니다. 전형적인 유형을 "나 이거 알아!"하고 안 풀고 매일 어려운 문제만 풀다 보면 전형적인 문제들을 다 잊어버리더라고요. 사실 제 경험담인데 이런 문제들을 간과했던 게 되돌아보니 너무 아쉬웠습니다. 수능에서는 풀 수 있는 걸 다 맞추고 나서야 기세를 몰아 어려운 번호도 풀 수 있다고 생각하는데, 이런 문제들을 평소에 연습해 두지 않으면 시험 도중 앞번호에서 막혔을 때 "엇 이거 앞번호인데 이거 틀리면 안 되는데..."하고 허둥지둥하더라고요. 모의평가 때 그런 경험을 해서 "수능 때는 풀 수 있는 문제를 실수 없이 빠르게 풀자!"라는 생각으로 짱 중요한 유형을 1회독을 더 했습니다. 그 결과 수능에서 앞번호 문제를 당황하지 않고 모두 풀어서 어려운 문항을 풀 수 있는 시간을 확보했습니다. 짱 유형으로 수학에 대한 자신감을 가지셨으면 좋겠습니다.

임수연
공주사대부고

김세현
시흥 배곧고

"안오르던 등급을 한 달만에 5등급에서 3등급으로 올려준 교재"

고등학교 입학 때부터 고3까지 모의고사 점수가 거의 5등급이어서 서점에서 책을 찾아보던 중 3학년 여름방학에 『짱 쉬운 유형』이라는 책을 보고 개념을 다시 한번 복습하면 성적이 오를 것이라 생각하고 『짱 유형』 교재를 처음 접했습니다. 쉬운 유형이라서 잘 풀렸고 잘 풀리니 수학에 대한 자신감이 조금씩 생기게 되어서 한 달만에 끝내고, 『짱 중요한 유형』까지 방학이 끝나기 전에 결국 다 풀게 되었습니다. 모의고사 연습을 할 때 3점짜리 문제가 다 풀리는 것을 보고, 기본기가 튼튼해지고 4점짜리 문제들도 어느 정도 풀 수 있게 되어 실력이 정말 많이 향상되었다는 것을 느끼며 9월 모의고사에서 처음으로 2등급이 나와서 매우 기뻤습니다. 그 다음에 교재에서 틀린 문제들을 다시 복습하면서 10월 모의고사에서도 2등급이 나왔었는데 아쉽게도 수능에서는 3등급으로 마무리를 했습니다. 아쉬웠지만 방학 전까지만 해도 수학으로 최저를 맞춘다는 것은 상상도 못한 일이었는데 그래도 수시 최저를 맞추게 되어서 매우 기뻤습니다.

짱 유형 교재 사용 후기를 공모 중입니다.
교재 뒷면을 참고하시어 많은 참여 바랍니다.

매년 같은 유형의 문제가
출제되고 있다는 사실~!!

미분계수

📋 2025학년도 수능

함수 $f(x)=(x^2+1)(3x^2-x)$에 대하여 $f'(1)$의 값은?

📋 2024학년도 수능

함수 $f(x)=(x+1)(x^2+3)$에 대하여 $f'(1)$의 값을 구하시오.

📋 2023학년도 수능

다항함수 $f(x)$에 대하여 함수 $g(x)$를
$$g(x)=x^2f(x)$$
라 하자. $f(2)=1$, $f'(2)=3$일 때, $g'(2)$의 값은?

접선의 방정식

📋 2024학년도 수능

$a>\sqrt{2}$인 실수 a에 대하여 함수 $f(x)$를
$$f(x)=-x^3+ax^2+2x$$
라 하자. 곡선 $y=f(x)$ 위의 점 O$(0,0)$에서의 접선이
곡선 $y=f(x)$와 만나는 점 중 O가 아닌 점을 A라 하고,
곡선 $y=f(x)$ 위의 점 A에서의 접선이 x축과 만나는 점을
B라 하자. 점 A가 선분 OB를 지름으로 하는 원 위의 점일 때,
$\overline{OA}\times\overline{AB}$의 값을 구하시오.

📋 2023학년도 수능

점 $(0,\ 4)$에서 곡선 $y=x^3-x+2$에 그은 접선의 x절편은?

📋 2022학년도 수능

삼차함수 $f(x)$에 대하여 곡선 $y=f(x)$ 위의 점 $(0,0)$에서의
접선과 곡선 $y=xf(x)$ 위의 점 $(1,2)$에서의 접선이 일치할
때, $f'(2)$의 값은?

🗒 2025학년도 수능

양수 a에 대하여 함수 $f(x)$를

$$f(x)=2x^3-3ax^2-12a^2x$$

라 하자. 함수 $f(x)$의 극댓값이 $\dfrac{7}{27}$일 때, $f(3)$의 값을 구하시오.

🗒 2024학년도 수능

함수 $f(x)=\dfrac{1}{3}x^3-2x^2-12x+4$가 $x=\alpha$에서 극대이고 $x=\beta$에서 극소일 때, $\beta-\alpha$의 값은? (단, α와 β는 상수이다.)

🗒 2023학년도 수능

함수 $f(x)=2x^3-9x^2+ax+5$는 $x=1$에서 극대이고, $x=b$에서 극소이다. $a+b$의 값은? (단, a, b는 상수이다.)

🗒 2022학년도 수능

함수 $f(x)=x^3+ax^2-(a^2-8a)x+3$이 실수 전체의 집합에서 증가하도록 하는 실수 a의 최댓값을 구하시오.

🗒 2025학년도 수능

최고차항의 계수가 1인 삼차함수 $f(x)$가

$$f(1)=f(2)=0,\ f'(0)=-7$$

을 만족시킨다. 원점 O와 점 $P(3, f(3))$에 대하여 선분 OP가 곡선 $y=f(x)$와 만나는 점 중 P가 아닌 점을 Q라 하자. 곡선 $y=f(x)$와 y축 및 선분 OQ로 둘러싸인 부분의 넓이를 A, 곡선 $y=f(x)$와 선분 PQ로 둘러싸인 부분의 넓이를 B라 할 때, $B-A$의 값은?

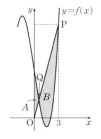

🗒 2024학년도 수능

함수 $f(x)=\dfrac{1}{9}x(x-6)(x-9)$와 실수 $t\,(0<t<6)$에 대하여 함수 $g(x)$는

$$g(x)=\begin{cases} f(x) & (x<t) \\ -(x-t)+f(t) & (x\geq t) \end{cases}$$

이다. 함수 $y=g(x)$의 그래프와 x축으로 둘러싸인 영역의 넓이의 최댓값은?

🗒 2023학년도 수능

두 곡선 $y=x^3+x^2$, $y=-x^2+k$와 y축으로 둘러싸인 부분의 넓이를 A, 두 곡선 $y=x^3+x^2$, $y=-x^2+k$와 직선 $x=2$로 둘러싸인 부분의 넓이를 B라 하자. $A=B$일 때, 상수 k의 값은? (단, $4<k<5$)

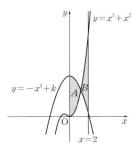

🗒 2022학년도 수능

곡선 $y=x^2-5x$와 직선 $y=x$로 둘러싸인 부분의 넓이를 직선 $x=k$가 이등분할 때, 상수 k의 값은?

이 책의 구성과 특징

Structur⒠

01 유형 분석

유형별로 수능에서 출제 빈도가 높은 내용이나 문제의 형태를 정리하였습니다. 출제경향을 분석하고 예상하여 제시함으로써 학습의 방향을 잡을 수 있습니다. 또 이 유형에서 출제의 핵심이 되는 내용을 제시하였습니다.

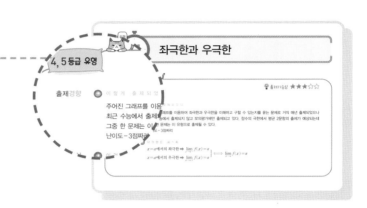

02 개념 확인

유형별 문제 해결에 필요한 필수 개념, 공식 등을 개념 확인을 통하여 점검할 수 있도록 하였습니다.

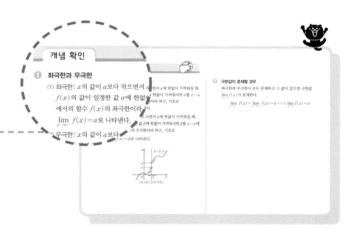

수학 Ⅱ

- **중요한 유형 17개로 수능의 중요한 문제를 완벽 마무리한다.**
  「짱 중요한 유형」은 수능에 자주 출제되는 유형 중에서 중요한 유형 17개로 구성된 교재입니다.

- **유형별 공략법에 대한 자신감을 갖게 한다.**
  「기본문제」, 「기출문제」, 「예상문제」의 3단계로 유형에 대한 충분한 연습을 통하여 자신감을 갖게 됩니다.

03 기본문제 다지기

유형별 문제를 해결하기 전단계로 기초적인 학습을 위하여 기본 개념을 이해할 수 있는 기초 문제 또는 공식을 적용하는 연습을 할 수 있는 문제를 제시하여 기출문제 해결의 바탕이 되도록 하였습니다.

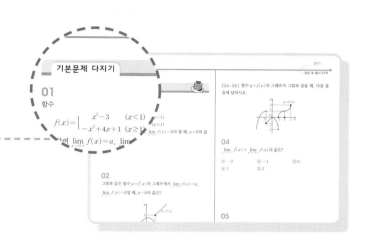

04 기출문제 맛보기

수능이나 모의평가에 출제되었던 문제들 중 유형에 해당되는 문제를 제시하여 유형별 문제에 대한 적응력을 기르고 수능 문제에 대한 두려움을 없앨 수 있도록 하였습니다.

※ 기출문제의 용어와 기호는 새 교육과정을 반영하여 수정하였습니다.

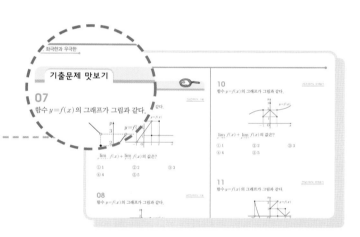

05 예상문제 도전하기

기본문제와 기출문제로 다져진 유형별 공략법을 기출문제와 유사한 문제로 실전 연습을 할 수 있도록 하였습니다.
또 약간 변형된 유형을 제시함으로써 수능 적응력을 기르도록 하였습니다.

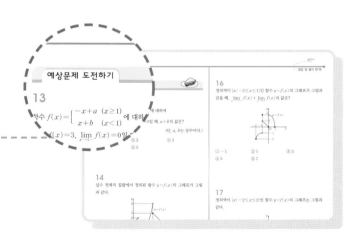

이 책의 차례
Contents

01 좌극한과 우극한

4, 5등급 유형

🔥 출제가능성 ★★★☆☆

출제경향 👉 이렇게 출제되었다

주어진 그래프를 이용하여 좌극한과 우극한을 이해하고 구할 수 있는지를 묻는 문제로 거의 매년 출제되었으나 최근 수능에서 출제되지 않고 모의평가에만 출제되고 있다. 함수의 극한에서 평균 2문항의 출제가 예상되는데 그중 한 문제는 이 유형으로 출제될 수 있다.
난이도 - 3점짜리

출제핵심 👉 이것만은 꼬~옥

$x=a$에서의 좌극한 ➡ $\displaystyle\lim_{x \to a-} f(x)=\alpha$
$x=a$에서의 우극한 ➡ $\displaystyle\lim_{x \to a+} f(x)=\alpha$ $\Bigg\}$ $\Longleftrightarrow$ $\displaystyle\lim_{x \to a} f(x)=\alpha$

개념 확인

① 좌극한과 우극한

(1) 좌극한: x의 값이 a보다 작으면서 a에 한없이 가까워질 때, $f(x)$의 값이 일정한 값 α에 한없이 가까워지면 α를 $x=a$에서의 함수 $f(x)$의 좌극한이라 하고, 기호로
$\displaystyle\lim_{x \to a-} f(x)=\alpha$로 나타낸다.

(2) 우극한: x의 값이 a보다 크면서 a에 한없이 가까워질 때, $f(x)$의 값이 일정한 값 β에 한없이 가까워지면 β를 $x=a$에서의 함수 $f(x)$의 우극한이라 하고, 기호로
$\displaystyle\lim_{x \to a+} f(x)=\beta$로 나타낸다.

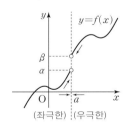

(좌극한) (우극한)

② 극한값이 존재할 경우

좌극한과 우극한이 모두 존재하고 그 값이 같으면 극한값 $\displaystyle\lim_{x \to a} f(x)$가 존재한다.

$$\lim_{x \to a-} f(x) = \lim_{x \to a+} f(x) = a \Longleftrightarrow \lim_{x \to a} f(x) = a$$

기본문제 다지기

01

함수

$$f(x)=\begin{cases} x^2-3 & (x<1) \\ -x^2+4x+1 & (x\geq 1) \end{cases}$$

에 대하여 $\lim\limits_{x\to 1+}f(x)=a$, $\lim\limits_{x\to 1-}f(x)=b$라 할 때, $a+b$의 값을 구하시오.

02

그림과 같은 함수 $y=f(x)$의 그래프에서 $\lim\limits_{x\to 1+}f(x)=a$, $\lim\limits_{x\to 1-}f(x)=b$일 때, $a-b$의 값은?

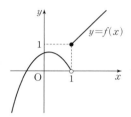

① -1　　　　② $-\dfrac{1}{2}$　　　　③ 0

④ 1　　　　⑤ 2

03

닫힌구간 $[0, 4]$에서 정의된 함수 $y=f(x)$의 그래프가 그림과 같을 때, $\lim\limits_{x\to 1-}f(x)+\lim\limits_{x\to 2+}f(x)$의 값은?

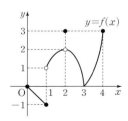

① 1　　　　② 2　　　　③ 3

④ 4　　　　⑤ 5

[04-05] 함수 $y=f(x)$의 그래프가 그림과 같을 때, 다음 물음에 답하시오.

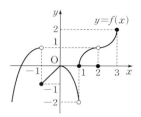

04

$\lim\limits_{x\to -1-}f(x)+\lim\limits_{x\to -1+}f(x)$의 값은?

① -2　　　　② -1　　　　③ 0

④ 1　　　　⑤ 2

05

$\lim\limits_{x\to 1-}f(x)+\lim\limits_{x\to 1+}f(x)+\lim\limits_{x\to 2}f(x)$의 값은?

① -2　　　　② -1　　　　③ 0

④ 1　　　　⑤ 2

06

함수 $y=f(x)$의 그래프가 그림과 같다. $\lim\limits_{x\to 0}f(x)=a$, $\lim\limits_{x\to 3+}f(x)=b$, $\lim\limits_{x\to 3-}f(x)=c$라 할 때, $a+b+c$의 값을 구하시오.

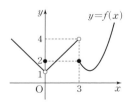

기출문제 맛보기

07

2022학년도 수능

함수 $y=f(x)$의 그래프가 그림과 같다.

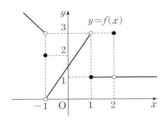

$\displaystyle\lim_{x\to-1-}f(x)+\lim_{x\to2}f(x)$의 값은?

① 1   ② 2   ③ 3

④ 4   ⑤ 5

08

2020학년도 수능

함수 $y=f(x)$의 그래프가 그림과 같다.

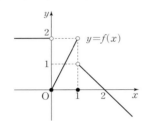

$\displaystyle\lim_{x\to0+}f(x)-\lim_{x\to1-}f(x)$의 값은?

① -2   ② -1   ③ 0

④ 1   ⑤ 2

09

2019학년도 수능

함수 $y=f(x)$의 그래프가 그림과 같다.

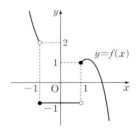

$\displaystyle\lim_{x\to-1-}f(x)-\lim_{x\to1+}f(x)$의 값은?

① -2   ② -1   ③ 0

④ 1   ⑤ 2

10

2025학년도 모의평가

함수 $y=f(x)$의 그래프가 그림과 같다.

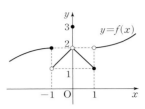

$\displaystyle\lim_{x\to0+}f(x)+\lim_{x\to1-}f(x)$의 값은?

① 1   ② 2   ③ 3

④ 4   ⑤ 5

11

2025학년도 모의평가

함수 $y=f(x)$의 그래프가 그림과 같다.

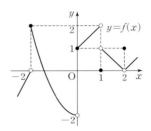

$\displaystyle\lim_{x\to0-}f(x)+\lim_{x\to1+}f(x)$의 값은?

① -2   ② -1   ③ 0

④ 1   ⑤ 2

12

2024학년도 모의평가

함수 $y=f(x)$의 그래프가 그림과 같다.

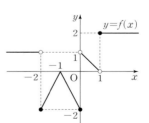

$\displaystyle\lim_{x\to-2+}f(x)+\lim_{x\to1-}f(x)$의 값은?

① -2   ② -1   ③ 0

④ 1   ⑤ 2

예상문제 도전하기

13

함수 $f(x)=\begin{cases} -x+a & (x\geq 1) \\ x+b & (x<1) \end{cases}$ 에 대하여

$\lim_{x\to 1+} f(x)=3$, $\lim_{x\to 1-} f(x)=0$일 때, $a+b$의 값은?

(단, a, b는 상수이다.)

① 1　　　　　② 2　　　　　③ 3

④ 4　　　　　⑤ 5

14

실수 전체의 집합에서 정의된 함수 $y=f(x)$의 그래프가 그림과 같다.

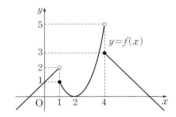

$\lim_{x\to 1-} f(x) + \lim_{x\to 4+} f(x)$의 값은?

① 3　　　　　② 4　　　　　③ 5

④ 6　　　　　⑤ 7

15

함수 $y=f(x)$의 그래프가 그림과 같다.

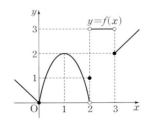

$\lim_{x\to 2-} f(x) + \lim_{x\to 2+} f(x)$의 값은?

① 1　　　　　② 2　　　　　③ 3

④ 4　　　　　⑤ 5

16

정의역이 $\{x\,|\,-2\leq x\leq 1\}$인 함수 $y=f(x)$의 그래프가 그림과 같을 때, $\lim_{x\to -1-} f(x) + \lim_{x\to 0+} f(x)$의 값은?

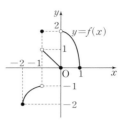

① -1　　　　② 1　　　　　③ 3

④ 5　　　　　⑤ 7

17

정의역이 $\{x\,|\,-2\leq x\leq 2\}$인 함수 $y=f(x)$의 그래프는 그림과 같다.

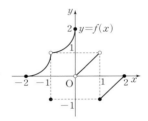

$\lim_{x\to -1} f(x) + \lim_{x\to 1+} f(x-1)$의 값은?

① -2　　　　② -1　　　　③ 0

④ 1　　　　　⑤ 2

18

두 함수 $y=f(x)$, $y=g(x)$의 그래프가 각각 그림과 같다.

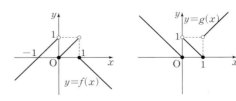

$\lim_{x\to 0+} \{f(x)+g(x)\}$의 값을 구하시오.

유형 02 함수의 극한

4등급 유형

🔅 출제가능성 ★☆☆☆☆

출제경향 🔾 이 렇 게 출 제 되 었 다

유리함수나 무리함수의 극한값을 구하는 쉬운 유형의 출제도 많지만 극한값을 알려주고 미정계수를 찾아내는 문제도 출제되었다. 쉬운 수능인 경우 출제될 확률이 높은데 어떤 함수, 어떤 형태로 출제될지 유형은 다양하다. 기본적인 계산 유형은 「짱 쉬운」에서 공부하자.

난이도 − 3점짜리

출제핵심 🔾 이 것 만 은 꼬 ~ 옥

1. $\lim\limits_{x \to a} \dfrac{(\text{분자})}{(\text{분모})} = \alpha$ (α는 실수)일 때, $\lim\limits_{x \to a}(\text{분모}) = 0$이면 $\lim\limits_{x \to a}(\text{분자}) = 0$

2. $\lim\limits_{x \to a} \dfrac{(\text{분자})}{(\text{분모})} = \alpha$ ($\alpha \neq 0$인 실수)일 때, $\lim\limits_{x \to a}(\text{분자}) = 0$이면 $\lim\limits_{x \to a}(\text{분모}) = 0$

개념 확인

1 여러 가지 함수의 극한

(1) $\dfrac{0}{0}$ 꼴의 극한

① 분수식 ➡ 분자, 분모가 모두 다항식인 경우 인수분해한 다음 약분한다.

② 무리식 ➡ 분자, 분모 중에서 근호가 있는 쪽을 유리화한 다음 약분한다.

(2) $\dfrac{\infty}{\infty}$ 꼴의 극한

분모의 최고차항으로 분모와 분자를 각각 나눈다.

① (분자의 차수) < (분모의 차수) ➡ 0에 수렴

② (분자의 차수) = (분모의 차수)

➡ $\dfrac{(\text{분자의 최고차항의 계수})}{(\text{분모의 최고차항의 계수})}$ 에 수렴

③ (분자의 차수) > (분모의 차수) ➡ 발산

(3) $\infty - \infty$ 꼴의 극한

① 다항식 ➡ 최고차항으로 묶는다.

② 무리식 ➡ 분자, 분모 중에서 근호가 있는 쪽을 유리화한다.

2 미정계수의 결정

(1) $\lim\limits_{x \to a} \dfrac{(\text{분자})}{(\text{분모})} = \alpha$ (α는 실수)일 때,

$\lim\limits_{x \to a}(\text{분모}) = 0$이면 $\lim\limits_{x \to a}(\text{분자}) = 0$

(2) $\lim\limits_{x \to a} \dfrac{(\text{분자})}{(\text{분모})} = \alpha$ ($\alpha \neq 0$인 실수)일 때,

$\lim\limits_{x \to a}(\text{분자}) = 0$이면 $\lim\limits_{x \to a}(\text{분모}) = 0$

정답 및 풀이 02쪽

기본문제 다지기

01

$\lim\limits_{x \to 3} \dfrac{ax+6}{x-3} = -2$일 때, 상수 a의 값은?

① -2 ② -1 ③ 0

④ 1 ⑤ 2

02

$\lim\limits_{x \to 1} \dfrac{(x+a)(x+5)}{(x-1)(x+2)}$ 가 수렴할 때, 극한값은?

(단, a는 상수이다.)

① 1 ② 2 ③ 3

④ 4 ⑤ 5

03

두 상수 a, b에 대하여 $\lim\limits_{x \to 1} \dfrac{x^2+ax+b}{x^2-1} = 4$일 때, ab의 값은?

① -42 ② -7 ③ 6

④ 7 ⑤ 42

04

$\lim\limits_{x \to \infty} \dfrac{ax^2+x-5}{2x^2+3} = 10$일 때, 상수 a의 값은?

① 2 ② 5 ③ 10

④ 15 ⑤ 20

05

두 상수 a, b에 대하여 $\lim\limits_{x \to \infty} \dfrac{ax^3+bx^2-x+1}{x^2-2x+5} = 3$일 때, $a+b$의 값은?

① 1 ② 3 ③ 5

④ 7 ⑤ 9

06

$\lim\limits_{x \to 2} \dfrac{\sqrt{x+7}+a}{x^2-4}$ 가 수렴할 때, 상수 a의 값은?

① -5 ② -4 ③ -3

④ -2 ⑤ -1

07

두 상수 a, b에 대하여

$$\lim\limits_{x \to 3} \dfrac{a\sqrt{x-2}-1}{x-3} = b$$

일 때, $a-b$의 값은?

① 0 ② $\dfrac{1}{2}$ ③ 1

④ $\dfrac{3}{2}$ ⑤ 2

기출문제 맛보기

08

2012학년도 모의평가

함수 $f(x)=x^2+ax$가 $\lim\limits_{x\to 0}\dfrac{f(x)}{x}=4$를 만족시킬 때, 상수 a의 값은?

① 4   ② 5   ③ 6

④ 7   ⑤ 8

09

2013학년도 모의평가

두 상수 a, b에 대하여 $\lim\limits_{x\to 1}\dfrac{x^2+ax}{x-1}=b$일 때, $a+b$의 값은?

① -2 ② -1 ③ 0

④ 1 ⑤ 2

10

2011학년도 모의평가

두 상수 a, b에 대하여
$$\lim_{x\to 3}\frac{x^2+ax+b}{x-3}=14$$
일 때, $a+b$의 값은?

① -25 ② -23 ③ -21

④ -19 ⑤ -17

11

2006학년도 수능

두 상수 a, b가 $\lim\limits_{x\to 2}\dfrac{x^2-(a+2)x+2a}{x^2-b}=3$을 만족시킬 때, $a+b$의 값은?

① -6 ② -4 ③ -2

④ 0 ⑤ 2

12

2014학년도 모의평가

두 상수 a, b에 대하여
$$\lim_{x\to 2}\frac{\sqrt{x+a}-2}{x-2}=b$$
일 때, $10a+4b$의 값을 구하시오.

13

2008학년도 모의평가

두 상수 a, b에 대하여
$$\lim_{x\to 1}\frac{ax+b}{\sqrt{x+1}-\sqrt{2}}=2\sqrt{2}$$
일 때, ab의 값은?

① -3 ② -2 ③ -1

④ 1 ⑤ 2

예상문제 도전하기

14

두 상수 a, b에 대하여

$$\lim_{x \to 1} \frac{x^2 - ax - 3}{x - 1} = b$$

일 때, $a + b$의 값을 구하시오.

15

두 상수 a, b에 대하여

$$\lim_{x \to 1} \frac{x^2 - ax - 5}{x - 1} = b$$

일 때, $a + b$의 값을 구하시오.

16

두 상수 a, b에 대하여

$$\lim_{x \to -1} \frac{x + 1}{x^2 - ax + b} = -\frac{1}{5}$$

일 때, $a - b$의 값은?

① -7 ② -1 ③ 1

④ 7 ⑤ 10

17

두 상수 a, b에 대하여

$$\lim_{x \to -2} \frac{a\sqrt{x + 3} + b}{x + 2} = 2$$

일 때, ab의 값은?

① -16 ② -14 ③ -12

④ -8 ⑤ -6

18

두 상수 a, b에 대하여

$$\lim_{x \to 2} \frac{\sqrt{x + a} - b}{x - 2} = \frac{1}{2}$$

일 때, $b - a$의 값을 구하시오.

19

두 상수 a, b에 대하여

$$\lim_{x \to \infty} \{\sqrt{x^2 + x + 1} - (ax - 1)\} = b$$

일 때, $a + b$의 값은? (단, $a > 0$)

① $\frac{1}{2}$ ② 1 ③ $\frac{3}{2}$

④ 2 ⑤ $\frac{5}{2}$

유형 03 $f(x)$를 포함한 함수의 극한

3 등급 유형

💡 출제가능성 ★★★☆☆

출제경향 🔘 이 렇 게 출 제 되 었 다

함수의 극한 문제는 최근 이 유형의 문항들의 출제 빈도가 높아지고 있다. $f(x)$가 이차식 또는 삼차식인 경우가 대부분이고, $f(x)$를 $ax+b$ 또는 ax^2+bx+c로 놓고 주어진 조건을 이용하여 미정계수를 추론하는 유형이다. 어려워 보이지만 연습을 많이하면 쉽고 빠르게 풀 수 있는 유형이다.

난이도 – 3, 4점짜리

출제핵심 🔘 이 것 만 은 꼬 ~ 옥

1. 다항함수 $f(x)$에 대하여 $\lim\limits_{x \to a} \dfrac{f(x)}{x-a} = \alpha$ (α는 실수)가 성립하면

   $f(x) = (x-a)g(x)$ 꼴로 나타낼 수 있다.

2. $\lim\limits_{x \to a} \dfrac{f(x)}{g(x)}$ 에서 $f(x)$와 $g(x)$에 공통인수가 존재하도록 만들어 보자.

개념 확인

① 미정계수의 결정

두 다항함수 $f(x)$, $g(x)$에 대하여

(1) $\lim\limits_{x \to a} \dfrac{f(x)}{g(x)} = \alpha$ (α는 실수)일 때,

$\lim\limits_{x \to a} g(x) = 0$이면 $\lim\limits_{x \to a} f(x) = 0$

(2) $\lim\limits_{x \to a} \dfrac{f(x)}{g(x)} = \alpha$ ($\alpha \neq 0$인 실수)일 때,

$\lim\limits_{x \to a} f(x) = 0$이면 $\lim\limits_{x \to a} g(x) = 0$

(3) $\lim\limits_{x \to \infty} \dfrac{f(x)}{g(x)} = \alpha$ ($\alpha \neq 0$인 실수)일 때,

① 두 다항함수 $f(x)$, $g(x)$의 차수는 같다.

② $\alpha = \dfrac{(f(x)\text{의 최고차항의 계수})}{(g(x)\text{의 최고차항의 계수})}$

[참고]

다항함수 $f(x)$에 대하여 $\lim\limits_{x \to a} \dfrac{f(x)}{x-a} = \alpha$ (α는 실수)가 성립

하면 $f(a) = 0$

즉, $f(x) = (x-a)g(x)$ 꼴로 나타낼 수 있다.

예를 들어 다항함수 $f(x)$에 대하여

$\lim\limits_{x \to 2} \dfrac{f(x)}{x-2} = 3$이면

$f(x) = \underset{약분}{(x-2)} \underset{=3}{(x+1)}$ 이다.

기본문제 다지기

01

함수 $f(x)$가 $\lim\limits_{x \to 2} f(x) = 3$을 만족시킬 때,

$\lim\limits_{x \to 2} (x+2)f(x)$의 값은?

① 1   ② 3   ③ 6

④ 9   ⑤ 12

02

함수 $f(x)$가 $\lim\limits_{x \to 1} (x+2)f(x) = 6$을 만족시킬 때,

$\lim\limits_{x \to 1} \dfrac{f(x)}{x+1}$의 값을 구하시오.

03

다항함수 $f(x)$에 대하여 $\lim\limits_{x \to 2} \dfrac{f(x)}{x-2} = 5$일 때, $f(2)$의 값은?

① -2 ② -1 ③ 0

④ 1   ⑤ 2

04

이차함수 $f(x)$가 다음 조건을 만족시킨다.

> (가) $\lim\limits_{x \to 1} \dfrac{f(x)}{x-1} = -1$ (나) $\lim\limits_{x \to 2} \dfrac{f(x)}{x-2} = 1$

$f(4)$의 값을 구하시오.

05

삼차함수 $f(x)$가 $\lim\limits_{x \to 1} \dfrac{f(x)}{x-1} = 2$, $\lim\limits_{x \to 2} \dfrac{f(x)}{x-2} = -4$를 만족시킬 때, $f(-1)$의 값은?

① 8   ② 9   ③ 10

④ 11   ⑤ 12

06

다항함수 $f(x) = ax^3 + 3x^2 + 5x - 2$에 대하여

$$\lim_{x \to \infty} \dfrac{f(x)}{x^3} = 2$$

일 때, 상수 a의 값은?

① 1   ② 2   ③ 3

④ 4   ⑤ 5

07

다항함수 $f(x)=ax^2+bx$가 다음 조건을 만족시킨다.

> (가) $\displaystyle\lim_{x\to\infty}\frac{f(x)}{x^2-1}=3$
>
> (나) $\displaystyle\lim_{x\to0}\frac{f(x)}{x}=-2$

$f(1)$의 값을 구하시오.

08

다항함수 $f(x)$가
$$\lim_{x\to\infty}\frac{f(x)-x^2}{x}=3,\quad \lim_{x\to1}\frac{x^2-1}{(x-1)f(x)}=1$$
을 만족시킬 때, $f(3)$의 값을 구하시오.

09

다음은 다항함수 $f(x)$에 대하여
$$\lim_{x\to\infty}\frac{f(x)-x^2}{x^n}=5$$가 성립할 때에 대한 설명이다.

$a+b+c$의 값은? (단, n은 자연수이다.)

> (i) $n=1$일 때, $f(x)$는 최고차항의 계수가 a인 이차함수이다.
> (ii) $n=2$일 때, $f(x)$는 최고차항의 계수가 b인 이차함수이다.
> (iii) $n\geq3$일 때, $f(x)$는 최고차항의 계수가 c인 n차함수이다.

① 10 　　② 12 　　③ 14
④ 16 　　⑤ 18

10

2018학년도 수능

함수 $f(x)$가 $\displaystyle\lim_{x\to1}(x+1)f(x)=1$을 만족시킬 때, $\displaystyle\lim_{x\to1}(2x^2+1)f(x)=a$이다. $20a$의 값을 구하시오.

11

2017학년도 모의평가

실수 전체의 집합에서 연속인 함수 $f(x)$가
$$\lim_{x\to2}\frac{(x^2-4)f(x)}{x-2}=12$$
를 만족시킬 때, $f(2)$의 값은?

① 1 　　② 2 　　③ 3
④ 4 　　⑤ 5

12

2018학년도 모의평가

다항함수 $f(x)$가 다음 조건을 만족시킨다.

> (가) $\displaystyle\lim_{x\to\infty}\frac{f(x)}{x^2}=2$
>
> (나) $\displaystyle\lim_{x\to0}\frac{f(x)}{x}=3$

$f(2)$의 값은?

① 11 　　② 14 　　③ 17
④ 20 　　⑤ 23

13

2020학년도 모의평가

다항함수 $f(x)$가

$$\lim_{x \to \infty} \frac{f(x)}{x^3} = 1, \quad \lim_{x \to -1} \frac{f(x)}{x+1} = 2$$

를 만족시킨다. $f(1) \le 12$일 때, $f(2)$의 최댓값은?

① 27   ② 30   ③ 33

④ 36   ⑤ 39

14

2015학년도 모의평가

다항함수 $f(x)$가

$$\lim_{x \to \infty} \frac{f(x) - x^3}{x^2} = -11, \quad \lim_{x \to 1} \frac{f(x)}{x-1} = -9$$

를 만족시킬 때, $\lim_{x \to \infty} x f\left(\dfrac{1}{x}\right)$의 값을 구하시오.

15

2011학년도 모의평가

다항함수 $f(x)$가 $\lim\limits_{x \to \infty} \dfrac{f(x)}{x^3} = 0$, $\lim\limits_{x \to 0} \dfrac{f(x)}{x} = 5$를 만족시킨다. 방정식 $f(x) = x$의 한 근이 -2일 때, $f(1)$의 값은?

① 6   ② 7   ③ 8

④ 9   ⑤ 10

16

2020학년도 수능

상수항과 계수가 모두 정수인 두 다항함수 $f(x)$, $g(x)$가 다음 조건을 만족시킬 때, $f(2)$의 최댓값은?

(가) $\lim\limits_{x \to \infty} \dfrac{f(x)g(x)}{x^3} = 2$

(나) $\lim\limits_{x \to 0} \dfrac{f(x)g(x)}{x^2} = -4$

① 4   ② 6   ③ 8

④ 10   ⑤ 12

17

2019학년도 모의평가

이차함수 $f(x)$가 다음 조건을 만족시킨다.

(가) 함수 $\dfrac{x}{f(x)}$는 $x=1$, $x=2$에서 불연속이다.

(나) $\lim\limits_{x \to 2} \dfrac{f(x)}{x-2} = 4$

$f(4)$의 값을 구하시오.

18

2022학년도 모의평가

삼차함수 $f(x)$가

$$\lim_{x \to 0} \frac{f(x)}{x} = \lim_{x \to 1} \frac{f(x)}{x-1} = 1$$

을 만족시킬 때, $f(2)$의 값은?

① 4   ② 6   ③ 8

④ 10   ⑤ 12

19

2013학년도 모의평가

함수 $f(x)$에 대하여 $\lim\limits_{x \to 2} \dfrac{f(x-2)}{x^2 - 2x} = 4$일 때, $\lim\limits_{x \to 0} \dfrac{f(x)}{x}$의

값은?

① 2   ② 4   ③ 6

④ 8   ⑤ 10

20

2017학년도 수능

최고차항의 계수가 1인 이차함수 $f(x)$가
$$\lim_{x \to a} \frac{f(x) - (x-a)}{f(x) + (x-a)} = \frac{3}{5}$$
을 만족시킨다. 방정식 $f(x) = 0$의 두 근을 α, β라 할 때,
$|\alpha - \beta|$의 값은? (단, a는 상수이다.)

① 1   ② 2   ③ 3

④ 4   ⑤ 5

21

2025학년도 수능

함수 $f(x) = x^3 + ax^2 + bx + 4$가 다음 조건을 만족시키도록
하는 두 정수 a, b에 대하여 $f(1)$의 최댓값을 구하시오.

> 모든 실수 a에 대하여 $\lim\limits_{x \to a} \dfrac{f(2x+1)}{f(x)}$의 값이 존재한다.

예상문제 도전하기

22

함수 $f(x)$가 $\lim\limits_{x \to 1} \dfrac{(x^2-1)f(x)}{x-1} = 16$을 만족시킬 때,

$\lim\limits_{x \to 1} (x^2 + 2)f(x)$의 값을 구하시오.

23

삼차다항식 $f(x)$가 $\lim\limits_{x \to 2} \dfrac{f(x)}{x-2} = -3$, $\lim\limits_{x \to 3} \dfrac{f(x)}{x-3} = 5$를 만족

할 때, $\lim\limits_{x \to \infty} \dfrac{f(x)}{x^3}$의 값을 구하시오.

24

이차함수 $f(x)$가 $\lim\limits_{x \to -1} \dfrac{f(x)}{x+1} = 1$, $\lim\limits_{x \to \infty} \dfrac{f(x)}{x^2-1} = 2$를 만족시

킬 때, $f(1)$의 값은?

① -2 ② 0   ③ 3

④ 5   ⑤ 10

25

x에 대한 다항식 $f(x)$가 다음의 두 조건을 만족시킨다.

$$\lim_{x\to\infty}\frac{f(x)}{x^2+x}=1,\ \lim_{x\to 2}\frac{f(x)}{x-2}=6$$

이때, $f(1)$의 값은?

① -5 ② -2 ③ 0

④ 2 ⑤ 5

26

이차함수 $f(x)$가 $\lim\limits_{x\to\infty}\dfrac{f(x)}{x^2-2x+3}=2$, $\lim\limits_{x\to 2}\dfrac{x-2}{f(x)}=1$을 만족시킬 때, $f(1)$의 값을 구하시오.

27

다항함수 $f(x)$가 다음의 두 조건을 만족할 때, $f(2)$의 값은?

(가) $\lim\limits_{x\to\infty}\dfrac{f(x)}{2x-1}=2$

(나) $\lim\limits_{x\to -1}f(x)=-3$

① 1 ② 3 ③ 5

④ 7 ⑤ 9

28

다항함수 $f(x)$가 $\lim\limits_{x\to\infty}\dfrac{f(x)}{x^3}=0$, $\lim\limits_{x\to 1}\dfrac{f(x)}{x-1}=1$이고,

방정식 $f(x)=2x$의 한 근이 2일 때, $f(0)$의 값은?

① -2 ② -1 ③ 0

④ 1 ⑤ 2

29

다항함수 $f(x)$가 다음 조건을 만족시킨다.

(가) $\lim\limits_{x\to\infty}\dfrac{f(x)-x^2}{ax-1}=2$

(나) $\lim\limits_{x\to 1}\dfrac{x-1}{f(x)}=\dfrac{1}{6}$

$f(2)$의 값을 구하시오. (단, a는 상수이다.)

30

다항함수 $f(x)$가 다음 조건을 만족시킨다.

(가) $\lim\limits_{x\to\infty}\dfrac{f(x)-x^2}{x}=2$

(나) $\lim\limits_{x\to 1}x^2 f\left(\dfrac{1}{x}\right)=5$

$f(2)$의 값을 구하시오.

31

이차함수 $f(x)$에 대하여 함수 $\dfrac{2}{f(x)}$는 $x=1$, $x=3$에서 불연

속이다. $\lim\limits_{x\to 3}\dfrac{f(x)}{x-3}=12$일 때, $f(2)$의 값은?

① -9 ② -6 ③ -3

④ 3 ⑤ 6

04 길이, 넓이의 극한

3등급 유형

🔆 출제가능성 ★☆☆☆☆

출제경향 ○ 이 렇 게 출 제 되 었 다

함수의 그래프와 교점 등을 이용하여 길이, 넓이 등의 극한값을 구하는 유형의 문항이 언제든 출제될 수 있으므로 이 유형도 공부해 두면 좋을 것이다. 최근 모의평가에서는 미분을 이용하는 이 유형이 출제되었다.
난이도 - 3, 4점짜리

출제핵심 ○ 이 것 만 은 꼬 ～ 옥

조건에 따라 구하는 선분의 길이 또는 넓이를 함수의 극한으로 나타내고 $\dfrac{\infty}{\infty}$, $\infty - \infty$, $\infty - 0$, $\dfrac{0}{0}$ 꼴의 극한 등을 이용하여 극한값을 구한다.

개념 확인

❶ 다항함수의 결정

두 다항함수 $y=f(x)$, $y=g(x)$에 대하여
$$\lim_{x\to\infty}\frac{f(x)}{g(x)}=\alpha \ (\alpha는 0이 아닌 실수)이면$$
➡ ($f(x)$의 차수)=($g(x)$의 차수)이고
$$\alpha=\frac{(f(x)의 최고차항의 계수)}{(g(x)의 최고차항의 계수)}$$

❷ $\dfrac{0}{0}$ 꼴의 극한

다항식 ➡ 분모, 분자를 인수분해한 다음 약분한다.
무리식 ➡ 근호가 들어 있는 쪽을 유리화한 다음 약분한다.

❸ $\dfrac{\infty}{\infty}$ 꼴의 극한

① 분모의 최고차항으로 분모, 분자를 각각 나눈다.
② $\lim\limits_{x\to\infty}\dfrac{c}{x^n}=0$ (n은 자연수, c는 상수)임을 이용한다.
③ $x\to-\infty$일 때, $x=-t$로 놓으면 $t\to\infty$임을 이용한다.

❹ $\infty - \infty$ 꼴의 극한

무리식 ➡ 근호가 들어 있는 쪽을 유리화하여 $\dfrac{\infty}{\infty}$ 꼴로 변형한다.

[참고]
다항식 ➡ 최고차항으로 묶는다.

❺ $\infty - 0$ 꼴의 극한

통분 또는 유리화하여 $\dfrac{\infty}{\infty}$, $\dfrac{0}{0}$, $\infty \times c$, $\dfrac{c}{\infty}$ (c는 상수) 꼴로 변형한다.

기본문제 다지기

01

그림과 같이 x축 위의 점 $A(-2, 0)$
과 직선 $y=x+2$ 위의
점 $P(t, t+2)$ $(t>-2)$가 있다.
$\lim\limits_{t\to\infty}(\overline{AP}-\overline{OP})$의 값은?

(단, O는 원점이다.)

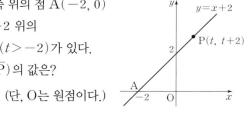

① $\dfrac{1}{4}$　　　　② $\dfrac{\sqrt{2}}{4}$　　　　③ $\dfrac{1}{2}$

④ $\dfrac{\sqrt{2}}{2}$　　　　⑤ $\sqrt{2}$

02

무리함수 $y=\sqrt{ax}$의 그래프 위의 점
$P(t, \sqrt{at})$에서 x축에 내린 수선의 발
을 H라 할 때, $\lim\limits_{t\to\infty}(\overline{OP}-\overline{OH})=2$
가 성립하도록 하는 양수 a의 값은?

(단, O는 원점이다.)

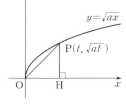

① 1　　　　② 2　　　　③ 3

④ 4　　　　⑤ 5

03

그림과 같이 $x>0$에서 직선 $y=x$ 위
의 점 $P(a, a)$에 대하여 점 P를 지나
고 x축, y축과 각각 평행한 직선이 곡
선 $y=x^2$과 만나는 점을 각각 Q, R라
할 때, $\lim\limits_{a\to1-}\dfrac{\overline{PR}}{\overline{PQ}}+\lim\limits_{a\to1+}\dfrac{\overline{PR}}{\overline{PQ}}$의 값
을 구하시오.

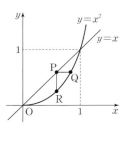

04

곡선 $y=\sqrt{2x}$ 위의 점 $P(t, \sqrt{2t})$와 두 점 $O(0, 0)$, $Q(1, 0)$
에 대하여 선분 OP의 길이를 $A(t)$, 삼각형 POQ의 넓이를
$B(t)$라 할 때, $\lim\limits_{t\to0+}\dfrac{A(t)}{B(t)}$의 값은?

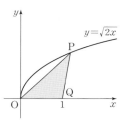

① $\dfrac{1}{2}$　　　　② 1　　　　③ $\sqrt{2}$

④ 2　　　　⑤ $2\sqrt{2}$

05

그림과 같이 직선 $y=2x$ 위의 점 $P(t, 2t)$ $(t>0)$와 두 점
$A(0, 4)$, $B(6, 0)$에 대하여 삼각형 OPA와 삼각형 OBP의 넓
이를 각각 $S(t)$, $T(t)$라 하자. 점 P가 점 $\left(\dfrac{1}{2}, 1\right)$에 한없이 가
까워질 때, $\dfrac{\{T(t)\}^2-9}{S(t)-1}$의 값을 구하시오. (단, O는 원점이다.)

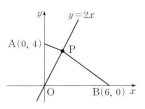

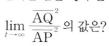
기출문제 맛보기

06

2012학년도 수능

그림과 같이 직선 $y=x+1$ 위에 두 점 $A(-1, 0)$과 $P(t, t+1)$이 있다. 점 P를 지나고 직선 $y=x+1$에 수직인 직선이 y축과 만나는 점을 Q라 할 때,

$$\lim_{t \to \infty} \frac{\overline{AQ}^2}{\overline{AP}^2}$$ 의 값은?

① 1　　　② $\frac{3}{2}$　　　③ 2

④ $\frac{5}{2}$　　　⑤ 3

07

2013학년도 교육청

그림과 같이 두 점 $A(a, 0)$, $B(0, 3)$에 대하여 삼각형 OAB에 내접하는 원 C가 있다. 원 C의 반지름의 길이를 r라 할 때, $\lim_{a \to 0+} \dfrac{r}{a}$의 값은? (단, O는 원점이다.)

① $\frac{1}{6}$　　　② $\frac{1}{5}$　　　③ $\frac{1}{4}$

④ $\frac{1}{3}$　　　⑤ $\frac{1}{2}$

08

2023학년도 모의평가

실수 t $(t>0)$에 대하여 직선 $y=x+t$와 곡선 $y=x^2$이 만나는 두 점을 A, B라 하자. 점 A를 지나고 x축에 평행한 직선이 곡선 $y=x^2$과 만나는 점 중 A가 아닌 점을 C, 점 B에서 선분 AC에 내린 수선의 발을 H라 하자.

$$\lim_{t \to 0+} \frac{\overline{AH} - \overline{CH}}{t}$$ 의 값은? (단, 점 A의 x좌표는 양수이다.)

① 1　　　② 2　　　③ 3

④ 4　　　⑤ 5

09

2016학년도 교육청

그림과 같이 양수 t에 대하여 곡선 $y=x^2$ 위의 점 $P(t, t^2)$을 지나고 선분 OP에 수직인 직선이 y축과 만나는 점을 Q라 하자. 삼각형 OPQ의 넓이를 $S(t)$라 할 때, $\lim_{t \to 0+} \dfrac{S(t)}{t}$의 값은? (단, O는 원점이다.)

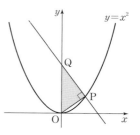

① $\frac{1}{3}$　　　② $\frac{1}{2}$　　　③ $\frac{2}{3}$

④ $\frac{5}{6}$　　　⑤ 1

10

2018학년도 모의평가

그림과 같이 곡선 $y=\dfrac{4}{x}$ 위의 두 점 $A(1, 4)$, $B\left(t, \dfrac{4}{t}\right)$ $(t>1)$를 지나는 직선이 x축과 만나는 점을 P라 하자. 삼각형 OPB의 넓이를 $S(t)$라 할 때, $\lim_{t \to \infty} S(t)$의 값은? (단, O는 원점이다.)

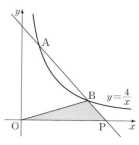

① 2　　　② $\frac{5}{2}$　　　③ 3

④ $\frac{7}{2}$　　　⑤ 4

11

2011학년도 교육청

그림과 같이 좌표평면에서 곡선 $y=\sqrt{2x}$ 위의 점 $P(t, \sqrt{2t})$가 있다. 원점 O를 중심으로 하고 선분 $\overline{OP}$를 반지름으로 하는 원을 C, 점 P에서의 원 C의 접선이 x축과 만나는 점을 Q라 하자. 원 C의 넓이를 $S(t)$라 할 때, $\lim_{t \to 0+} \dfrac{S(t)}{\overline{OQ} - \overline{PQ}}$의 값은?

(단, $t>0$)

① $\sqrt{2}\pi$　　　② 2π　　　③ $2\sqrt{2}\pi$

④ 4π　　　⑤ $4\sqrt{2}\pi$

12

2024학년도 모의평가

그림과 같이 실수 t $(0<t<1)$에 대하여 곡선 $y=x^2$ 위의 점 중에서 직선 $y=2tx-1$과의 거리가 최소인 점을 P라 하고, 직선 OP가 직선 $y=2tx-1$과 만나는 점을 Q라 할 때, $\lim\limits_{t\to 1-}\dfrac{\overline{PQ}}{1-t}$의 값은? (단, O는 원점이다.)

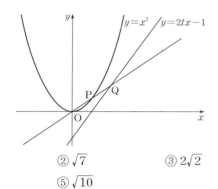

① $\sqrt 6$ ② $\sqrt 7$ ③ $2\sqrt 2$
④ 3 ⑤ $\sqrt{10}$

13

2015학년도 교육청

1보다 큰 실수 t에 대하여 그림과 같이 점 $\mathrm{P}\!\left(t+\dfrac{1}{t},\,0\right)$에서 원 $x^2+y^2=\dfrac{1}{2t^2}$에 접선을 그었을 때, 원과 접선이 제1사분면에서 만나는 점을 Q, 원 위의 점 $\left(0,\,-\dfrac{1}{\sqrt{2t}}\right)$을 R라 하자. 삼각형 ORQ의 넓이를 $S(t)$라 할 때, $\lim\limits_{t\to\infty}\{t^4\times S(t)\}$의 값은?

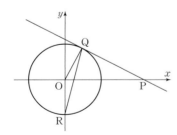

① $\dfrac{\sqrt 2}{8}$ ② $\dfrac{\sqrt 2}{4}$ ③ $\dfrac{1}{2}$
④ $\dfrac{\sqrt 2}{2}$ ⑤ 1

예상문제 도전하기

14

그림과 같이 양수 t에 대하여 곡선 $y=x^2$ 위의 점 $\mathrm{P}(t,\,t^2)$을 지나고 기울기가 음수인 직선이 x축, y축과 만나는 점을 각각 A, B라 하자. $\overline{\mathrm{OP}}=\overline{\mathrm{OA}}$일 때, $\lim\limits_{t\to 0}\overline{\mathrm{OB}}$의 값을 구하시오. (단, O는 원점이다.)

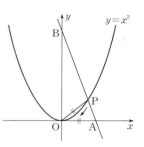

15

곡선 $y=\dfrac{3}{x}+2$ $(x>0)$와 두 직선 $x=1$, $x=t$의 교점을 각각 A, B라 하고, 점 B에서 직선 $x=1$에 내린 수선의 발을 H라 하자. 이때, $\lim\limits_{t\to 1}\dfrac{\overline{\mathrm{AH}}}{\overline{\mathrm{BH}}}$의 값은? (단, $t>1$)

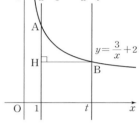

① $\dfrac{1}{3}$ ② $\dfrac{1}{2}$ ③ 1
④ 2 ⑤ 3

16

그림과 같이 두 함수 $f(x)=\sqrt{2x-1}$, $g(x)=\sqrt{x}$의 그래프가 만나는 점을 M, 점 M을 지나면서 기울기가 -1인 직선을 l이라 할 때, 곡선 $y=f(x)$ 위의 점 $\mathrm{P}(t,\,f(t))$를 지나고 x축과 수직인 직선이 곡선 $y=g(x)$와 만나는 점을 Q, 직선 l과 만나는 점을 R라 하자. 점 P가 한없이 점 M에 가까워질 때, $\dfrac{\overline{\mathrm{PR}}}{\overline{\mathrm{QR}}}$의 값은?

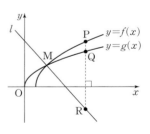

① $\dfrac{1}{3}$ ② $\dfrac{2}{3}$ ③ 1
④ $\dfrac{4}{3}$ ⑤ $\dfrac{5}{3}$

2, 4등급 유형

🔦 출제가능성 ★★★★★

출제**경향** ➜ 이 렇 게 출 제 되 었 다

함수의 연속에서 한 문제는 항상 출제될 확률을 가지고 있다. 간단하게 연속의 정의를 묻는 문제가 출제될 수도 있고, 두 함수의 곱이나 몫의 형태가 연속인 경우를 묻기도 한다. 또한, 극한의 개념을 이용하여 연속에 대한 합 답형의 어려운 문제가 출제되기도 한다. 어려운 문제는 「짱 어려운 유형」에서 공부한다.

난이도 - 3, 4점짜리

출제**핵심** ➜ 이 것 만 은 꼬 ~ 옥

함수 $f(x)$가 $x=a$에서 연속 $\Longleftrightarrow \displaystyle\lim_{x \to a-} f(x) = \lim_{x \to a+} f(x) = f(a)$

개념 확인

① 함수의 연속

함수 $f(x)$가 실수 a에 대하여 다음 세 조건을 만족시킬 때, 함수 $f(x)$는 $x=a$에서 연속이라고 한다.

(i) $x=a$에서 함숫값 $f(a)$가 정의되어 있고

(ii) 극한값 $\displaystyle\lim_{x \to a} f(x)$가 존재하며

(iii) $\displaystyle\lim_{x \to a} f(x) = f(a)$

[참고]

다항함수는 모든 실수에서 연속이다.

③ 연속함수의 성질

두 함수 $f(x)$, $g(x)$가 $x=a$에서 연속이면 다음 함수도 모두 $x=a$에서 연속이다.

(1) $cf(x)$ (단, c는 상수)

(2) $f(x) \pm g(x)$

(3) $f(x)g(x)$

(4) $\dfrac{f(x)}{g(x)}$ (단, $g(a) \neq 0$)

[참고]

두 함수 $g(x)$, $h(x)$가 연속함수이고

함수 $f(x) = \begin{cases} g(x) & (x \geq a) \\ h(x) & (x < a) \end{cases}$ 가 $x=a$에서 연속이면

$g(a) = \displaystyle\lim_{x \to a-} h(x)$이다.

② 함수의 불연속

함수 $f(x)$가 $x=a$에서 연속이 아닐 때, 함수 $f(x)$는 $x=a$에서 불연속이라고 한다.

기본문제 다지기

01

함수 $f(x) = \begin{cases} -x+3 & (x \le 2) \\ x+a & (x>2) \end{cases}$ 가 실수 전체의 집합에서 연속

일 때, 상수 a의 값은?

① -2 ② -1 ③ 0

④ 1 ⑤ 2

02

함수 $f(x) = \begin{cases} \dfrac{(x-2)(x+3)}{x-2} & (x \ne 2) \\ a & (x=2) \end{cases}$ 가 모든 실수 x에 대

하여 연속이 되도록 하는 상수 a의 값은?

① 1 ② 2 ③ 3

④ 4 ⑤ 5

03

함수 $f(x) = \begin{cases} \dfrac{x^2+k}{x-2} & (x \ne 2) \\ 4 & (x=2) \end{cases}$ 가 $x=2$에서 연속일 때, 상수

k의 값은?

① -5 ② -4 ③ -3

④ -2 ⑤ -1

04

함수 $f(x) = \begin{cases} \dfrac{x^2+ax+b}{x+2} & (x \ne -2) \\ 0 & (x=-2) \end{cases}$ 이 모든 실수 x에서

연속일 때, $a+b$의 값은? (단, a, b는 상수이다.)

① 4 ② 6 ③ 8

④ 10 ⑤ 12

05

함수 $f(x) = \begin{cases} x+a & (1<x<3) \\ x^2+bx+4 & (x \le 1 \text{ 또는 } x \ge 3) \end{cases}$ 가 모든 실수

x에서 연속일 때, $a+b$의 값은? (단, a, b는 상수이다.)

① -1 ② -2 ③ -3

④ -4 ⑤ -5

06

함수 $f(x) = \begin{cases} x+1 & (x \le a) \\ x^2 & (x>a) \end{cases}$ 이 모든 실수 x에 대하여 연속이

되도록 하는 모든 실수 a의 값의 합은?

① -1 ② $\dfrac{1-\sqrt{5}}{2}$ ③ 0

④ 1 ⑤ $\dfrac{1+\sqrt{5}}{2}$

07

함수 $f(x)$가 $x=1$에서 연속이고
$$\lim_{x \to 1-} f(x) = a-4, \quad \lim_{x \to 1+} f(x) = 4a+5$$
를 만족시킨다. 상수 a의 값은?

① -5 ② -4 ③ -3

④ -2 ⑤ -1

기출문제 맛보기

08
2020학년도 모의평가

함수 $f(x)$가 $x=2$에서 연속이고

$$\lim_{x \to 2-} f(x) = a+2, \quad \lim_{x \to 2+} f(x) = 3a-2$$

를 만족시킬 때, $a+f(2)$의 값을 구하시오. (단, a는 상수이다.)

09
2025학년도 수능

함수

$$f(x) = \begin{cases} 5x+a & (x < -2) \\ x^2-a & (x \geq -2) \end{cases}$$

가 실수 전체의 집합에서 연속일 때, 상수 a의 값은?

① 6 　　　　② 7 　　　　③ 8

④ 9 　　　　⑤ 10

10
2024학년도 수능

함수

$$f(x) = \begin{cases} 3x-a & (x < 2) \\ x^2+a & (x \geq 2) \end{cases}$$

가 실수 전체의 집합에서 연속일 때, 상수 a의 값은?

① 1 　　　　② 2 　　　　③ 3

④ 4 　　　　⑤ 5

11
2025학년도 모의평가

함수

$$f(x) = \begin{cases} (x-a)^2 & (x < 4) \\ 2x-4 & (x \geq 4) \end{cases}$$

가 실수 전체의 집합에서 연속이 되도록 하는 모든 상수 a의 값의 곱은?

① 6 　　　　② 9 　　　　③ 12

④ 15 　　　　⑤ 18

12
2023학년도 모의평가

함수

$$f(x) = \begin{cases} -2x+a & (x \leq a) \\ ax-6 & (x > a) \end{cases}$$

가 실수 전체의 집합에서 연속이 되도록 하는 모든 상수 a의 값의 합은?

① −1 　　　　② −2 　　　　③ −3

④ −4 　　　　⑤ −5

13
2018학년도 모의평가

함수

$$f(x) = \begin{cases} \dfrac{x^2-5x+a}{x-3} & (x \neq 3) \\ b & (x = 3) \end{cases}$$

이 실수 전체의 집합에서 연속일 때, $a+b$의 값은?

(단, a와 b는 상수이다.)

① 1 　　　　② 3 　　　　③ 5

④ 7 　　　　⑤ 9

14
2014학년도 예비시행

함수 $f(x)$는 모든 실수 x에 대하여 $f(x+2)=f(x)$를 만족시키고

$$f(x)=\begin{cases} ax+1 & (-1\le x<0) \\ 3x^2+2ax+b & (0\le x<1) \end{cases}$$

이다. 함수 $f(x)$가 실수 전체의 집합에서 연속일 때, 두 상수 a, b의 합 $a+b$의 값은?

① -2 ② -1 ③ 0

④ 1 ⑤ 2

15
2021학년도 수능

함수

$$f(x)=\begin{cases} -3x+a & (x\le 1) \\ \dfrac{x+b}{\sqrt{x+3}-2} & (x>1) \end{cases}$$

이 실수 전체의 집합에서 연속일 때, $a+b$의 값을 구하시오.
(단, a와 b는 상수이다.)

16
2022학년도 수능예시

함수

$$f(x)=\begin{cases} x-4 & (x<a) \\ x+3 & (x\ge a) \end{cases}$$

에 대하여 함수 $|f(x)|$가 실수 전체의 집합에서 연속일 때, 상수 a의 값은?

① -1 ② $-\dfrac{1}{2}$ ③ 0

④ $\dfrac{1}{2}$ ⑤ 1

17
2022학년도 모의평가

함수

$$f(x)=\begin{cases} -2x+6 & (x<a) \\ 2x-a & (x\ge a) \end{cases}$$

에 대하여 함수 $\{f(x)\}^2$이 실수 전체의 집합에서 연속이 되도록 하는 모든 상수 a의 값의 합은?

① 2 ② 4 ③ 6

④ 8 ⑤ 10

18
2025학년도 모의평가

함수

$$f(x)=\begin{cases} x-\dfrac{1}{2} & (x<0) \\ -x^2+3 & (x\ge 0) \end{cases}$$

에 대하여 함수 $(f(x)+a)^2$이 실수 전체의 집합에서 연속일 때, 상수 a의 값은?

① $-\dfrac{9}{4}$ ② $-\dfrac{7}{4}$ ③ $-\dfrac{5}{4}$

④ $-\dfrac{3}{4}$ ⑤ $-\dfrac{1}{4}$

19
2020학년도 모의평가

두 함수

$$f(x)=\begin{cases} -2x+3 & (x<0) \\ -2x+2 & (x\ge 0) \end{cases}, \quad g(x)=\begin{cases} 2x & (x<a) \\ 2x-1 & (x\ge a) \end{cases}$$

가 있다. 함수 $f(x)g(x)$가 실수 전체의 집합에서 연속이 되도록 하는 상수 a의 값은?

① -2 ② -1 ③ 0

④ 1 ⑤ 2

20

2017학년도 수능

두 함수

$$f(x) = \begin{cases} x^2 - 4x + 6 & (x < 2) \\ 1 & (x \geq 2) \end{cases}, \quad g(x) = ax + 1$$

에 대하여 함수 $\dfrac{g(x)}{f(x)}$ 가 실수 전체의 집합에서 연속일 때,

상수 a의 값은?

① $-\dfrac{5}{4}$ ② -1 ③ $-\dfrac{3}{4}$

④ $-\dfrac{1}{2}$ ⑤ $-\dfrac{1}{4}$

21

2018학년도 모의평가

실수 전체의 집합에서 정의된 두 함수 $f(x)$와 $g(x)$에 대하여

$x < 0$일 때, $f(x) + g(x) = x^2 + 4$

$x > 0$일 때, $f(x) - g(x) = x^2 + 2x + 8$

이다. 함수 $f(x)$가 $x = 0$에서 연속이고

$\lim\limits_{x \to 0-} g(x) - \lim\limits_{x \to 0+} g(x) = 6$일 때, $f(0)$의 값은?

① -3 ② -1 ③ 0

④ 1 ⑤ 3

22

2012학년도 모의평가

함수 $f(x) = x^2 - x + a$에 대하여 함수 $g(x)$를

$$g(x) = \begin{cases} f(x+1) & (x \leq 0) \\ f(x-1) & (x > 0) \end{cases}$$

이라 하자. 함수 $y = \{g(x)\}^2$이 $x = 0$에서 연속일 때, 상수 a의

값은?

① -2 ② -1 ③ 0

④ 1 ⑤ 2

23

2022학년도 수능

실수 전체의 집합에서 연속인 함수 $f(x)$가 모든 실수 x에

대하여

$$\{f(x)\}^3 - \{f(x)\}^2 - x^2 f(x) + x^2 = 0$$

을 만족시킨다. 함수 $f(x)$의 최댓값이 1이고 최솟값이 0일 때,

$f\left(-\dfrac{4}{3}\right) + f(0) + f\left(\dfrac{1}{2}\right)$의 값은?

① $\dfrac{1}{2}$ ② 1 ③ $\dfrac{3}{2}$

④ 2 ⑤ $\dfrac{5}{2}$

24 🆙

2023학년도 수능

다항함수 $f(x)$에 대하여 함수 $g(x)$를 다음과 같이 정의한다.

$$g(x) = \begin{cases} x & (x < -1 \text{ 또는 } x > 1) \\ f(x) & (-1 \leq x \leq 1) \end{cases}$$

함수 $h(x) = \lim\limits_{t \to 0+} g(x+t) \times \lim\limits_{t \to 2+} g(x+t)$에 대하여

〈보기〉에서 옳은 것만을 있는 대로 고른 것은?

---| 보 기 |---

ㄱ. $h(1) = 3$

ㄴ. 함수 $h(x)$는 실수 전체의 집합에서 연속이다.

ㄷ. 함수 $g(x)$가 닫힌구간 $[-1, 1]$에서 감소하고

$g(-1) = -2$이면 함수 $h(x)$는 실수 전체의 집합에서

최솟값을 갖는다.

---

① ㄱ   ② ㄴ   ③ ㄱ, ㄴ

④ ㄱ, ㄷ   ⑤ ㄴ, ㄷ

예상문제 도전하기

25

함수 $f(x) = \begin{cases} \dfrac{x^3-1}{x-1} & (x \neq 1) \\ a & (x=1) \end{cases}$ 가 모든 실수 x에 대하여 연속이

되도록 하는 상수 a의 값을 구하시오.

26

함수 $f(x) = \begin{cases} \dfrac{x^2+ax+b}{x-1} & (x \neq 1) \\ 5 & (x=1) \end{cases}$ 가 모든 실수 x에 대하여

연속이 되도록 두 상수 a, b의 값을 정할 때, a^2+b^2의 값을 구하시오.

27

함수 $f(x) = \begin{cases} \dfrac{\sqrt{x^2-x+2}-a}{x-2} & (x \neq 2) \\ b & (x=2) \end{cases}$ 가 $x=2$에서 연속일

때, 두 상수 a, b에 대하여 $2ab$의 값을 구하시오.

28

함수

$$f(x) = \begin{cases} x^2+3x+a & (x \leq a) \\ ax-8 & (x > a) \end{cases}$$

이 실수 전체의 집합에서 연속일 때, $f(3)+f(-3)$의 값은?

① -18 ② -16 ③ -14
④ -12 ⑤ -10

29

1이 아닌 실수 a에 대하여 함수 $f(x)$가

$$f(x) = \begin{cases} -x-1 & (x \leq 0) \\ 2x-a & (x > 0) \end{cases}$$

일 때, 함수 $g(x)=f(x)f(x-1)$이 실수 전체의 집합에서 연속이 되도록 하는 상수 a의 값은?

① 2 ② 3 ③ 4
④ 5 ⑤ 6

30

모든 실수 x에 대하여 연속인 함수 $f(x)$는

$$f(x+4)=f(x)$$

를 만족시키고, 닫힌구간 $[0, 4]$에서 다음과 같이 정의된다.

$$f(x) = \begin{cases} 3x & (0 \leq x < 1) \\ x^2+ax+b & (1 \leq x \leq 4) \end{cases}$$

$f(14)$의 값은? (단, a, b는 상수이다.)

① 0 ② 2 ③ 4
④ 6 ⑤ 8

31

두 함수

$$f(x) = \begin{cases} x^2 & (x < 1) \\ x+1 & (1 \leq x < 3) \\ x^2-4x+5 & (x \geq 3) \end{cases}, \quad g(x)=x^2+ax+b$$

에 대하여 함수 $f(x)g(x)$가 실수 전체의 집합에서 연속일 때, ab의 값은? (단, a, b는 상수이다.)

① -12 ② -10 ③ -8
④ -6 ⑤ -4

32

두 다항함수 $f(x)=x^2-4x+1$, $g(x)=x^2-2ax+5a$에 대하여 함수 $h(x)=\dfrac{f(x)}{g(x)}$ 가 모든 실수에서 연속이 되도록 하는 모든 정수 a의 값의 합을 구하시오.

06 미분계수

3, 4등급 유형

💡 출제가능성 ★★★★★

출제경향 ⬤ 이 렇 게 출 제 되 었 다

계속해서 미분계수의 정의를 이용한 간단한 이해 문제가 자주 출제될 것으로 예상된다. 보통은 쉽게 출제되므로 두려워하지 말고 정의만 이해하는 수준에서 공부하고 연습만 하면 충분히 맞힐 수 있다. 미분계수를 정의하는 2가지 방법에 대한 변형 연습만 충분히 하면 된다. 최근에는 곱의 미분법을 이용하는 문항이 자주 출제되고 있다. 난이도 – 3점짜리

출제핵심 ➡ 이 것 만 은 꼬 ~ 옥

함수 $f(x)$의 $x=a$에서의 미분계수는

$$f'(a) = \lim_{h \to 0} \frac{f(a+h)-f(a)}{h} = \lim_{x \to a} \frac{f(x)-f(a)}{x-a}$$

개념 확인

① 미분계수

(1) 함수 $f(x)$의 $x=a$에서의 순간변화율 또는 미분계수는

$$f'(a) = \lim_{\Delta x \to 0} \frac{f(a+\Delta x)-f(a)}{\Delta x}$$
$$= \lim_{x \to a} \frac{f(x)-f(a)}{x-a}$$

(2) 미분계수의 기하적 의미

함수 $f(x)$의 $x=a$에서의 미분계수 $f'(a)$는 곡선 $y=f(x)$ 위의 점 $(a, f(a))$에서의 접선의 기울기와 같다.

② 미분계수를 이용한 극한값의 계산

함수 $f(x)$의 $x=a$에서의 미분계수는

$$f'(a) = \lim_{h \to 0} \frac{f(a+h)-f(a)}{h}$$
$$= \lim_{x \to a} \frac{f(x)-f(a)}{x-a}$$

[참고]

아래 식에서 □, △에 각각 같은 값이 들어가도록 만들어 주자.

$$\lim_{\square \to 0} \frac{f(\triangle+\square)-f(\triangle)}{\square} = f'(\triangle)$$

$$\lim_{\square \to \triangle} \frac{f(\square)-f(\triangle)}{\square-\triangle} = f'(\triangle)$$

③ 곱의 미분법

두 함수 $f(x)$, $g(x)$가 미분가능할 때, $y=f(x)g(x)$의 도함수는

$$y' = f'(x)g(x) + f(x)g'(x)$$

기본문제 다지기

01

함수 $f(x)=x^3+2x-3$일 때, $f'(2)$의 값은?

① 10   ② 12   ③ 14

④ 16   ⑤ 18

02

함수 $f(x)=(3x+2)(x^2+3x-1)$에 대하여 $f'(1)$의 값을 구하시오.

03

함수 $f(x)=x^2+2x+5$에 대하여 $\displaystyle\lim_{h\to0}\dfrac{f(2+h)-f(2)}{h}$의 값은?

① 0   ② 2   ③ 4

④ 6   ⑤ 8

04

함수 $f(x)=x^3+4x+5$에 대하여 $\displaystyle\lim_{h\to0}\dfrac{f(1+3h)-f(1)}{h}$의 값을 구하시오.

05

함수 $f(x)=x^2-x$일 때, $\displaystyle\lim_{h\to0}\dfrac{f(2+5h)-f(2)}{3h}$의 값은?

① 1   ② 2   ③ 3

④ 4   ⑤ 5

06

다항함수 $f(x)=x^2+3x$일 때, $\displaystyle\lim_{h\to0}\dfrac{f(3+h)-f(3-h)}{3h}$의 값을 구하시오.

07

다항함수 $f(x)$에 대하여 $\displaystyle\lim_{x\to1}\dfrac{f(x)-f(1)}{x-1}=-12$일 때, $\displaystyle\lim_{h\to0}\dfrac{f(1-h)-f(1)}{2h}$의 값은?

① 5   ② 6   ③ 7

④ 8   ⑤ 9

08

함수 $f(x)=x^3-5$일 때, $\displaystyle\lim_{x\to2}\dfrac{f(x)-f(2)}{x^2-4}$의 값은?

① 1   ② 2   ③ 3

④ 4   ⑤ 5

기출문제 맛보기

09
2025학년도 수능

함수 $f(x)=(x^2+1)(3x^2-x)$에 대하여 $f'(1)$의 값은?

① 8   ② 10   ③ 12

④ 14   ⑤ 16

10
2024학년도 모의평가

함수 $f(x)=(x^2+1)(x^2+ax+3)$에 대하여 $f'(1)=32$일 때, 상수 a의 값을 구하시오.

11
2024학년도 모의평가

다항함수 $f(x)$에 대하여 함수 $g(x)$를
$$g(x)=(x^3+1)f(x)$$
라 하자. $f(1)=2$, $f'(1)=3$일 때, $g'(1)$의 값은?

① 12   ② 14   ③ 16

④ 18   ⑤ 20

12
2023학년도 수능

다항함수 $f(x)$에 대하여 함수 $g(x)$를
$$g(x)=x^2f(x)$$
라 하자. $f(2)=1$, $f'(2)=3$일 때, $g'(2)$의 값은?

① 12   ② 14   ③ 16

④ 18   ⑤ 20

13
2022학년도 모의평가

다항함수 $f(x)$에 대하여 함수 $g(x)$를
$$g(x)=(x^2+3)f(x)$$
라 하자. $f(1)=2$, $f'(1)=1$일 때, $g'(1)$의 값은?

① 6   ② 7   ③ 8

④ 9   ⑤ 10

14
2025학년도 모의평가

함수 $f(x)=x^3+3x^2-5$에 대하여 $\lim\limits_{h \to 0}\dfrac{f(1+h)-f(1)}{h}$의 값은?

① 5   ② 6   ③ 7

④ 8   ⑤ 9

15

2025학년도 수능

함수 $f(x)=x^3-8x+7$에 대하여 $\lim\limits_{h \to 0}\dfrac{f(2+h)-f(2)}{h}$의 값은?

① 1   ② 2   ③ 3

④ 4   ⑤ 5

16

2024학년도 수능

함수 $f(x)=2x^3-5x^2+3$에 대하여 $\lim\limits_{h \to 0}\dfrac{f(2+h)-f(2)}{h}$의 값은?

① 1   ② 2   ③ 3

④ 4   ⑤ 5

17

2014학년도 모의평가

함수 $f(x)=x^3-x$에 대하여 $\lim\limits_{h \to 0}\dfrac{f(1+3h)-f(1)}{2h}$의 값은?

① 2   ② $\dfrac{5}{2}$ ③ 3

④ $\dfrac{7}{2}$ ⑤ 4

18

2024학년도 모의평가

함수 $f(x)=2x^2-x$에 대하여 $\lim\limits_{x \to 1}\dfrac{f(x)-1}{x-1}$의 값은?

① 1   ② 2   ③ 3

④ 4   ⑤ 5

19

2023학년도 모의평가

함수 $f(x)=2x^2+5$에 대하여 $\lim\limits_{x \to 2}\dfrac{f(x)-f(2)}{x-2}$의 값은?

① 8   ② 9   ③ 10

④ 11   ⑤ 12

20

2013학년도 모의평가

다항함수 $f(x)$가 $\lim\limits_{x \to 1}\dfrac{f(x)-5}{x-1}=9$를 만족시킨다.

$g(x)=xf(x)$라 할 때, $g'(1)$의 값을 구하시오.

21

2021학년도 수능

두 다항함수 $f(x)$, $g(x)$가

$$\lim_{x \to 0} \frac{f(x)+g(x)}{x}=3, \quad \lim_{x \to 0} \frac{f(x)+3}{xg(x)}=2$$

를 만족시킨다. 함수 $h(x)=f(x)g(x)$에 대하여 $h'(0)$의 값은?

① 27   ② 30   ③ 33

④ 36   ⑤ 39

22

2022학년도 모의평가

함수 $f(x)=x^3-6x^2+5x$에서 x의 값이 0에서 4까지 변할 때의 평균변화율과 $f'(a)$의 값이 같게 되도록 하는 $0<a<4$인 모든 실수 a의 값의 곱은 $\frac{q}{p}$이다. $p+q$의 값을 구하시오.

(단, p와 q는 서로소인 자연수이다.)

23

2021학년도 모의평가

함수 $f(x)=x^3-3x^2+5x$에서 x의 값이 0에서 a까지 변할 때의 평균변화율이 $f'(2)$의 값과 같게 되도록 하는 양수 a의 값을 구하시오.

예상문제 도전하기

24

함수 $f(x)=2x^3-3x^2-2x+1$에 대하여

$$\lim_{h \to 0} \frac{f(2+h)-f(2)}{h}$$의 값은?

① 2   ② 4   ③ 6

④ 8   ⑤ 10

25

함수 $f(x)=x^3+x^2-2$에 대하여 $\lim_{x \to 1} \dfrac{f(x)-f(1)}{x^2-1}$의 값은?

① $\dfrac{1}{2}$ ② 1   ③ $\dfrac{3}{2}$

④ 2   ⑤ $\dfrac{5}{2}$

26

함수 $f(x)=x^2+3x+1$에 대하여

$$\lim_{h \to 0} \frac{f(1+ah)-f(1)}{h}=30$$일 때, $f(a)$의 값을 구하시오.

(단, a는 상수이다.)

27

함수 $f(x)=x^3-4x$에 대하여 $\lim_{h \to 0} \dfrac{f(2+3h)-f(2-h)}{h}$의 값을 구하시오.

28

함수 $f(x)=x^2-4x+2$에 대하여

$\lim\limits_{h\to 0}\dfrac{f(a+h)-f(a-h)}{h}=24$를 만족시키는 상수 a의 값은?

① 5   ② 6   ③ 7

④ 8   ⑤ 9

29

함수 $f(x)=x^2+2x+5$에 대하여

$\lim\limits_{n\to\infty}n\left\{f\left(a+\dfrac{1}{n}\right)-f(a)\right\}=12$일 때, 상수 a의 값은?

① 1   ② 2   ③ 3

④ 4   ⑤ 5

30

함수 $f(x)=x^3+ax^2+ax$가 $\lim\limits_{x\to 2}\dfrac{f(x)-f(2)}{x^2-4}=8$을 만족시킬 때, 상수 a의 값은?

① 1   ② 2   ③ 3

④ 4   ⑤ 5

31

다항함수 $f(x)$에 대하여

$\lim\limits_{x\to 2}\dfrac{f(x)-1}{x-2}=2$

일 때, $\lim\limits_{h\to 0}\dfrac{f(2+h)-f(2-h)}{h}$의 값은?

① 1   ② 2   ③ 4

④ 8   ⑤ 16

32

함수 $f(x)=x^2-3$에 대하여 $\lim\limits_{x\to 3}\dfrac{f(x^2)-f(9)}{x^2-9}$의 값을 구하시오.

33

다항함수 $f(x)$에 대하여 $\lim\limits_{x\to 1}\dfrac{f(x+3)-5}{x^2-1}=4$일 때, $f'(4)$의 값을 구하시오.

2, 3등급 유형

💡출제가능성 ★☆☆☆☆

출제경향 🔘 이 렇 게   출 제 되 었 다

미분가능성에 대한 문제는 다른 내용과 융합하여 아주 어려운 유형으로 출제될 수도 있지만 간단한 함수를 주고서 미분가능성을 단순하게 묻는 쉬운 유형의 출제도 종종 되고 있다. 쉬운 유형은 '함수의 연속'과 '미분계수'의 2가지 기본 내용을 융합한 것으로 충분한 연습을 통한 자신감을 갖는 것이 중요하다.
난이도-3, 4점짜리

출제핵심 ➡ 이 것 만 은   꼬 ~ 옥

함수 $f(x)$가 $x=a$에서 미분가능하면
(i) $f(x)$는 $x=a$에서 연속이다.
(ii) 미분계수 $f'(a)$가 존재한다.

개념 확인

① 미분가능성과 연속성

(1) 함수 $f(x)$의 $x=a$에서의 미분계수 $f'(a)$가 존재할 때, 함수 $f(x)$는 $x=a$에서 미분가능하다고 한다.

(2) 함수 $f(x)$가 $x=a$에서 미분가능하면 $f(x)$는 $x=a$에서 연속이다. 그러나 그 역은 일반적으로 성립하지 않는다.

② 함수의 미분가능성

미분가능한 두 함수 $g(x)$, $h(x)$에 대하여

$$f(x)=\begin{cases} g(x) & (x<a) \\ h(x) & (x\geq a) \end{cases}$$ 가 $x=a$에서 미분가능할 때

(i) $x=a$에서 연속 ➡ $g(a)=h(a)$

(ii) $f'(a)$가 존재

$$\Rightarrow \lim_{x\to a-}\frac{g(x)-g(a)}{x-a}=\lim_{x\to a+}\frac{h(x)-h(a)}{x-a}$$

[참고]

(ii) 대신 두 함수 $g(x)$, $h(x)$의 도함수를 각각 구하여 $g'(a)=h'(a)$인지 여부를 확인해도 된다.

기본문제 다지기

01

〈보기〉의 함수 중 $x=0$에서 미분가능한 것만을 있는 대로 고른 것은?

┤ 보 기 ├

ㄱ. $f(x)=\begin{cases} x^2+x+2 & (x<0) \\ -x^2+x-2 & (x\geq0) \end{cases}$

ㄴ. $g(x)=\begin{cases} 2x+1 & (x<0) \\ -2x+1 & (x\geq0) \end{cases}$

ㄷ. $h(x)=\begin{cases} (x+2)^2 & (x<0) \\ 4x+4 & (x\geq0) \end{cases}$

① ㄱ   ② ㄴ   ③ ㄷ
④ ㄱ, ㄴ   ⑤ ㄴ, ㄷ

02

함수 $f(x)=\begin{cases} 2x^2+a & (x<1) \\ x^3+ax+1 & (x\geq1) \end{cases}$ 이 모든 실수 x에 대하여 미분가능하도록 하는 상수 a의 값은?

① -2 ② -1 ③ 0
④ 1 ⑤ 2

03

함수 $f(x)=\begin{cases} x^2+6 & (x\leq1) \\ ax+b & (x>1) \end{cases}$ 가 $x=1$에서 미분가능할 때, $f(2)$의 값은? (단, a, b는 상수이다.)

① 9 ② 10 ③ 11
④ 12 ⑤ 13

04

함수 $f(x)=\begin{cases} -x^2+ax+4 & (x\geq2) \\ 2x+b & (x<2) \end{cases}$ 가 $x=2$에서 미분가능할 때, 두 상수 a, b에 대하여 ab의 값을 구하시오.

05

함수 $f(x)=\begin{cases} x^2 & (x\leq3) \\ -\dfrac{1}{2}(x-a)^2+b & (x>3) \end{cases}$ 가 모든 실수에서 미분가능할 때, $a+b$의 값을 구하시오. (단, a, b는 상수이다.)

06

함수 $f(x+2)=f(x)$를 만족시키는 함수 $f(x)$가 있다.
$0\leq x<2$에서 함수 $y=f(x)$의 그래프가 그림과 같을 때, 함수 $f(x)$가 모든 실수 x에 대하여 미분가능하도록 하는 조건으로 알맞은 것은?

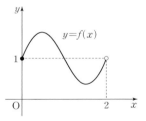

① $f'(0)<f'(2)$ ② $f'(0)=f'(2)$
③ $f'(0)>f'(2)$ ④ $f'(0)f'(2)<0$
⑤ $f'(0)f'(2)>0$

기출문제 맛보기

07
2017학년도 모의평가

함수
$$f(x) = \begin{cases} ax^2+1 & (x<1) \\ x^4+a & (x\geq1) \end{cases}$$
이 $x=1$에서 미분가능할 때, 상수 a의 값을 구하시오.

08
2018학년도 모의평가

함수
$$f(x) = \begin{cases} x^2+ax+b & (x\leq-2) \\ 2x & (x>-2) \end{cases}$$
가 실수 전체의 집합에서 미분가능할 때, $a+b$의 값은?
(단, a와 b는 상수이다.)

① 6 　　　　② 7 　　　　③ 8
④ 9 　　　　⑤ 10

09
2005학년도 모의평가

함수
$$f(x) = \begin{cases} x^3+ax^2+bx & (x\geq1) \\ 2x^2+1 & (x<1) \end{cases}$$
가 모든 실수 x에서 미분가능하도록 상수 a, b를 정할 때, ab의 값은?

① -5 　　　　② -3 　　　　③ -1
④ 0 　　　　⑤ 1

10
2012학년도 교육청

미분가능한 함수
$$f(x) = \begin{cases} -x+1 & (x<0) \\ a(x-1)^2+b & (x\geq0) \end{cases}$$
에 대하여 $f(1)$의 값은? (단, a, b는 상수이다.)

① $\dfrac{1}{4}$ 　　　　② $\dfrac{1}{2}$ 　　　　③ 1
④ $\dfrac{3}{2}$ 　　　　⑤ 2

11
2021학년도 모의평가

함수
$$f(x) = \begin{cases} x^3+ax+b & (x<1) \\ bx+4 & (x\geq1) \end{cases}$$
이 실수 전체의 집합에서 미분가능할 때, $a+b$의 값은?
(단, a, b는 상수이다.)

① 6 　　　　② 7 　　　　③ 8
④ 9 　　　　⑤ 10

12
2007학년도 수능

함수 $f(x)$가 $f(x) = \begin{cases} 1-x & (x<0) \\ x^2-1 & (0\leq x<1) \\ \dfrac{2}{3}(x^3-1) & (x\geq1) \end{cases}$

일 때, 〈보기〉에서 옳은 것을 모두 고른 것은?

┤보 기├
ㄱ. $f(x)$는 $x=1$에서 미분가능하다.
ㄴ. $|f(x)|$는 $x=0$에서 미분가능하다.
ㄷ. $x^k f(x)$가 $x=0$에서 미분가능하도록 하는 최소의 자연수 k는 2이다.

① ㄱ 　　　　② ㄴ 　　　　③ ㄱ, ㄷ
④ ㄴ, ㄷ 　　　　⑤ ㄱ, ㄴ, ㄷ

예상문제 도전하기

13

함수

$$f(x)=\begin{cases} x^2 & (x<2) \\ a(x-4)^2+b & (x\geq 2) \end{cases}$$

가 $x=2$에서 미분가능할 때, $f(5)$의 값은? (단, a, b는 상수이다.)

① 4   ② 5   ③ 6

④ 7   ⑤ 8

14

함수

$$f(x)=\begin{cases} x^3+a & (x\leq 2) \\ (x-a)^2-4b & (x>2) \end{cases}$$

가 모든 실수에서 미분가능할 때, 두 상수 a, b에 대하여 $a+b$의 값은?

① 1   ② 2   ③ 3

④ 4   ⑤ 5

15

함수 $f(x)=\begin{cases} x^3+4x & (x<a) \\ 3x^2+x+b & (x\geq a) \end{cases}$ 가 $x=a$에서 미분가능할 때,

$a+b$의 값은? (단, b는 상수이다.)

① 1   ② 2   ③ 3

④ 4   ⑤ 5

16

함수

$$f(x)=\begin{cases} -2x+a & (x<-1) \\ x^3+bx & (-1\leq x<1) \\ -2x+c & (x\geq 1) \end{cases}$$

가 모든 실수 x에 대하여 미분가능하도록 세 상수 a, b, c의 값을 정할 때, $f(-2)+f(-1)+f(1)$의 값을 구하시오.

17

실수 전체의 집합에서 미분가능한 함수 $f(x)$가 모든 실수 x에 대하여 $(x-2)f(x)=x^3+ax-4$를 만족시킨다. $f(2)+f'(2)$의 값은? (단, a는 상수이다.)

① 12   ② 14   ③ 16

④ 18   ⑤ 20

18

일차함수 $f(x)$가 다음 조건을 만족시킬 때, $f(3)$의 값은?

> (가) $f(1)=2$
> (나) 함수 $|x-2|f(x)$는 $x=2$에서 미분가능하다.

① -4 ② -2 ③ 0

④ 2   ⑤ 4

19

함수 $f(x)$가 모든 실수 x에서 미분가능하고, $f(x+2)=f(x)$를 만족시킨다. $0\leq x<2$에서 $f(x)=x^3+ax^2+bx$일 때, $f(7)$의 값은? (단, a, b는 상수이다.)

① -1 ② 0   ③ 1

④ 2   ⑤ 3

08 접선의 방정식

3등급 유형

🔆 출제가능성 ★★★★☆

출제경향 ⊙ 이 렇 게 출 제 되 었 다

매년 출제 확률 80% 정도로 출제가 예상되는 유형이다. 이 유형은 교과서 수준의 기본 개념을 이용하여 출제되고 있으니 충분히 연습해서 점수에 보탬이 되는 유형으로 만들자. 한편, 접선의 방정식은 미분이나 적분을 이용한 어려운 유형에 적용하여 출제되기도 한다.

난이도 $-$ 4점짜리

출제핵심 ⊙ 이 것 만 은 꼬 ~ 옥

곡선 $y=f(x)$ 위의 점 $P(a, f(a))$에서의 접선의 방정식은

$$y-f(a)=f'(a)(x-a)$$

개념 확인

① 곡선 위의 점에서의 접선의 방정식

(1) 접선의 기울기와 미분계수의 관계

곡선 $y=f(x)$ 위의 점 $P(a, f(a))$에서의 접선의 기울기는 $x=a$에서의 미분계수 $f'(a)$와 같다.

(2) 접선의 방정식

곡선 $y=f(x)$ 위의 점 $P(a, f(a))$에서의 접선의 방정식은

$$y-f(a)=f'(a)(x-a)$$

[참고] 법선의 방정식

곡선 $y=f(x)$ 위의 점 $(a, f(a))$에서의 법선의 방정식은

$$y-f(a)=-\frac{1}{f'(a)}(x-a) \ (단, f'(a)\neq 0)$$

② 기울기가 주어질 때 접선의 방정식

곡선 $y=f(x)$에 접하고 기울기가 m인 접선의 방정식

① 접점의 좌표를 $(a, f(a))$로 놓는다.

② $f'(a)=m$임을 이용하여 a의 값을 구한다.

③ a의 값을 $y-f(a)=m(x-a)$에 대입하여 접선의 방정식을 구한다.

[참고]

(1) x축에 평행한 접선의 기울기 ➡ $f'(a)=0$

(2) 두 직선이 서로 수직이면 두 직선의 기울기의 곱은 -1이다.

③ 곡선 밖의 한 점 (x_1, y_1)이 주어질 때 접선의 방정식

① 접점의 좌표를 $(a, f(a))$로 놓는다.

② $y-f(a)=f'(a)(x-a)$에 점 (x_1, y_1)의 좌표를 대입하여 a의 값을 구한다.

③ a의 값을 $y-f(a)=f'(a)(x-a)$에 대입하여 접선의 방정식을 구한다.

기본문제 다지기

01

곡선 $y=2x^3-x^2-2$ 위의 점 $(1, -1)$에서의 접선의 방정식은?

① $y=2x-5$ ② $y=2x+3$ ③ $y=3x-5$

④ $y=4x+3$ ⑤ $y=4x-5$

02

곡선 $y=x^3-4x^2-7x+25$ 위의 $x=4$인 점에서의 접선의 방정식을 $y=ax+b$라 할 때, 두 상수 a, b에 대하여 $a-b$의 값을 구하시오.

03

곡선 $y=2x^2+ax+b$가 점 $(1, 2)$를 지나고, 이 점에서의 접선의 기울기가 3일 때, 두 상수 a, b에 대하여 $a-b$의 값은?

① -3 ② -2 ③ -1

④ 0 ⑤ 1

04

곡선 $y=x^3+ax+b$ 위의 점 $(1, 2)$를 지나고 이 점에서의 접선에 수직인 직선의 방정식이 $x-2y+3=0$일 때, 두 상수 a, b에 대하여 ab의 값은?

① -32 ② -30 ③ -28

④ -26 ⑤ -24

05

곡선 $y=\dfrac{1}{3}x^3+ax+b$ 위의 점 $(1, 1)$에서의 접선이 점 $(2, -1)$을 지날 때, $2a+3b$의 값은? (단, a, b는 상수이다.)

① -3 ② -1 ③ 3

④ 5 ⑤ 11

06

곡선 $y=x^2-x$ 위의 점 $A(1, 0)$에서의 접선과 수직이고, 점 A를 지나는 직선이 이 곡선과 만나는 점 중에서 점 A가 아닌 점의 좌표를 (a, b)라 할 때, $a+b$의 값은?

① 1 ② 2 ③ 3

④ 4 ⑤ 5

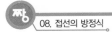
기출문제 맛보기

07
2012학년도 수능

곡선 $y=-x^3+4x$ 위의 점 $(1, 3)$에서의 접선의 방정식이 $y=ax+b$이다. $10a+b$의 값을 구하시오.

(단, a, b는 상수이다.)

08
2021학년도 모의평가

곡선 $y=x^3-6x^2+6$ 위의 점 $(1, 1)$에서의 접선이 점 $(0, a)$를 지날 때, a의 값을 구하시오.

09
2021학년도 수능

곡선 $y=x^3-3x^2+2x+2$ 위의 점 $A(0, 2)$에서의 접선과 수직이고 점 A를 지나는 직선의 x절편은?

① 4   ② 6   ③ 8
④ 10   ⑤ 12

10
2017학년도 수능

곡선 $y=x^3-ax+b$ 위의 점 $(1, 1)$에서의 접선과 수직인 직선의 기울기가 $-\dfrac{1}{2}$이다. 두 상수 a, b에 대하여 $a+b$의 값을 구하시오.

11
2010학년도 모의평가

곡선 $y=x^2$ 위의 점 $(-2, 4)$에서의 접선이 곡선 $y=x^3+ax-2$에 접할 때, 상수 a의 값은?

① -9 ② -7 ③ -5
④ -3 ⑤ -1

12
2023학년도 모의평가

곡선 $y=x^3-4x+5$ 위의 점 $(1, 2)$에서의 접선이 곡선 $y=x^4+3x+a$에 접할 때, 상수 a의 값은?

① 6   ② 7   ③ 8
④ 9   ⑤ 10

13
2022학년도 수능

삼차함수 $f(x)$에 대하여 곡선 $y=f(x)$ 위의 점 $(0,\ 0)$에서의 접선과 곡선 $y=xf(x)$ 위의 점 $(1,\ 2)$에서의 접선이 일치할 때, $f'(2)$의 값은?

① -18 ② -17 ③ -16

④ -15 ⑤ -14

14
2024학년도 모의평가

최고차항의 계수가 1인 삼차함수 $f(x)$에 대하여 곡선 $y=f(x)$ 위의 점 $(-2,\ f(-2))$에서의 접선과 곡선 $y=f(x)$ 위의 점 $(2, 3)$에서의 접선이 점 $(1, 3)$에서 만날 때, $f(0)$의 값은?

① 31 ② 33 ③ 35

④ 37 ⑤ 39

15
2022학년도 수능예시

원점을 지나고 곡선 $y=-x^3-x^2+x$에 접하는 모든 직선의 기울기의 합은?

① 2 ② $\dfrac{9}{4}$ ③ $\dfrac{5}{2}$

④ $\dfrac{11}{4}$ ⑤ 3

16
2023학년도 수능

점 $(0,\ 4)$에서 곡선 $y=x^3-x+2$에 그은 접선의 x절편은?

① $-\dfrac{1}{2}$ ② -1 ③ $-\dfrac{3}{2}$

④ -2 ⑤ $-\dfrac{5}{2}$

17
2025학년도 모의평가

최고차항의 계수가 1이고 $f(0)=0$인 삼차함수 $f(x)$가
$$\lim_{x \to a} \frac{f(x)-1}{x-a}=3$$
을 만족시킨다. 곡선 $y=f(x)$ 위의 점 $(a,\ f(a))$에서의 접선의 y절편이 4일 때, $f(1)$의 값은? (단, a는 상수이다.)

① -1 ② -2 ③ -3

④ -4 ⑤ -5

18
2016학년도 모의평가

함수 $f(x)$가 $f(x)=(x-3)^2$이다.

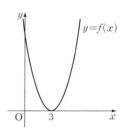

함수 $g(x)$의 도함수가 $f(x)$이고 곡선 $y=g(x)$ 위의 점 $(2,\ g(2))$에서의 접선의 y절편이 -5일 때, 이 접선의 x절편은?

① 1 ② 2 ③ 3

④ 4 ⑤ 5

19

2015학년도 수능

함수 $f(x)=x(x+1)(x-4)$에 대하여 직선 $y=5x+k$와 함수 $y=f(x)$의 그래프가 서로 다른 두 점에서 만날 때, 양수 k의 값은?

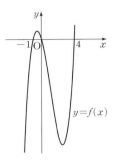

① 5   ② $\dfrac{11}{2}$ ③ 6

④ $\dfrac{13}{2}$ ⑤ 7

20

2024학년도 수능

$a>\sqrt{2}$인 실수 a에 대하여 함수 $f(x)$를
$$f(x)=-x^3+ax^2+2x$$
라 하자. 곡선 $y=f(x)$ 위의 점 $O(0,0)$에서의 접선이 곡선 $y=f(x)$와 만나는 점 중 O가 아닌 점을 A라 하고, 곡선 $y=f(x)$ 위의 점 A에서의 접선이 x축과 만나는 점을 B라 하자. 점 A가 선분 OB를 지름으로 하는 원 위의 점일 때, $\overline{OA}\times\overline{AB}$의 값을 구하시오.

21

2015학년도 모의평가

곡선 $y=\dfrac{1}{3}x^3+\dfrac{11}{3}$ $(x>0)$ 위를 움직이는 점 P와 직선 $x-y-10=0$ 사이의 거리를 최소가 되게 하는 곡선 위의 점 P의 좌표를 (a,b)라 할 때, $a+b$의 값을 구하시오.

예상문제 도전하기

22

곡선 $y=(x-1)^2(2x-3)$ 위의 점 $(2,1)$에서의 접선이 점 $(1,k)$를 지날 때, k의 값은?

① -3 ② -1 ③ 0

④ 1   ⑤ 3

23

곡선 $y=x^3-3x^2+4$ 위의 $x=2$인 점에서의 접선이 이 곡선과 만나는 $x\neq2$인 점을 A라 할 때, 점 A에서의 접선의 방정식이 $y=mx+n$이다. 두 상수 m, n에 대하여 $m+n$의 값은?

① 14   ② 15   ③ 16

④ 17   ⑤ 18

24

곡선 $y=x^2-2x+5$와 직선 $y=2x-1$ 사이의 최단 거리는?

① $\dfrac{\sqrt{3}}{5}$ ② $\dfrac{2\sqrt{3}}{5}$ ③ $\dfrac{2\sqrt{5}}{5}$

④ $\dfrac{\sqrt{5}}{2}$ ⑤ $\dfrac{4\sqrt{5}}{5}$

25

곡선 $y=f(x)$ 위의 점 $(2, 1)$에서의 접선의 방정식이 $y=4x-7$이다. 곡선 $y=(x^3-2x)f(x)$ 위의 $x=2$인 점에서의 접선의 방정식을 $y=ax+b$라 할 때, $2a+b$의 값은? (단, a, b는 상수이다.)

① 1　　　　② 2　　　　③ 3

④ 4　　　　⑤ 5

26

곡선 $f(x)=x^3+3x^2+6$의 접선 중에서 기울기가 최소인 접선의 방정식을 $y=g(x)$라 할 때, $g(1)$의 값은?

① 1　　　　② 2　　　　③ 3

④ 4　　　　⑤ 5

27

곡선 $y=2x^2+1$ 위의 점 $(-1, 3)$에서의 접선이 곡선 $y=2x^3-ax+3$에 접할 때, 상수 a의 값은?

① 2　　　　② 4　　　　③ 6

④ 8　　　　⑤ 10

28

두 곡선 $f(x)=x^3+ax$, $g(x)=bx^2-4$가 $x=1$인 점에서 같은 직선에 접하도록 하는 두 상수 a, b에 대하여 $a+b$의 값은?

① -9　　　　② -8　　　　③ -7

④ -6　　　　⑤ -5

29

두 곡선 $y=x^3$, $y=ax^2+bx$가 점 $(1, 1)$에서 만나고 이 점에서 각 곡선에 그은 두 접선이 직교할 때, $2a^2+b^2$의 값을 구하시오. (단, a, b는 상수이다.)

30

그림과 같이 점 $(0, 1)$에서 곡선 $y=x^3+3$에 그은 접선이 곡선과 접하는 점을 A, 곡선과 만나는 점을 B라 하자. 선분 AB의 길이는?

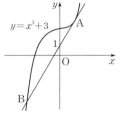

① $4\sqrt{5}$　　　　② 9

③ $2\sqrt{21}$　　　　④ $3\sqrt{10}$

⑤ 10

09 증가·감소와 극대·극소

 3등급 유형

💡 출제가능성 ★★★★★

출제경향 ➡️ 이렇게 출제되었다

극대·극소 문제는 매년 출제된다고 생각하고 준비해야 한다. 기본적인 극대·극소를 이해하는 기본적인 유형부터 도함수의 그래프를 이해해야 하는 유형 등 다양한 유형의 출제가 예상된다. 한편, 최근에는 교과서 수준의 기본적인 내용으로 자주 출제되고 있다. 어려운 유형의 문제는 「짱 어려운 유형」에서 공부하자.
난이도-3, 4점짜리

출제핵심 ➡️ 이것만은 꼬~옥

1. 함수 $f(x)$가 어떤 구간에서 미분가능하고 이 구간의 모든 x에 대하여
   (1) $f'(x)>0$이면 $f(x)$는 이 구간에서 증가한다.
   (2) $f'(x)<0$이면 $f(x)$는 이 구간에서 감소한다.
2. 함수 $f(x)$에 대하여 $f'(a)=0$이 되는 $x=a$의 좌우에서 $f'(x)$의 부호가
   (1) 양$(+)$에서 음$(-)$으로 바뀌면 $x=a$에서 극대이고 극댓값은 $f(a)$이다.
   (2) 음$(-)$에서 양$(+)$으로 바뀌면 $x=a$에서 극소이고 극솟값은 $f(a)$이다.

개념 확인

1 함수의 증가와 감소

함수 $f(x)$가 어떤 구간의 임의의 두 수 x_1, x_2에 대하여
(1) $x_1<x_2$일 때, $f(x_1)<f(x_2)$이면 $f(x)$는 이 구간에서 증가한다고 한다.
(2) $x_1<x_2$일 때, $f(x_1)>f(x_2)$이면 $f(x)$는 이 구간에서 감소한다고 한다.

2 함수의 증가와 감소의 판정

함수 $f(x)$가 어떤 구간에서 미분가능하고, 이 구간의 모든 x에 대하여
(1) $f'(x)>0$이면 $f(x)$는 이 구간에서 증가한다.
(2) $f'(x)<0$이면 $f(x)$는 이 구간에서 감소한다.

[참고]
함수 $f(x)$가 어떤 구간에서 미분가능하고, 이 구간에서
(1) $f(x)$가 증가하면 $f'(x)\geq0$
(2) $f(x)$가 감소하면 $f'(x)\leq0$

3 함수의 극대와 극소

함수 $f(x)$에서 $x=a$를 포함하는 어떤 열린구간에 속하는 모든 x에 대하여
(1) $f(x)\leq f(a)$일 때, $x=a$에서 극대, $f(a)$는 극댓값
(2) $f(x)\geq f(a)$일 때, $x=a$에서 극소, $f(a)$는 극솟값
이때 극댓값과 극솟값을 통틀어 극값이라고 한다.

[참고]
삼차함수 $f(x)$에서 $f'(x)=0$의 판별식이 D일 때
(1) $D\leq0 \iff f(x)$는 극값을 갖지 않는다.
(2) $D>0 \iff f(x)$는 극값을 갖는다.

4 함수의 극대와 극소의 판정

함수 $f(x)$에 대하여 $f'(a)=0$이 되는 $x=a$의 좌우에서 $f'(x)$의 부호가
(1) 양 ⇨ 음 으로 바뀌면 $f(x)$는 $x=a$에서 극대이다.
(2) 음 ⇨ 양 으로 바뀌면 $f(x)$는 $x=a$에서 극소이다.

기본문제 다지기

01

사차함수 $f(x)$의 도함수의 그래프가 그림과 같다. 함수 $f(x)$ 가 감소하는 구간은?

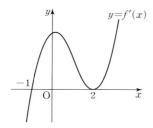

① $(-\infty, -1]$ ② $(-\infty, 2]$ ③ $[-1, 2]$

④ $[-1, \infty)$ ⑤ $[2, \infty)$

02

삼차함수 $f(x)=-x^3+ax^2-3x-1$이 임의의 두 실수 x_1, x_2 에 대하여 $x_1<x_2$이면 $f(x_1)>f(x_2)$를 만족시킬 때, 정수 a의 개수는?

① 4   ② 5   ③ 6

④ 7   ⑤ 8

03

삼차함수 $f(x)=\dfrac{1}{3}x^3+ax^2+4x$의 역함수가 존재하도록 하는 실수 a의 값의 범위는?

① $-4 \le a \le 4$ ② $-2 \le a \le 2$ ③ $-2 < a < 2$

④ $0 \le a \le 2$ ⑤ $0 < a < 2$

04

삼차함수 $f(x)=x^3-3x+4$의 극댓값과 극솟값의 합을 구하시오.

05

삼차함수 $f(x)=-x^3+6x^2-9x+a$의 극댓값이 10일 때, 극솟값은? (단, a는 상수이다.)

① 6   ② 7   ③ 8

④ 9   ⑤ 10

06

함수 $f(x)=x^3+ax^2-9x+10$이 $x=1$에서 극솟값을 가질 때, 극댓값을 구하시오. (단, a는 상수이다.)

07

삼차함수 $f(x)=x^3+ax^2+bx-3$이 $x=0$에서 극댓값, $x=2$에서 극솟값을 가질 때, $f(x)$의 극솟값은?

(단, a, b는 상수이다.)

① -9 ② -7 ③ -5

④ -3 ⑤ -1

08

함수 $f(x)=2x^3+ax^2+bx$의 그래프가 그림과 같을 때, 극댓값은?

(단, a, b는 상수이다.)

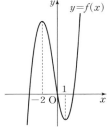

① 14   ② 16

③ 18   ④ 20

⑤ 22

09

삼차함수 $f(x)=ax^3-3x+b$의 극댓값이 5, 극솟값이 3일 때, $f(2)-f'(-2)$의 값은? (단, a, b는 상수이다.)

① -15 ② -13 ③ -11

④ -9 ⑤ -7

기출문제 맛보기

10

2022학년도 수능

함수 $f(x)=x^3+ax^2-(a^2-8a)x+3$이 실수 전체의 집합에서 증가하도록 하는 실수 a의 최댓값을 구하시오.

11

2016학년도 모의평가

함수 $f(x)=\dfrac{1}{3}x^3-9x+3$이 열린구간 $(-a, a)$에서 감소할 때, 양수 a의 최댓값을 구하시오.

12

2022학년도 모의평가

함수 $f(x)=2x^3+3x^2-12x+1$의 극댓값과 극솟값을 각각 M, m이라 할 때, $M+m$의 값은?

① 13   ② 14   ③ 15

④ 16   ⑤ 17

13

2024학년도 수능

함수 $f(x)=\dfrac{1}{3}x^3-2x^2-12x+4$가 $x=\alpha$에서 극대이고 $x=\beta$에서 극소일 때, $\beta-\alpha$의 값은? (단, α와 β는 상수이다.)

① -4 ② -1 ③ 2

④ 5   ⑤ 8

14
2023학년도 모의평가

함수 $f(x)=x^3-3x^2+k$의 극댓값이 9일 때, 함수 $f(x)$의 극솟값은? (단, k는 상수이다.)

① 1   ② 2   ③ 3

④ 4   ⑤ 5

15
2025학년도 수능

양수 a에 대하여 함수 $f(x)$를
$$f(x)=2x^3-3ax^2-12a^2x$$
라 하자. 함수 $f(x)$의 극댓값이 $\dfrac{7}{27}$일 때, $f(3)$의 값을 구하시오.

16
2023학년도 수능

함수 $f(x)=2x^3-9x^2+ax+5$는 $x=1$에서 극대이고, $x=b$에서 극소이다. $a+b$의 값은? (단, a, b는 상수이다.)

① 12   ② 14   ③ 16

④ 18   ⑤ 20

17
2024학년도 모의평가

함수 $f(x)=x^3+ax^2+bx+1$은 $x=-1$에서 극대이고, $x=3$에서 극소이다. 함수 $f(x)$의 극댓값은? (단, a, b는 상수이다.)

① 0   ② 3   ③ 6

④ 9   ⑤ 12

18
2020학년도 모의평가

함수 $f(x)=x^3-3ax^2+3(a^2-1)x$의 극댓값이 4이고 $f(-2)>0$일 때, $f(-1)$의 값은? (단, a는 상수이다.)

① 1   ② 2   ③ 3

④ 4   ⑤ 5

19
2025학년도 모의평가

함수 $f(x)=x^3+ax^2-9x+b$는 $x=1$에서 극소이다. 함수 $f(x)$의 극댓값이 28일 때, $a+b$의 값을 구하시오.

(단, a와 b는 상수이다.)

20
2023학년도 모의평가

함수 $f(x)=x^4+ax^2+b$는 $x=1$에서 극소이다. 함수 $f(x)$의 극댓값이 4일 때, $a+b$의 값을 구하시오.

(단, a와 b는 상수이다.)

21
2024학년도 모의평가

두 상수 a, b에 대하여 삼차함수 $f(x)=ax^3+bx+a$는 $x=1$에서 극소이다. 함수 $f(x)$의 극솟값이 -2일 때, 함수 $f(x)$의 극댓값을 구하시오.

22

2020학년도 수능

함수 $f(x)=-x^4+8a^2x^2-1$이 $x=b$와 $x=2-2b$에서 극대일 때, $a+b$의 값은? (단, a, b는 $a>0$, $b>0$인 상수이다.)

① 3   ② 5   ③ 7

④ 9   ⑤ 11

23

2015학년도 수능

두 다항함수 $f(x)$와 $g(x)$가 모든 실수 x에 대하여
$$g(x)=(x^3+2)f(x)$$
를 만족시킨다. $g(x)$가 $x=1$에서 극솟값 24를 가질 때, $f(1)-f'(1)$의 값을 구하시오.

24

2024학년도 모의평가

두 실수 a, b에 대하여 함수
$$f(x)=\begin{cases} -\dfrac{1}{3}x^3-ax^2-bx & (x<0) \\ \dfrac{1}{3}x^3+ax^2-bx & (x\geq0) \end{cases}$$
이 구간 $(-\infty, -1]$에서 감소하고 구간 $[-1, \infty)$에서 증가할 때, $a+b$의 최댓값을 M, 최솟값을 m이라 하자. $M-m$의 값은?

① $\dfrac{3}{2}+3\sqrt{2}$ ② $3+3\sqrt{2}$ ③ $\dfrac{9}{2}+3\sqrt{2}$

④ $6+3\sqrt{2}$ ⑤ $\dfrac{15}{2}+3\sqrt{2}$

예상문제 도전하기

25

삼차함수 $f(x)=-x^3+6x^2+ax-1$이 극값을 갖지 않도록 하는 실수 a의 값의 범위는?

① $a\leq-12$ ② $a\leq-6$ ③ $-6\leq a\leq6$

④ $a\geq6$ ⑤ $a\geq12$

26

삼차함수 $f(x)=-\dfrac{1}{3}x^3-3x^2+7x-11$이 임의의 두 실수 x_1, x_2에 대하여 $x_1<x_2$이면 $f(x_1)<f(x_2)$를 만족시키는 구간에 속하는 정수의 개수는?

① 1   ② 3   ③ 5

④ 7   ⑤ 9

27

함수 $f(x)=x^3-9x^2+24x+a$의 극댓값이 24일 때, 상수 a의 값은?

① 2   ② 4   ③ 6

④ 8   ⑤ 10

28

함수 $f(x)=x^3-3x+1$에 대하여 $y=f(x)$의 그래프에서 극대가 되는 점과 극소가 되는 점 사이의 거리는?

① $\sqrt{5}$ ② $2\sqrt{5}$ ③ $3\sqrt{5}$

④ $4\sqrt{5}$ ⑤ $5\sqrt{5}$

29

삼차함수 $f(x)=x^3-5x^2+ax-b$가 $x=1$에서 극값 2를 가질 때, 두 상수 a, b에 대하여 ab의 값은?

① 7   ② 14   ③ 28

④ 35   ⑤ 42

30

함수 $f(x)=x^3+ax^2+bx+1$의 감소하는 구간이 $[-1, 1]$일 때, $f(x)$의 극댓값을 M, 극솟값을 m이라 하면 $M+m$의 값은? (단, a, b는 상수이다.)

① 1   ② 2   ③ 3

④ 4   ⑤ 5

31

함수 $y=x^3-6x^2+a$의 극댓값과 극솟값의 부호가 반대이고, 절댓값이 같을 때, 상수 a의 값은?

① 2   ② 4   ③ 8

④ 16   ⑤ 32

32

삼차함수 $f(x)=x^3+ax^2+bx+c$는 $x=1$에서 극댓값, $x=3$에서 극솟값을 갖고 극댓값이 극솟값의 3배가 될 때, $f(x)$의 극댓값은? (단, a, b, c는 상수이다.)

① 4   ② 6   ③ 9

④ 10   ⑤ 12

33

원점을 지나고 최고차항의 계수가 1인 사차함수 $y=f(x)$가 다음 조건을 만족시킨다.

(가) $f(2+x)=f(2-x)$
(나) $x=3$에서 극솟값을 갖는다.

$f(x)$의 극댓값은?

① -8 ② -6 ③ -4

④ -2 ⑤ 0

34

미분가능한 함수 $y=f(x)$의 그래프가 그림과 같다.

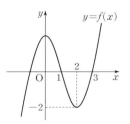

$g(x)=xf(x)$라 할 때, 〈보기〉에서 옳은 것만을 있는 대로 고른 것은? (단, $f'(2)=0$)

보기

ㄱ. $f(1)+g'(1)>0$
ㄴ. $g(2)g'(2)>0$
ㄷ. $f(3)+g'(3)>0$

① ㄱ   ② ㄴ   ③ ㄱ, ㄷ

④ ㄴ, ㄷ   ⑤ ㄱ, ㄴ, ㄷ

유형 10 함수의 최대 · 최소

 2, 3등급 유형

🔆 출제가능성 ★☆☆☆☆

출제경향 ● 이 렇 게 출 제 되 었 다

제한된 구간에서 최댓값, 최솟값을 구하거나 도형 등에 응용된 문제가 출제되고 있다. 어려운 합답형 문항에 같이 출제되기도 하는 내용이지만 이 교재 유형처럼 쉽게 출제될 수도 있으므로 학습해 두자.
난이도－4점짜리

출제핵심 ● 이 것 만 은 꼬 ~ 옥

닫힌구간 $[a, b]$에서 연속인 함수 $f(x)$의 최댓값, 최솟값
(1) 최댓값은 극댓값, $f(a)$, $f(b)$ 중에서 최대인 것
(2) 최솟값은 극솟값, $f(a)$, $f(b)$ 중에서 최소인 것

개념 확인

① 함수의 최대 · 최소

닫힌구간 $[a, b]$에서 연속인 함수 $f(x)$의 최댓값, 최솟값은 다음과 같은 순서로 구한다.
① 주어진 구간에서의 $f(x)$의 극댓값과 극솟값을 모두 구한다.
② 주어진 구간의 양 끝의 함숫값 $f(a)$, $f(b)$를 구한다.
③ 위에서 구한 극댓값, 극솟값, $f(a)$, $f(b)$의 크기를 비교하여, 가장 큰 값이 최댓값이고, 가장 작은 값이 최솟값이다.

[참고]

(1) 함수 $f(x)$가 닫힌구간 $[a, b]$에서 연속이면 $f(x)$는 최대 · 최소 정리에 의하여 닫힌구간 $[a, b]$에서 반드시 최댓값과 최솟값을 갖는다.
(2) 극댓값과 극솟값이 반드시 최댓값과 최솟값이 되는 것은 아니다.

기본문제 다지기

01

$0 \leq x \leq 2$에서 함수 $f(x)=2x^3-6x+4$의 최댓값을 M, 최솟값을 m이라 할 때, $M+m$의 값은?

① 4   ② 8   ③ 12

④ 16   ⑤ 20

02

닫힌구간 $[0, 2]$에서 함수 $f(x)=-x^3+3x+3$의 최댓값과 최솟값을 각각 M, m이라 할 때, $M-m$의 값은?

① 1   ② 2   ③ 3

④ 4   ⑤ 5

03

닫힌구간 $[0, 2]$에서 함수 $f(x)=x^4-2x^2+2$의 최댓값과 최솟값의 합은?

① 11   ② 12   ③ 13

④ 14   ⑤ 15

04

닫힌구간 $[-1, 1]$에서 함수 $f(x)=2x^3-3x^2+a$의 최솟값이 5일 때, 상수 a의 값은?

① 6   ② 7   ③ 8

④ 9   ⑤ 10

05

닫힌구간 $[-2, 2]$에서 정의된 함수 $f(x)=-x^3+3x^2+a$의 최솟값이 3일 때, 최댓값은? (단, a는 상수이다.)

① 21   ② 22   ③ 23

④ 24   ⑤ 25

06

함수 $f(x)=x^3+ax^2+bx+1$이 $x=3$에서 극솟값 1을 갖는다. 닫힌구간 $[-1, 3]$에서 $f(x)$의 최댓값은? (단, a, b는 상수이다.)

① 2   ② 3   ③ 4

④ 5   ⑤ 6

기출문제 맛보기

07
2018학년도 모의평가

닫힌구간 $[-1, 3]$에서 함수 $f(x)=x^3-3x+5$의 최솟값은?

① 1   ② 2   ③ 3

④ 4   ⑤ 5

08
2009학년도 모의평가

구간 $[-2, 0]$에서 함수 $f(x)=x^3-3x^2-9x+8$의 최댓값을 구하시오.

09
2013학년도 모의평가

닫힌구간 $[1, 4]$에서 함수 $f(x)=x^3-3x^2+a$의 최댓값을 M, 최솟값을 m이라 하자. $M+m=20$일 때, 상수 a의 값은?

① 1   ② 2   ③ 3

④ 4   ⑤ 5

10
2017학년도 모의평가

양수 a에 대하여 함수 $f(x)=x^3+ax^2-a^2x+2$가 닫힌구간 $[-a, a]$에서 최댓값 M, 최솟값 $\dfrac{14}{27}$를 갖는다. $a+M$의 값을 구하시오.

11
2005학년도 모의평가

미분가능한 두 함수 $f(x)$와 $g(x)$의 그래프는 $x=a$와 $x=b$에서 만나고, $a<c<b$인 $x=c$에서 두 함숫값의 차가 최대가 된다. 다음 중 항상 옳은 것은?

① $f'(c)=-g'(c)$ ② $f'(c)=g'(c)$

③ $f'(a)=g'(b)$ ④ $f'(b)=g'(b)$

⑤ $f'(a)=g'(a)$

12
2010학년도 모의평가

좌표평면 위에 점 $A(0, 2)$가 있다. $0<t<2$일 때, 원점 O와 직선 $y=2$ 위의 점 $P(t, 2)$를 잇는 선분 OP의 수직이등분선과 y축의 교점을 B라 하자. 삼각형 ABP의 넓이를 $f(t)$라 할 때, $f(t)$의 최댓값은 $\dfrac{b}{a}\sqrt{3}$이다. $a+b$의 값을 구하시오.

(단, a, b는 서로소인 자연수이다.)

13

닫힌구간 $[1, 3]$에서 함수 $f(x)=2x^3-9x^2+12x+a$의 최댓값이 10일 때, 최솟값은? (단, a는 상수이다.)

① 1   ② 2   ③ 3

④ 4   ⑤ 5

14

닫힌구간 $[-2, a]$에서 함수 $f(x)=-x^3+6x^2-12x$의 최솟값이 -8일 때, a의 값은? (단, $a>-2$)

① 1   ② 2   ③ 3

④ 4   ⑤ 5

15

삼차함수 $f(x)=x^3+ax^2+bx-3$의 도함수 $y=f'(x)$의 그래프가 그림과 같을 때, 닫힌구간 $[1, 4]$에서 함수 $f(x)$의 최댓값과 최솟값의 합은?

(단, a, b는 상수이다.)

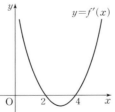

① 26   ② 27   ③ 28

④ 29   ⑤ 30

16

$1 \le x \le 4$에서 함수 $f(x)=ax^4-4ax^3+b$의 최댓값이 3, 최솟값이 -6일 때, 두 상수 a, b에 대하여 ab의 값은? (단, $a>0$)

① -2 ② -1 ③ 1

④ 2   ⑤ 4

17

닫힌구간 $[-3, 2]$에서 함수 $f(x)=(x+2)^3-3(x+2)^2+1$의 최댓값과 최솟값의 합을 구하시오.

18

곡선 $y=x(x-2)^2$이 x축과 만나는 점을 각각 O, A라 하자. 곡선의 호 OA 위의 한 점 P에서 x축에 내린 수선의 발을 H라 할 때, 삼각형 OPH의 넓이의 최댓값은?

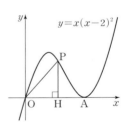

① $\dfrac{1}{4}$ ② $\dfrac{1}{3}$ ③ $\dfrac{1}{2}$

④ $\dfrac{2}{3}$ ⑤ $\dfrac{3}{4}$

방정식, 부등식에의 활용

2등급 유형

☀️ 출제가능성 ★★★☆☆

출제경향 🔵 이 렇 게 출 제 되 었 다

최근에는 간단하게 실근의 개수를 묻는 유형으로 자주 출제되고 있다. 미분법의 활용에서 어려운 문항으로 출제될 수 있지만 기본을 다지는 차원에서 충실히 학습하고, 「짱 어려운 유형」 교재에 도전해 보자.
난이도-4점짜리

출제핵심 🔵 이 것 만 은 꼬 ~ 옥

삼차함수 $f(x)$에 대하여 삼차방정식 $f(x)=0$의 근은 다음과 같다.

(1) (극댓값)×(극솟값)<0 ⟺ 서로 다른 세 실근

(2) (극댓값)×(극솟값)=0 ⟺ 한 실근과 중근 (서로 다른 두 실근)

(3) (극댓값)×(극솟값)>0 ⟺ 한 실근과 두 허근

개념 확인

❶ 방정식의 실근의 개수

(1) 방정식 $f(x)=0$의 실근의 개수

⟺ 함수 $y=f(x)$의 그래프와 x축의 교점의 개수

(2) 방정식 $f(x)=g(x)$의 실근의 개수

⟺ 두 함수 $y=f(x)$, $y=g(x)$의 그래프의 교점의 개수

❷ 삼차방정식의 근의 판별

삼차함수 $f(x)=ax^3+bx^2+cx+d$가 극값을 가질 때,

삼차방정식 $ax^3+bx^2+cx+d=0$의 근은

(1) (극댓값)×(극솟값)<0 ⟺ 서로 다른 세 실근

(2) (극댓값)×(극솟값)=0 ⟺ 한 실근과 중근
　　　　　　　　　　　　　　　(서로 다른 두 실근)

(3) (극댓값)×(극솟값)>0 ⟺ 한 실근과 두 허근

❸ 부등식의 증명

모든 실수 x에 대하여

(1) 부등식 $f(x)>0$의 증명

➡ ($f(x)$의 최솟값)>0임을 보인다.

(2) 부등식 $f(x)>g(x)$의 증명

➡ ($f(x)-g(x)$의 최솟값)>0임을 보인다.

[참고] $x>a$인 범위에서 부등식 $f(x)>0$의 증명

[방법1] $x>a$인 범위에서 ($f(x)$의 최솟값)>0임을 보인다.

[방법2] $x>a$인 범위에서 $f(x)$가 증가하고 $f(a)\geq0$임을 보인다.

기본문제 다지기

01

삼차함수 $y=f(x)$의 그래프가 그림과 같을 때, 방정식 $f(x)-k=0$이 서로 다른 세 실근을 갖도록 하는 모든 정수 k의 값의 합을 구하시오.

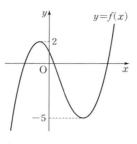

02

삼차방정식 $2x^3-6x^2-18x+a=0$이 서로 다른 세 실근을 갖도록 하는 실수 a의 값의 범위는?

① $-54<a<10$ ② $a<-10$ ③ $-10<a<54$

④ $10<a<54$ ⑤ $a<54$

03

삼차방정식 $x^3-12x-a=0$이 오직 양의 실근 한 개만 갖도록 하는 정수 a의 최솟값은?

① -17 ② -14 ③ 8

④ 14   ⑤ 17

04

삼차함수 $y=x^3-3x^2-9x+a$의 그래프가 x축에 접하도록 하는 모든 실수 a의 값의 합을 구하시오.

05

사차방정식 $3x^4-4x^3-12x^2-k=0$이 서로 다른 두 양의 실근만 가질 때, 실수 k의 값의 범위는?

① $k<-32$ ② $-32<k<-5$ ③ $-5<k<-2$

④ $-5<k<0$ ⑤ $-2<k<10$

06

곡선 $y=x^3-11x$와 직선 $y=x+k$가 서로 다른 세 점에서 만날 때, 실수 k의 값의 범위는?

① $k<-16$ ② $-16<k<4$ ③ $-16<k<16$

④ $4<k<16$ ⑤ $k>16$

07

그림은 삼차함수 $y=f(x)$의 도함수 $y=f'(x)$의 그래프이다. $f(-2)=-2$, $f(2)=4$일 때, 방정식 $f(x)=k$가 서로 다른 세 실근을 갖도록 하는 모든 정수 k의 값의 합을 구하시오.

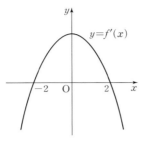

08

삼차함수 $f(x)=x^3-3x-1$에 대하여 방정식 $|f(x)|=k$가 서로 다른 네 실근을 갖도록 하는 정수 k의 값을 구하시오.

09

$x>0$일 때, 부등식 $x^3-6x^2+9x+k>0$이 항상 성립하도록 하는 실수 k의 값의 범위는?

① $k>0$　　　② $k<0$　　　③ $k>3$
④ $k<3$　　　⑤ $3<k<6$

기출문제 맛보기

10
2022학년도 수능

방정식 $2x^3-3x^2-12x+k=0$이 서로 다른 세 실근을 갖도록 하는 정수 k의 개수는?

① 20　　　② 23　　　③ 26
④ 29　　　⑤ 32

11
2023학년도 수능

방정식 $2x^3-6x^2+k=0$의 서로 다른 양의 실근의 개수가 2가 되도록 하는 정수 k의 개수를 구하시오.

12
2025학년도 모의평가

x에 대한 방정식 $x^3-3x^2-9x+k=0$의 서로 다른 실근의 개수가 2가 되도록 하는 모든 실수 k의 값의 합은?

① 13　　　② 16　　　③ 19
④ 22　　　⑤ 25

13
2021학년도 수능

곡선 $y=4x^3-12x+7$과 직선 $y=k$가 만나는 점의 개수가 2가 되도록 하는 양수 k의 값을 구하시오.

14

2023학년도 모의평가

방정식 $3x^4-4x^3-12x^2+k=0$이 서로 다른 4개의 실근을 갖도록 하는 자연수 k의 개수를 구하시오.

15

2020학년도 모의평가

곡선 $y=x^3-3x^2+2x-3$과 직선 $y=2x+k$가 서로 다른 두 점에서만 만나도록 하는 모든 실수 k의 값의 곱을 구하시오.

16

2024학년도 모의평가

두 곡선 $y=2x^2-1$, $y=x^3-x^2+k$가 만나는 점의 개수가 2가 되도록 하는 양수 k의 값은?

① 1   ② 2   ③ 3

④ 4   ⑤ 5

17

2015학년도 수능

함수 $f(x)=x(x+1)(x-4)$에 대하여 직선 $y=5x+k$와 함수 $y=f(x)$의 그래프가 서로 다른 두 점에서 만날 때, 양수 k의 값은?

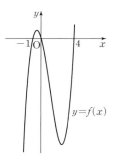

① 5   ② $\dfrac{11}{2}$ ③ 6

④ $\dfrac{13}{2}$ ⑤ 7

18

2016학년도 모의평가

두 함수
$$f(x)=3x^3-x^2-3x, \; g(x)=x^3-4x^2+9x+a$$
에 대하여 방정식 $f(x)=g(x)$가 서로 다른 두 개의 양의 실근과 한 개의 음의 실근을 갖도록 하는 모든 정수 a의 개수는?

① 6   ② 7   ③ 8

④ 9   ⑤ 10

19

2021학년도 모의평가

방정식 $2x^3+6x^2+a=0$이 $-2\le x\le2$에서 서로 다른 두 실근을 갖도록 하는 정수 a의 개수는?

① 4   ② 6   ③ 8

④ 10   ⑤ 12

20

2013학년도 모의평가

좌표평면에서 두 함수
$$f(x)=6x^3-x,\ g(x)=|x-a|$$
의 그래프가 서로 다른 두 점에서 만나도록 하는 모든 실수 a의 값의 합은?

① $-\dfrac{11}{18}$ ② $-\dfrac{5}{9}$ ③ $-\dfrac{1}{2}$

④ $-\dfrac{4}{9}$ ⑤ $-\dfrac{7}{18}$

21

2022학년도 수능예시

최고차항의 계수가 1인 삼차함수 $f(x)$가 다음 조건을 만족시킨다.

> 방정식 $f(x)=9$는 서로 다른 세 실근을 갖고, 이 세 실근은 크기 순서대로 등비수열을 이룬다.

$f(0)=1,\ f'(2)=-2$일 때, $f(3)$의 값은?

① 6 ② 7 ③ 8

④ 9 ⑤ 10

22

2022학년도 모의평가

함수 $f(x)=\dfrac{1}{2}x^3-\dfrac{9}{2}x^2+10x$에 대하여 x에 대한 방정식
$$f(x)+|f(x)+x|=6x+k$$
의 서로 다른 실근의 개수가 4가 되도록 하는 모든 정수 k의 값의 합을 구하시오.

23

2023학년도 모의평가

두 함수
$$f(x)=x^3-x+6,\ g(x)=x^2+a$$
가 있다. $x\geq0$인 모든 실수 x에 대하여 부등식
$$f(x)\geq g(x)$$
가 성립할 때, 실수 a의 최댓값은?

① 1 ② 2 ③ 3

④ 4 ⑤ 5

24

2020학년도 모의평가

두 함수
$$f(x)=x^3+3x^2-k,\ g(x)=2x^2+3x-10$$
에 대하여 부등식
$$f(x)\geq3g(x)$$
가 닫힌구간 $[-1,\ 4]$에서 항상 성립하도록 하는 실수 k의 최댓값을 구하시오.

25

2025학년도 모의평가

최고차항의 계수가 1인 삼차함수 $f(x)$가 모든 정수 k에 대하여
$$2k-8\leq\frac{f(k+2)-f(k)}{2}\leq4k^2+14k$$
를 만족시킬 때, $f'(3)$의 값을 구하시오.

예상문제 도전하기

26

x에 대한 삼차방정식 $x^3-6x^2+2-n=0$이 서로 다른 세 실근을 갖도록 하는 정수 n의 개수를 구하시오.

27

두 곡선 $y=x^3-4x^2+3x$와 $y=2x^2-6x+a$가 서로 다른 세 점에서 만날 때, 모든 정수 a의 값의 합은?

① 5   ② 6   ③ 7

④ 8   ⑤ 9

28

두 함수 $f(x)=2x^3+3x^2-12x$와 $g(x)=a$에 대하여 방정식 $f(x)=g(x)$가 서로 다른 두 실근만을 갖도록 하는 모든 실수 a의 값의 합을 구하시오.

29

삼차함수 $y=f(x)$의 도함수 $y=f'(x)$의 그래프가 그림과 같다. $f(-1)=4$, $f(2)=-2$일 때, x에 대한 방정식 $3f(x)-k=0$이 서로 다른 두 실근을 갖도록 하는 실수 k의 값들의 합을 구하시오.

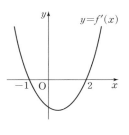

30

최고차항의 계수가 1인 삼차함수 $y=f(x)$의 그래프는 원점에 대하여 대칭이다. 방정식 $|f(x)|=2$가 서로 다른 네 개의 실근을 가질 때, $f(4)$의 값을 구하시오.

31

사차함수 $f(x)$의 도함수 $f'(x)$의 그래프가 그림과 같다.
$$f'(\alpha)=0,\ f'(\beta)=0,\ f(\alpha)=-6,\ f(\beta)=\frac{3}{4}$$
일 때, 방정식 $|f(x)|=2$의 서로 다른 실근의 개수는?

(단, $f(0)=0$)

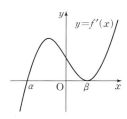

① 2   ② 3   ③ 4

④ 5   ⑤ 6

32

$x\geq0$일 때, 부등식 $x^3-3a^2x+2\geq0$을 만족시키는 실수 a의 최댓값과 최솟값의 합은?

① -3 ② -1 ③ 0

④ 1 ⑤ 3

12 속도와 가속도

💡 출제가능성 ★ ★ ★ ☆ ☆

출제경향 🔵 이렇게 출제되었다

예전에는 적분에서 움직인 거리를 구하는 유형으로 출제되는 경향이었으나 작년 수능부터 미분법에서 출제되고 있다. 기출 문항이 적어서 이 교재에 문제가 많지 않지만 다양한 형태의 문항들로 대비해야 한다. 꼭 나온다는 생각으로 이 유형을 대비하자.

난이도 – 4점짜리

출제핵심 ➡ 이것만은 꼬~옥

1. $v(t) = \lim_{\Delta t \to 0} \dfrac{\Delta x}{\Delta t} = \dfrac{dx}{dt} = f'(t)$

2. $a(t) = \lim_{\Delta t \to 0} \dfrac{\Delta v}{\Delta t} = \dfrac{dv}{dt} = v'(t)$

개념 확인

1 속도

수직선 위를 움직이는 점 P의 시각 t에서의 위치 x가 $x = f(t)$일 때, 시각 t에서의 점 P의 속도 v는

$$v = \frac{dx}{dt} = f'(t) = \lim_{\Delta t \to 0} \frac{f(t + \Delta t) - f(t)}{\Delta t}$$

[참고]

최고 높이에 도달할 때 ➡ $v = 0$

운동 방향을 바꿀 때 ➡ $v = 0$

정지할 때 ➡ $v = 0$

2 가속도

수직선 위를 움직이는 점 P의 시각 t에서의 속도 v가 $v = v(t)$일 때, 시각 t에서의 점 P의 가속도 a는

$$a = \frac{dv}{dt} = v'(t)$$

[참고]

위치 $x(t)$	미분	속도 $v(t)$	미분	가속도 $a(t)$

기본문제 다지기

01

수직선 위를 움직이는 점 P의 시각 t에서의 위치가 $x = 2t^3 - 5t^2$ 이고 $t = 2$일 때의 속도를 p, 가속도를 q라 할 때, $p + q$의 값은?

① 10   ② 15   ③ 18

④ 22   ⑤ 30

02

수직선 위의 원점을 출발하여 움직이는 점 P의 시각 t에서의 위치가 $x = 3t^3 - 9t^2$으로 주어질 때, 점 P의 운동 방향이 바뀌는 순간의 가속도는?

① 15   ② 16   ③ 17

④ 18   ⑤ 19

03

수직선 위를 움직이는 점 P의 시각 t $(t \geq 0)$에서의 위치 x가
$$x = t^3 - 6t^2$$
이다. 점 P의 가속도가 0일 때, 점 P의 속도를 p, 점 P의 위치를 q라 하자. $p - q$의 값은?

① 1   ② 2   ③ 3

④ 4   ⑤ 5

04

수직선 위를 움직이는 점 P의 시각 t $(t > 0)$에서의 위치 x가
$$x = t^3 + kt^2 - 9t$$
이다. $t = 1$에서의 점 P의 속도가 0일 때, $t = 1$에서의 점 P의 가속도는? (단, k는 상수이다.)

① 11   ② 12   ③ 13

④ 14   ⑤ 15

05

수직선 위를 움직이는 두 점 P, Q의 시각 t에서의 위치가 각각 $x_P = t^2 - 4t + 5$, $x_Q = 2t$이다. 두 점 P, Q가 두 번째 만날 때, 두 점 P, Q의 속도는 각각 얼마인가?

① 6, 2   ② 5, 2   ③ 5, 1

④ 2, -2   ⑤ 1, -2

06

x축 위를 움직이는 두 점 P, Q가 있다. 두 점 P, Q가 움직이기 시작하여 t초 후의 위치를 각각 $P\left(\dfrac{3}{2}t^2 - 18t, \ 0\right)$, $Q\left(\dfrac{3}{2}t^2 - 30t, \ 0\right)$ 이라고 한다. 두 점 P, Q가 서로 반대 방향으로 움직이는 시간은 모두 몇 초 동안인가?

① 1초   ② 2초   ③ 3초

④ 4초   ⑤ 5초

기출문제 맛보기

07

2020학년도 모의평가

수직선 위를 움직이는 점 P의 시각 t $(t > 0)$에서의 위치 x가
$$x = t^3 - 5t^2 + 6t$$
이다. $t = 3$에서 점 P의 가속도를 구하시오.

08

2015학년도 모의평가

수직선 위를 움직이는 점 P의 시각 t에서의 위치 x가
$$x = -t^2 + 4t$$
이다. $t = a$에서 점 P의 속도가 0일 때, 상수 a의 값은?

① 1   ② 2   ③ 3

④ 4   ⑤ 5

09

2018학년도 모의평가

수직선 위를 움직이는 점 P의 시각 t $(t>0)$에서의 위치 x가

$$x=t^3-12t+k \text{ (k는 상수)}$$

이다. 점 P의 운동 방향이 원점에서 바뀔 때, k의 값은?

① 10   ② 12   ③ 14

④ 16   ⑤ 18

10

2019학년도 수능

수직선 위를 움직이는 점 P의 시각 t $(t\geq0)$에서의 위치 x가

$$x=-\frac{1}{3}t^3+3t^2+k\,(\text{k는 상수})$$

이다. 점 P의 가속도가 0일 때 점 P의 위치는 40이다. k의 값을 구하시오.

11

2013학년도 모의평가

수직선 위를 움직이는 두 점 P, Q의 시각 t일 때의 위치는 각각 $f(t)=2t^2-2t$, $g(t)=t^2-8t$이다. 두 점 P와 Q가 서로 반대 방향으로 움직이는 시각 t의 범위는?

① $\frac{1}{2}<t<4$ ② $1<t<5$ ③ $2<t<5$

④ $\frac{3}{2}<t<6$ ⑤ $2<t<8$

12

2025학년도 모의평가

수직선 위를 움직이는 두 점 P, Q의 시각 t $(t\geq0)$에서의 위치가 각각

$$x_1=t^2+t-6,\ x_2=-t^3+7t^2$$

이다. 두 점 P, Q의 위치가 같아지는 순간 두 점 P, Q의 가속도를 각각 p, q라 할 때, $p-q$의 값은?

① 24   ② 27   ③ 30

④ 33   ⑤ 36

13

2020학년도 수능

수직선 위를 움직이는 두 점 P, Q의 시각 t $(t\geq0)$에서의 위치 x_1, x_2가

$$x_1=t^3-2t^2+3t,\ x_2=t^2+12t$$

이다. 두 점 P, Q의 속도가 같아지는 순간 두 점 P, Q 사이의 거리를 구하시오.

14

2025학년도 수능

시각 $t=0$일 때 출발하여 수직선 위를 움직이는 점 P의 시각 $t\,(t\geq0)$에서의 위치 x가

$$x=t^3-\frac{3}{2}t^2-6t$$

이다. 출발한 후 점 P의 운동 방향이 바뀌는 시각에서의 점 P의 가속도는?

① 6   ② 9   ③ 12

④ 15   ⑤ 18

15

2019학년도 모의평가

수직선 위를 움직이는 점 P의 시각 t $(t\geq0)$에서의 위치 x가

$$x=t^3+at^2+bt\,(\text{a, b는 상수})$$

이다. 시각 $t=1$에서 점 P가 운동 방향을 바꾸고, 시각 $t=2$에서 점 P의 가속도는 0이다. $a+b$의 값은?

① 3   ② 4   ③ 5

④ 6   ⑤ 7

16

2019학년도 모의평가

수직선 위를 움직이는 점 P의 시각 t $(t\geq0)$에서의 위치 x가

$$x=t^3-5t^2+at+5$$

이다. 점 P가 움직이는 방향이 바뀌지 <u>않도록</u> 하는 자연수 a의 최솟값은?

① 9   ② 10   ③ 11

④ 12   ⑤ 13

예상문제 도전하기

17

원점을 출발하여 수직선 위를 움직이는 점 P의 시각 t에서의 위치는 $P(t)=t^3-9t^2+34t$이다. 점 P의 속도가 처음으로 10이 되는 순간 점 P의 위치는?

① 38   ② 40   ③ 42

④ 44   ⑤ 46

18

수직선 위를 움직이는 점 P의 시각 t $(t>0)$에서의 위치 x가
$$x=t^3+kt^2+t$$
이다. $t=1$에서의 점 P의 가속도가 2일 때, $t=2$에서의 점 P의 가속도는? (단, k는 상수이다.)

① 6   ② 7   ③ 8

④ 9   ⑤ 10

19

수직선 위를 움직이는 점 P의 시각 t $(t \geq 0)$에서의 위치 x가
$$x=t^3+at^2+bt\ (a, b는\ 상수)$$
이다. 시각 $t=1$에서 점 P가 운동 방향을 바꾸고, 시각 $t=2$에서 점 P의 가속도는 6이다. $t=2$에서 점 P의 속도는?

① 1   ② 2   ③ 3

④ 4   ⑤ 5

20

수직선 위를 움직이는 점 P의 시각 t $(t \geq 0)$에서의 위치 x가
$$x=t^3+at^2+bt+10$$
이다. $t=3$에서 점 P는 운동 방향을 바꾸고 그때의 가속도는 10이라 할 때, $t=1$에서 점 P의 위치는? (단, a, b는 상수이다.)

① 1   ② 2   ③ 3

④ 4   ⑤ 5

21

수직선 위를 움직이는 점 P의 시각 t $(t \geq 0)$에서의 위치 x가
$$x=t^3-6t^2+kt\ (k는\ 상수)$$
이다. $t=a$와 $t=b$에서 점 P가 운동 방향을 바꾸고 $|a-b|=2$일 때, $t=k$에서의 가속도를 구하시오.

22

x축 위를 움직이는 두 점 A, B가 있다. 원점에서 출발한 점 A의 시각 t에서의 위치를 x_A라 하면 $x_A=2t^2+7t$이고, $x=-3$인 점에서 출발한 점 B의 시각 t에서의 위치를 x_B라 하면 $x_B=t^3-\dfrac{11}{2}t^2+19t-3$이다. 두 점 A, B가 $t=0$일 때 동시에 출발하여 처음 10초 동안 만나는 횟수는?

① 1   ② 2   ③ 3

④ 4   ⑤ 5

23

수직선 위를 움직이는 점 P의 t초 후의 위치를 x라 하면 $x=2t^3-9t^2+12t$이다. 옳은 것만을 〈보기〉에서 있는 대로 고른 것은?

┤ 보 기 ├
ㄱ. 3초 후의 속도는 12이다.
ㄴ. 처음 출발 후 운동 방향을 두 번 바꾼다.
ㄷ. 처음 출발 후 원점을 다시 지난다.

① ㄱ   ② ㄱ, ㄴ   ③ ㄱ, ㄷ

④ ㄴ, ㄷ   ⑤ ㄱ, ㄴ, ㄷ

24

지상 35 m의 높이에서 초속 a m/s의 속도로 수직으로 쏘아올린 물체의 t초 후의 높이를 x m라 하면 $x=35+at+bt^2$인 관계가 있다. 이 물체가 최고 높이에 도달할 때까지 걸린 시간이 3초이고, 그때의 높이는 80 m라고 한다. $a+b$의 값을 구하시오.
(단, a, b는 상수이다.)

13 부정적분

5등급 유형

💡 출제가능성 ★★★★★

출제경향 ⬤ 이 렇 게 출 제 되 었 다

부정적분의 기본개념을 확인하는 유형으로 매년 계속해서 주관식으로 쉽게 출제되고 있다.
난이도 − 4점짜리

출제핵심 ⬤ 이 것 만 은 꼬 ~ 옥

n이 음이 아닌 정수일 때,

$$\int x^n \, dx = \frac{1}{n+1} x^{n+1} + C \ (단, C는 적분상수)$$

개념 확인

❶ 부정적분

(1) 함수 $y=f(x)$에 대하여 $F'(x)=f(x)$가 되는
$y=F(x)+C$ (C는 상수)를 $y=f(x)$의 부정적분이라
하고, 기호로

$$\int f(x) \, dx$$

와 같이 나타낸다.

(2) 함수 $y=f(x)$의 부정적분 중 하나를 $y=F(x)$라 하면

$$\int f(x) \, dx = F(x) + C \ (단, C는 적분상수)$$

❷ 함수 $y=x^n$의 부정적분

n이 음이 아닌 정수일 때,

$$\int x^n \, dx = \frac{1}{n+1} x^{n+1} + C \ (단, C는 적분상수)$$

❸ 함수의 실수배, 합, 차의 부정적분

다항함수 $y=f(x)$, $y=g(x)$에 대하여

(1) $\displaystyle\int kf(x) \, dx = k \int f(x) \, dx$ (단, k는 상수이다.)

(2) $\displaystyle\int \{f(x)+g(x)\} \, dx = \int f(x) \, dx + \int g(x) \, dx$

(3) $\displaystyle\int \{f(x)-g(x)\} \, dx = \int f(x) \, dx - \int g(x) \, dx$

[참고] 부정적분과 미분의 관계

(1) $\displaystyle\frac{d}{dx} \int f(x) \, dx = f(x)$

(2) $\displaystyle\int \frac{d}{dx} f(x) \, dx = f(x) + C$ (단, C는 적분상수)

정답 및 풀이 42쪽

기본문제 다지기

01

함수 $y=f(x)$에 대하여 $f'(x)=3x^2-8x$이고 $f(0)=3$일 때, $f(x)$는?

① x^3-x^2+3 ② x^3-2x^2+3

③ x^3-4x^2+3 ④ x^3-4x^2+3x

⑤ x^3-2x^2+3x

02

함수 $y=f(x)$에 대하여 $f'(x)=3x^2-6x+3$이고 $f(0)=2$일 때, $f(2)$의 값을 구하시오.

03

함수 $y=f(x)$에 대하여 $f'(x)=6x^2+2x$이고 $f(0)=3$일 때, $f(2)$의 값을 구하시오.

04

함수 $y=f(x)$에 대하여 $f'(x)=6x^2-4$이고 $f(1)=2$일 때, $f(-1)$의 값을 구하시오.

05

함수 $y=f(x)$에 대하여 $f'(x)=8x^3+2x+1$이고 $f(0)=3$일 때, $f(1)$의 값을 구하시오.

06

함수 $y=f(x)$에 대하여 $f'(x)=4x^3+2x-1$이고 $f(1)=2$일 때, $f(-1)$의 값을 구하시오.

기출문제 맛보기

07
2025학년도 수능

다항함수 $f(x)$에 대하여 $f'(x) = 9x^2 + 4x$이고 $f(1) = 6$일 때, $f(2)$의 값을 구하시오.

08
2022학년도 수능

함수 $f(x)$에 대하여 $f'(x) = 3x^2 + 2x$이고 $f(0) = 2$일 때, $f(1)$의 값을 구하시오.

09
2023학년도 수능

함수 $f(x)$에 대하여 $f'(x) = 4x^3 - 2x$이고 $f(0) = 3$일 때, $f(2)$의 값을 구하시오.

10
2024학년도 수능

다항함수 $f(x)$가
$$f'(x) = 3x(x-2), \ f(1) = 6$$
을 만족시킬 때, $f(2)$의 값은?

① 1 ② 2 ③ 3
④ 4 ⑤ 5

11
2022학년도 수능예시

다항함수 $f(x)$가
$$f'(x) = 3x^2 - kx + 1, \ f(0) = f(2) = 1$$
을 만족시킬 때, 상수 k의 값은?

① 5 ② 6 ③ 7
④ 8 ⑤ 9

12
2024학년도 모의평가

다항함수 $f(x)$가
$$f'(x) = 6x^2 - 2f(1)x, \ f(0) = 4$$
를 만족시킬 때, $f(2)$의 값은?

① 5 ② 6 ③ 7
④ 8 ⑤ 9

13
2015학년도 수능

다항함수 $f(x)$의 도함수 $f'(x)$가 $f'(x) = 6x^2 + 4$이다. 함수 $y = f(x)$의 그래프가 점 $(0, \ 6)$을 지날 때, $f(1)$의 값을 구하시오.

예상문제 도전하기

14

함수 $f(x)$가
$$f'(x)=x^3-2x+5,\ f(0)=3$$
을 만족시킬 때, $f(2)$의 값을 구하시오.

15

함수 $y=f(x)$에 대하여 $f'(x)=4x^3-3x^2-4x$이고
$f(1)=5$일 때, $f(2)$의 값을 구하시오.

16

다항함수 $f(x)$가
$$f'(x)=3x^2+6x+k,\ f(0)=f(1)=2$$
를 만족시킬 때, $f(2)$의 값을 구하시오. (단, k는 상수이다.)

17

함수 $y=f(x)$에 대하여 $f'(x)=3x^2+2ax-1$이고 $f(0)=1$, $f(1)=6$일 때, $f(-1)$의 값을 구하시오. (단, a는 상수이다.)

18

함수 $y=f(x)$에 대하여 $f'(x)=3x^2+2ax+2$이고, $f(0)=4$, $f(1)=f'(1)$일 때, $f(-1)$의 값을 구하시오.
(단, a는 상수이다.)

19

함수 $y=f(x)$에 대하여 $f'(x)=4x^3+2ax+b$이고, $f(0)=3$, $f(1)=f(-1)=2$일 때, $f(2)$의 값을 구하시오.
(단, a, b는 상수이다.)

유형 14 정적분

3등급 유형

🔆 출제가능성 ★★★★☆

출제경향 🔵 이렇게 출제되었다

간단한 정적분의 계산 문제 또는 기본적인 정적분의 성질을 이용하는 기본적인 이해 문제가 다시 출제되고 있다. 한편 4점짜리 문제로 조건을 만족하는 함수 $f(x)$에 대하여 정적분을 구하는 유형으로도 출제되고 있다.
난이도 - 3, 4점짜리

출제핵심 🔵 이것만은 꼬~옥

함수 $f(x)$가 닫힌구간 $[a, b]$에서 연속이고 $F'(x) = f(x)$일 때,

(1) $\displaystyle\int_a^b f(x)\,dx = \Big[\, F(x) \,\Big]_a^b = F(b) - F(a)$

(2) $\displaystyle\int_a^a f(x)\,dx = 0,\ \int_a^b f(x)\,dx = -\int_b^a f(x)\,dx$

개념 확인

① 정적분의 정의

함수 $f(x)$가 닫힌구간 $[a, b]$에서 연속이고,
함수 $f(x)$의 부정적분 중의 하나를 $F(x)$라 하면

$$\int_a^b f(x)\,dx = \Big[\, F(x) \,\Big]_a^b = F(b) - F(a)$$

특히, $a \geq b$인 경우 정적분 $\displaystyle\int_a^b f(x)\,dx$는 다음과 같이 정의한다.

(1) $a = b$일 때, $\displaystyle\int_a^b f(x)\,dx = \int_a^a f(x)\,dx = 0$

(2) $a > b$일 때, $\displaystyle\int_a^b f(x)\,dx = -\int_b^a f(x)\,dx$

[참고]

함수 $f(x)$가 $f(x) = g(x) + \displaystyle\int_a^b f(t)\,dt$ $(a, b$는 상수$)$ 꼴로 주어질 때, ➡ $\displaystyle\int_a^b f(t)\,dt = $ (상수)이므로 $f(x) = g(x) + k$ 꼴로 변형

(단, k는 상수)

② 정적분의 성질

임의의 세 실수 a, b, c를 포함하는 구간에서
두 함수 $f(x), g(x)$가 연속일 때

(1) $\displaystyle\int_a^b kf(x)\,dx = k\int_a^b f(x)\,dx$ (단, k는 상수)

(2) $\displaystyle\int_a^b \{f(x) + g(x)\}\,dx = \int_a^b f(x)\,dx + \int_a^b g(x)\,dx$

(3) $\displaystyle\int_a^b \{f(x) - g(x)\}\,dx = \int_a^b f(x)\,dx - \int_a^b g(x)\,dx$

(4) $\displaystyle\int_a^b f(x)\,dx = \int_a^c f(x)\,dx + \int_c^b f(x)\,dx$

③ 우함수와 기함수의 정적분

함수 $f(x)$가 닫힌구간 $[-a, a]$에서 연속이고

(1) $f(-x) = f(x)$일 때, $\displaystyle\int_{-a}^a f(x)\,dx = 2\int_0^a f(x)\,dx$

(2) $f(-x) = -f(x)$일 때, $\displaystyle\int_{-a}^a f(x)\,dx = 0$

기본문제 다지기

01

$\displaystyle\int_0^1 (6x^2-4x+2)\,dx$의 값을 구하시오.

02

$\displaystyle\int_0^2 (2x^2+1)\,dx+2\int_0^2 (x-x^2)\,dx$의 값을 구하시오.

03

$\displaystyle\int_0^3 (2x^3+5)\,dx+\int_3^2 (2x^3+5)\,dx-\int_1^2 (2x^3+5)\,dx$의 값은?

① $\dfrac{3}{2}$ ② $\dfrac{5}{2}$ ③ $\dfrac{7}{2}$

④ $\dfrac{9}{2}$ ⑤ $\dfrac{11}{2}$

04

함수 $f(x)=\begin{cases} x^2 & (x<1) \\ 2x-x^2 & (x\geq 1) \end{cases}$ 일 때, 정적분 $\displaystyle\int_{-1}^2 f(x)\,dx$의 값은?

① $\dfrac{1}{3}$ ② $\dfrac{2}{3}$ ③ 1

④ $\dfrac{4}{3}$ ⑤ $\dfrac{5}{3}$

05

$\displaystyle\int_{-2}^2 |x^2-2x|\,dx$의 값은?

① 6 ② 7 ③ 8

④ 9 ⑤ 10

06

$\displaystyle\int_0^2 (x+k)^2\,dx-\int_0^2 (x-k)^2\,dx=16$을 만족시키는 상수 k의 값을 구하시오.

기출문제 맛보기

07

2018학년도 수능

$\int_0^a (3x^2-4)\,dx=0$을 만족시키는 양수 a의 값은?

① 2   ② $\dfrac{9}{4}$ ③ $\dfrac{5}{2}$

④ $\dfrac{11}{4}$ ⑤ 3

08

2019학년도 수능

$\int_1^4 (x+|x-3|)\,dx$의 값을 구하시오.

09

2014학년도 수능

실수 a에 대하여 $\int_{-a}^a (3x^2+2x)\,dx=\dfrac{1}{4}$일 때, $50a$의 값을 구하시오.

10

2025학년도 수능

함수 $f(x)=3x^2-16x-20$에 대하여
$$\int_{-2}^a f(x)\,dx=\int_{-2}^0 f(x)\,dx$$
일 때, 양수 a의 값은?

① 16   ② 14   ③ 12

④ 10   ⑤ 8

11

2024학년도 수능

삼차함수 $f(x)$가 모든 실수 x에 대하여
$$xf(x)-f(x)=3x^4-3x$$
를 만족시킬 때, $\int_{-2}^2 f(x)\,dx$의 값은?

① 12   ② 16   ③ 20

④ 24   ⑤ 28

12

2025학년도 모의평가

함수 $f(x)=x^2+x$에 대하여
$$5\int_0^1 f(x)\,dx-\int_0^1 (5x+f(x))\,dx$$
의 값은?

① $\dfrac{1}{6}$ ② $\dfrac{1}{3}$ ③ $\dfrac{1}{2}$

④ $\dfrac{2}{3}$ ⑤ $\dfrac{5}{6}$

13

2016학년도 수능

두 다항함수 $f(x)$, $g(x)$가 모든 실수 x에 대하여 $f(-x)=-f(x)$, $g(-x)=g(x)$를 만족시킨다. 함수 $h(x)=f(x)g(x)$에 대하여 $\int_{-3}^3 (x+5)h'(x)\,dx=10$일 때, $h(3)$의 값은?

① 1   ② 2   ③ 3

④ 4   ⑤ 5

14

2013학년도 수능

함수 $f(x)=x+1$에 대하여

$$\int_{-1}^{1} \{f(x)\}^2 dx = k\left(\int_{-1}^{1} f(x)\,dx\right)^2$$

일 때, 상수 k의 값은?

① $\dfrac{1}{6}$　　　　② $\dfrac{1}{3}$　　　　③ $\dfrac{1}{2}$

④ $\dfrac{2}{3}$　　　　⑤ $\dfrac{5}{6}$

15

2021학년도 모의평가

함수 $f(x)$가 모든 실수 x에 대하여

$$f(x)=4x^3+x\int_{0}^{1} f(t)dt$$

를 만족시킬 때, $f(1)$의 값은?

① 6　　　　② 7　　　　③ 8

④ 9　　　　⑤ 10

16

2022학년도 수능

실수 전체의 집합에서 미분가능한 함수 $f(x)$가 다음 조건을 만족시킨다.

(가) 닫힌구간 $[0, 1]$에서 $f(x)=x$이다.
(나) 어떤 상수 a, b에 대하여 구간 $[0, \infty)$에서
　　 $f(x+1)-xf(x)=ax+b$이다.

$60 \times \displaystyle\int_{1}^{2} f(x)dx$의 값을 구하시오.

17

2016학년도 수능

이차함수 $f(x)$가 $f(0)=0$이고 다음 조건을 만족시킨다.

(가) $\displaystyle\int_{0}^{2} |f(x)|\,dx = -\int_{0}^{2} f(x)\,dx = 4$

(나) $\displaystyle\int_{2}^{3} |f(x)|\,dx = \int_{2}^{3} f(x)\,dx$

$f(5)$의 값을 구하시오.

18

2023학년도 수능

실수 전체의 집합에서 연속인 함수 $f(x)$가 다음 조건을 만족시킨다.

$n-1\leq x < n$일 때, $|f(x)|=|6(x-n+1)(x-n)|$이다.
(단, n은 자연수이다.)

열린구간 $(0, 4)$에서 정의된 함수

$$g(x)=\int_{0}^{x} f(t)dt - \int_{x}^{4} f(t)dt$$

가 $x=2$에서 최솟값 0을 가질 때, $\displaystyle\int_{\frac{1}{2}}^{4} f(x)dx$의 값은?

① $-\dfrac{3}{2}$　　　② $-\dfrac{1}{2}$　　　③ $\dfrac{1}{2}$

④ $\dfrac{3}{2}$　　　　⑤ $\dfrac{5}{2}$

19

2022학년도 모의평가

닫힌구간 $[0, 1]$에서 연속인 함수 $f(x)$가

$$f(0)=0, f(1)=1, \int_{0}^{1} f(x)dx=\frac{1}{6}$$

을 만족시킨다. 실수 전체의 집합에서 정의된 함수 $g(x)$가 다음 조건을 만족시킬 때, $\displaystyle\int_{-3}^{2} g(x)dx$의 값은?

(가) $g(x)=\begin{cases} -f(x+1)+1 & (-1<x<0) \\ f(x) & (0\leq x\leq 1) \end{cases}$
(나) 모든 실수 x에 대하여 $g(x+2)=g(x)$이다.

① $\dfrac{5}{2}$　　　　② $\dfrac{17}{6}$　　　　③ $\dfrac{19}{6}$

④ $\dfrac{7}{2}$　　　　⑤ $\dfrac{23}{6}$

예상문제 도전하기

20

$\int_{-1}^{1} (3x^2 - x + 2)\, dx$의 값은?

① 5   ② 6   ③ 7

④ 8   ⑤ 9

21

$\int_{0}^{2} (x^2 + 1)\, dx - \int_{0}^{2} x^2\, dx$의 값은?

① -2 ② -1 ③ 0

④ 1   ⑤ 2

22

$\int_{-1}^{2} (x - |x| + 1)^2\, dx$의 값은?

① $\dfrac{1}{3}$ ② 1   ③ $\dfrac{5}{3}$

④ $\dfrac{7}{3}$ ⑤ 3

23

$\int_{0}^{9} \dfrac{x^3}{x+2}\, dx + \int_{0}^{9} \dfrac{8}{x+2}\, dx$의 값을 구하시오.

24

$\int_{-a}^{a} (2x + 3)\, dx = 6$을 만족시키는 상수 a의 값은?

① $\dfrac{1}{2}$ ② 1   ③ $\dfrac{3}{2}$

④ 2   ⑤ $\dfrac{5}{2}$

25

$f(x) = 2x + \int_{0}^{2} f(t)\, dt$를 만족시키는 함수 $f(x)$에 대하여 $f(4)$의 값은?

① 1   ② 2   ③ 3

④ 4   ⑤ 5

26

이차함수 $y=f(x)$가

$$f(x)=3x^2-4x\int_0^1 f(t)\,dt+\int_0^1 tf(t)\,dt$$

일 때, $\int_0^1 f(x)\,dx=\dfrac{q}{p}$이다. $p-q$의 값을 구하시오.

(단, p, q는 서로소인 자연수이다.)

27

함수 $f(x)=x^5+x^4+ax^3+x^2+x+a$에 대하여

$$\int_{-1}^2 f(x)\,dx-\int_0^2 f(x)\,dx+\int_0^1 f(x)\,dx=2$$ 를 만족시키는

상수 a의 값은?

① $\dfrac{13}{30}$ ② $\dfrac{7}{15}$ ③ $\dfrac{1}{2}$

④ $\dfrac{8}{15}$ ⑤ $\dfrac{17}{30}$

28

두 연속함수 $f(x)$, $g(x)$가 다음 조건을 만족시킨다.

> (가) $f(-x)=f(x)$
> (나) $g(-x)=-g(x)$
> (다) $\int_{-1}^0 f(x)\,dx=10$, $\int_0^{-1} g(x)\,dx=4$

$\int_0^1 \{f(x)-g(x)\}\,dx$의 값은?

① 2   ② 4   ③ 6

④ 8   ⑤ 10

29

연속함수 $f(x)$는 임의의 실수 x에 대하여 다음 조건을 만족시킨다.

> (가) $f(-x)=f(x)$ (나) $f(x+4)=f(x)$

$\int_0^2 f(x)\,dx=8$일 때, $\int_{-8}^4 f(x)\,dx$의 값은?

① 12   ② 24   ③ 36

④ 48   ⑤ 52

30

닫힌구간 $[-1, 1]$에서 함수 $f(x)$는 $f(x)=x^2+1$과 같이 정의되었다. 임의의 실수 x에서 $f(x+1)=f(x-1)$을 만족시킬 때, $\int_0^{60} f(x)\,dx$의 값을 구하시오.

31

다항함수 $f(x)$가 임의의 실수 x에 대하여 다음 조건을 만족시킬 때, $\int_3^5 xf(x)\,dx$의 값은?

> (가) $f(-x)=f(x)$
> (나) $\int_{-3}^1 xf(x)\,dx=4$, $\int_{-1}^5 xf(x)\,dx=6$

① 2   ② 4   ③ 6

④ 8   ⑤ 10

유형 15 정적분의 응용

1, 3등급 유형

💡 출제가능성 ★★★☆☆

출제경향 🔵 이 렇 게 출 제 되 었 다

함수가 $\int_a^x f(t)\,dt$ 꼴로 주어지는 경우는 거의 대부분의 문제가 양변을 미분하는 유형이다. 다양한 형태로 주어지지만 풀이 패턴이 거의 유사하므로 이 교재에 있는 문제를 여러 번 반복해서 풀면 충분히 해결할 수 있는 유형이다. 한편, 정적분의 응용 유형의 고난도 문제가 자주 출제되는데 「짱 어려운」에서 심화 학습하도록 하자.
난이도－3, 4점짜리

출제핵심 🔵 이 것 만 은 꼬 ～ 옥

함수 $f(x)$가 구간 $[a, b]$에서 연속이면 $\dfrac{d}{dx}\displaystyle\int_a^x f(t)\,dt = f(x)$ (단, $a \le x \le b$)

개념 확인

① 정적분으로 정의된 함수의 미분

(1) $\dfrac{d}{dx}\displaystyle\int_a^x f(t)\,dt = f(x)$ (단, a는 상수)

(2) $\dfrac{d}{dx}\displaystyle\int_a^x t f(t)\,dt = x f(x)$ (단, a는 상수)

(3) $\dfrac{d}{dx}\displaystyle\int_x^{x+a} f(t)\,dt = f(x+a) - f(x)$ (단, a는 상수)

[참고]

$g(x) = \displaystyle\int_a^x f(t)\,dt$일 때, $f(x)$의 부정적분 중 하나를 $F(x)$라 하면

$$g(x) = \Big[\, F(t) \,\Big]_a^x = F(x) - F(a)$$

양변을 x에 대하여 미분하면

$$g'(x) = F'(x) - \{F(a)\}' = f(x)$$

한편, $g(a) = \displaystyle\int_a^a f(t)\,dt = F(a) - F(a) = 0$

기본문제 다지기

01

함수 $f(x)=\displaystyle\int_0^x (t^2+2t+3)\,dt$에 대하여 $f'(1)$의 값은?

① 3   ② 4   ③ 5

④ 6   ⑤ 7

02

다항함수 $f(x)$가 모든 실수 x에 대하여

$\displaystyle\int_2^x f(t)\,dt=x^3-3ax^2+2ax$를 만족시킬 때, $f(3)$의 값은?

(단, a는 상수이다.)

① 8   ② 9   ③ 10

④ 11   ⑤ 12

03

다항함수 $f(x)$가 $\displaystyle\int_a^x f(t)\,dt=3x^2+x-4$를 만족시킬 때, 양수 a에 대하여 $f(a)+f'(a)$의 값은?

① 10   ② 11   ③ 12

④ 13   ⑤ 14

04

함수 $f(x)=\displaystyle\int_1^x (2t-3)(t^2+1)\,dt$일 때,

$\displaystyle\lim_{h\to 0}\frac{f(1+2h)-f(1)}{h}$의 값은?

① -4 ② -2 ③ 0

④ 2   ⑤ 4

05

미분가능한 함수 $f(x)$가 $\displaystyle\int_{-1}^x f(t)\,dt=x^3+ax+b$를 만족시킨다. $f(1)=4$일 때, $f(b)$의 값은? (단, a, b는 상수이다.)

① 9   ② 10   ③ 11

④ 12   ⑤ 13

06

다항함수 $f(x)$가 모든 실수 x에 대하여

$$\int_0^x t f(t)\,dt=x^3+5x^2$$

을 만족시킬 때, $f(3)$의 값은?

① 16   ② 17   ③ 18

④ 19   ⑤ 20

기출문제 맛보기

07
2012학년도 수능

함수 $F(x) = \int_0^x (t^3-1)\,dt$ 에 대하여 $F'(2)$의 값은?

① 11   ② 9   ③ 7

④ 5   ⑤ 3

08
2018학년도 모의평가

함수 $f(x) = \int_1^x (t-2)(t-3)\,dt$ 에 대하여 $f'(4)$의 값은?

① 1   ② 2   ③ 3

④ 4   ⑤ 5

09
2016학년도 모의평가

함수 $f(x)$가

$$f(x) = \int_0^x (2at+1)\,dt$$

이고 $f'(2)=17$일 때, 상수 a의 값을 구하시오.

10
2025학년도 수능

다항함수 $f(x)$가 모든 실수 x에 대하여

$$\int_0^x f(t)\,dt = 3x^3 + 2x$$

를 만족시킬 때, $f(1)$의 값은?

① 7   ② 9   ③ 11

④ 13   ⑤ 15

11
2007학년도 수능

다항함수 $f(x)$가 모든 실수 x에 대하여

$$\int_1^x f(t)\,dt = x^3 - 2ax^2 + ax$$

를 만족시킬 때, $f(3)$의 값을 구하시오. (단, a는 상수이다.)

12
2019학년도 수능

다항함수 $f(x)$가 모든 실수 x에 대하여

$$\int_1^x \left\{ \frac{d}{dt} f(t) \right\} dt = x^3 + ax^2 - 2$$

를 만족시킬 때, $f'(a)$의 값은? (단, a는 상수이다.)

① 1   ② 2   ③ 3

④ 4   ⑤ 5

13

2014학년도 모의평가

다항함수 $f(x)$에 대하여

$$\int_0^x f(t)\,dt = x^3 - 2x^2 - 2x\int_0^1 f(t)\,dt$$

일 때, $f(0)=a$라 하자. $60a$의 값을 구하시오.

14

2022학년도 모의평가

다항함수 $f(x)$가 모든 실수 x에 대하여

$$xf(x) = 2x^3 + ax^2 + 3a + \int_1^x f(t)\,dt$$

를 만족시킨다. $f(1) = \int_0^1 f(t)\,dt$일 때, $a+f(3)$의 값은?

(단, a는 상수이다.)

① 5　　　　　② 6　　　　　③ 7

④ 8　　　　　⑤ 9

15

2020학년도 수능

다항함수 $f(x)$가 다음 조건을 만족시킨다.

(가) 모든 실수 x에 대하여

$$\int_1^x f(t)\,dt = \frac{x-1}{2}\{f(x)+f(1)\}$$이다.

(나) $\int_0^2 f(x)\,dx = 5\int_{-1}^1 xf(x)\,dx$

$f(0)=1$일 때, $f(4)$의 값을 구하시오.

16

2024학년도 모의평가

최고차항의 계수가 1인 이차함수 $f(x)$에 대하여 함수

$$g(x) = \int_0^x f(t)\,dt$$

가 다음 조건을 만족시킬 때, $f(9)$의 값을 구하시오.

$x \geq 1$인 모든 실수 x에 대하여

$g(x) \geq g(4)$이고 $|g(x)| \geq |g(3)|$이다.

17

2024학년도 모의평가

두 다항함수 $f(x)$, $g(x)$에 대하여 $f(x)$의 한 부정적분을 $F(x)$라 하고 $g(x)$의 한 부정적분을 $G(x)$라 할 때, 이 함수들은 모든 실수 x에 대하여 다음 조건을 만족시킨다.

(가) $\int_1^x f(t)\,dt = xf(x) - 2x^2 - 1$

(나) $f(x)G(x) + F(x)g(x) = 8x^3 + 3x^2 + 1$

$\int_1^3 g(x)\,dx$의 값을 구하시오.

18

2021학년도 모의평가

함수 $f(x) = -x^2 - 4x + a$에 대하여 함수

$$g(x) = \int_0^x f(t)\,dt$$

가 닫힌구간 $[0, 1]$에서 증가하도록 하는 실수 a의 최솟값을 구하시오.

19 2013학년도 수능

삼차함수 $f(x)=x^3-3x+a$에 대하여 함수 $F(x)=\int_0^x f(t)dt$

가 오직 하나의 극값을 갖도록 하는 양수 a의 최솟값은?

① 1   ② 2   ③ 3

④ 4   ⑤ 5

20 2023학년도 모의평가

최고차항의 계수가 2인 이차함수 $f(x)$에 대하여

함수 $g(x)=\int_x^{x+1} |f(t)|\,dt$는 $x=1$과 $x=4$에서 극소이다.

$f(0)$의 값을 구하시오.

21 2022학년도 모의평가

실수 a와 함수 $f(x)=x^3-12x^2+45x+3$에 대하여 함수

$$g(x)=\int_a^x \{f(x)-f(t)\}\times\{f(t)\}^4\,dt$$

가 오직 하나의 극값을 갖도록 하는 모든 a의 값의 합을 구하시오.

예상문제 도전하기

22

임의의 실수 x에 대하여 다항함수 $f(x)$가 등식

$$\int_a^x f(t)\,dt=x^2+2x-3$$

을 만족시킬 때, $af(2)$의 값을 구하시오. (단, $a>0$)

23

다항함수 $f(x)$가 모든 실수 x에 대하여 다음 조건을 만족시킨다.

> (가) $\int_1^x \left\{\dfrac{d}{dt}f(t)\right\}dt=x^2+ax-3$
>
> (나) $f(0)=5$

$f(2)$의 값을 구하시오. (단, a는 상수이다.)

24

다항함수 $f(x)$가 모든 실수 x에 대하여 다음 조건을 만족시킬 때, $f'(1)$의 값을 구하시오. (단, a, b는 상수이다.)

> (가) $\int_1^x f(t)\,dt=x^3+ax^2+bx$
>
> (나) $f(1)=4$

25

다항함수 $f(x)$가 모든 실수 x에 대하여

$$\int_1^x f(t)\,dt = x^3 + ax^2 + bx + 5$$

를 만족시킨다. 함수 $f(x)$가 $x=1$에서 극솟값을 가질 때, $f(1)$의 값은? (단, a, b는 상수이다.)

① -5 ② -6 ③ -7
④ -8 ⑤ -9

26

삼차함수 $f(x) = \int_{-3}^x (3t^2 - 6t - 9)\,dt$는 $x=a$에서 극댓값, $x=b$에서 극솟값을 갖는다. $a-b$의 값은?

① -5 ② -4 ③ -3
④ -2 ⑤ -1

27

다항함수 $f(x)$가 모든 실수 x에 대하여

$$\int_2^x \left\{\frac{d}{dt}f(t)\right\}dt = x^3 + ax^2 + bx + 2$$

를 만족시키고 $f'(-1) = 2$, $f(1) = 0$일 때, $f(2)$의 값은?
(단, a, b는 상수이다.)

① 1 ② 2 ③ 3
④ 4 ⑤ 5

28

다항함수 $f(x)$가 $xf(x) = x^2 + \int_1^x f(t)\,dt$를 만족시킬 때,

$$\lim_{x \to 2} \frac{f(x) - f(2)}{x-2} \times f(2)$$의 값을 구하시오.

29

미분가능한 함수 $f(x)$에 대하여

$$f(x) = x^3 + ax^2 + \int_3^x (t^2 + 2t + 2)\,dt$$

가 성립한다. $f(x)$가 $x-3$으로 나누어떨어질 때, $f'(-1)$의 값은? (단, a는 상수이다.)

① 2 ② 4 ③ 6
④ 8 ⑤ 10

30

다항함수 $f(x)$에 대하여

$$\int_1^x xf(t)\,dt = 2x^3 + ax^2 + 1 + \int_1^x tf(t)\,dt$$

를 만족시킬 때, 상수 a에 대하여 $f(1) + a$의 값을 구하시오.

유형 16 넓이

2등급 유형

🔆 출제가능성 ★★★★★

출제경향 💡 이 렇 게 출 제 되 었 다

최근 수능에서 계속 출제되는 유형이다. 4점으로 출제될 확률이 높지만 3점으로 분류해도 될 정도로 매우 어렵지는 않다. 그 이유는 구하려는 넓이를 식으로만 표현하면 간단한 정적분 문제가 되는 경우가 많기 때문이다. 올해 수능에 꼭 나온다는 생각으로 준비하자.
난이도 — 4점짜리

출제핵심 ➡️ 이 것 만 은 꼬 ∼ 옥

닫힌구간 $[a, b]$에서

(1) 곡선 $y=f(x)$와 x축 사이의 넓이 ➡️ $S=\int_a^b |f(x)| \, dx$

(2) 두 곡선 $y=f(x)$와 $y=g(x)$ 사이의 넓이 ➡️ $S=\int_a^b |f(x)-g(x)| \, dx$

개념 확인

1 곡선과 x축 사이의 넓이

함수 $f(x)$가 닫힌구간 $[a, b]$에서
연속일 때, 곡선 $y=f(x)$와 x축
및 두 직선 $x=a$, $x=b$로 둘러싸
인 부분의 넓이 S는

$$S=\int_a^b |f(x)| \, dx$$

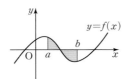

2 두 곡선 사이의 넓이

두 함수 $f(x)$와 $g(x)$가 닫힌구간
$[a, b]$에서 연속일 때,
두 곡선 $y=f(x)$, $y=g(x)$와
두 직선 $x=a$, $x=b$로 둘러싸인 부분
의 넓이 S는

$$S=\int_a^b |f(x)-g(x)| \, dx$$

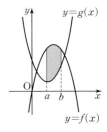

기본문제 다지기

01
곡선 $y=x^2-4x$와 x축으로 둘러싸인 부분의 넓이는?

① 10 ② $\dfrac{32}{3}$ ③ $\dfrac{34}{3}$

④ 12 ⑤ $\dfrac{38}{3}$

02
곡선 $y=x^3-2x^2-3x$와 x축으로 둘러싸인 부분의 넓이는?

① $\dfrac{17}{6}$ ② $\dfrac{31}{6}$ ③ $\dfrac{22}{3}$

④ $\dfrac{31}{3}$ ⑤ $\dfrac{71}{6}$

03
곡선 $y=x^2+2x$와 x축 및 두 직선 $x=-1$, $x=1$로 둘러싸인 부분의 넓이는?

① 2 ② $\dfrac{7}{3}$ ③ 3

④ $\dfrac{10}{3}$ ⑤ 4

04
곡선 $y=-x^2+ax\ (a>3)$와 x축 및 두 직선 $x=0$, $x=3$으로 둘러싸인 부분의 넓이가 9일 때, 상수 a의 값은?

① $\dfrac{11}{2}$ ② 5 ③ $\dfrac{9}{2}$

④ 4 ⑤ $\dfrac{7}{2}$

05
곡선 $y=x|x-1|$과 x축 및 두 직선 $x=0$, $x=2$로 둘러싸인 부분의 넓이는?

① $\dfrac{2}{3}$ ② 1 ③ $\dfrac{7}{6}$

④ $\dfrac{3}{2}$ ⑤ $\dfrac{5}{3}$

06
곡선 $y=x^3-4x^2+4x$와 직선 $y=x$로 둘러싸인 부분의 넓이는?

① $\dfrac{23}{12}$ ② $\dfrac{25}{12}$ ③ $\dfrac{31}{12}$

④ $\dfrac{35}{12}$ ⑤ $\dfrac{37}{12}$

07
곡선 $y=x^2$과 이 곡선 위의 점 $(1, 1)$에서의 접선 및 y축으로 둘러싸인 부분의 넓이는?

① $\dfrac{1}{6}$ ② $\dfrac{1}{3}$ ③ $\dfrac{1}{2}$

④ $\dfrac{2}{3}$ ⑤ 1

08

그림과 같이 함수 $y=f(x)$와 그 역함수 $y=g(x)$의 그래프가 두 점 $(0,\ 0)$과 $(3,\ 3)$에서 만난다.

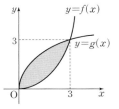

$\displaystyle\int_0^3 f(x)\,dx=3$일 때, 어두운 부분의 넓이는?

① 3   ② 4   ③ 5

④ 6   ⑤ 7

09

곡선 $y=x^2-5x$와 직선 $y=3x$로 둘러싸인 부분의 넓이를 직선 $x=k$가 이등분할 때, 상수 k의 값은?

① 1   ② 2   ③ 3

④ 4   ⑤ 5

기출문제 맛보기

10

2018학년도 수능

곡선 $y=-2x^2+3x$와 직선 $y=x$로 둘러싸인 부분의 넓이가 $\dfrac{q}{p}$일 때, $p+q$의 값을 구하시오.

(단, p와 q는 서로소인 자연수이다.)

11

2022학년도 모의평가

곡선 $y=3x^2-x$와 직선 $y=5x$로 둘러싸인 부분의 넓이는?

① 1   ② 2   ③ 3

④ 4   ⑤ 5

12

2021학년도 수능

곡선 $y=x^2-7x+10$과 직선 $y=-x+10$으로 둘러싸인 부분의 넓이를 구하시오.

13

2024학년도 모의평가

두 곡선 $y=3x^3-7x^2$과 $y=-x^2$으로 둘러싸인 부분의 넓이를 구하시오.

14

2020학년도 수능

두 함수

$$f(x)=\frac{1}{3}x(4-x),\ g(x)=|x-1|-1$$

의 그래프로 둘러싸인 부분의 넓이를 S라 할 때, $4S$의 값을 구하시오.

15

2023학년도 수능

두 곡선 $y=x^3+x^2$, $y=-x^2+k$와 y축으로 둘러싸인 부분의 넓이를 A, 두 곡선 $y=x^3+x^2$, $y=-x^2+k$와 직선 $x=2$로 둘러싸인 부분의 넓이를 B라 하자. $A=B$일 때, 상수 k의 값은? (단, $4<k<5$)

① $\dfrac{25}{6}$ ② $\dfrac{13}{3}$ ③ $\dfrac{9}{2}$

④ $\dfrac{14}{3}$ ⑤ $\dfrac{29}{6}$

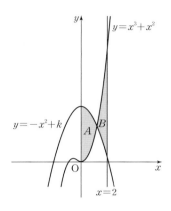

16

2022학년도 수능

곡선 $y=x^2-5x$와 직선 $y=x$로 둘러싸인 부분의 넓이를 직선 $x=k$가 이등분할 때, 상수 k의 값은?

① 3 ② $\dfrac{13}{4}$ ③ $\dfrac{7}{2}$

④ $\dfrac{15}{4}$ ⑤ 4

17

2020학년도 모의평가

함수 $f(x)=x^2-2x$에 대하여 두 곡선 $y=f(x)$, $y=-f(x-1)-1$로 둘러싸인 부분의 넓이는?

① $\dfrac{1}{6}$ ② $\dfrac{1}{4}$ ③ $\dfrac{1}{3}$

④ $\dfrac{5}{12}$ ⑤ $\dfrac{1}{2}$

18

2024학년도 수능

함수 $f(x)=\dfrac{1}{9}x(x-6)(x-9)$와 실수 $t\,(0<t<6)$에 대하여 함수 $g(x)$는

$$g(x)=\begin{cases} f(x) & (x<t) \\ -(x-t)+f(t) & (x\geq t) \end{cases}$$

이다. 함수 $y=g(x)$의 그래프와 x축으로 둘러싸인 영역의 넓이의 최댓값은?

① $\dfrac{125}{4}$ ② $\dfrac{127}{4}$ ③ $\dfrac{129}{4}$

④ $\dfrac{131}{4}$ ⑤ $\dfrac{133}{4}$

19

2025학년도 모의평가

함수

$$f(x)=\begin{cases} -x^2-2x+6 & (x<0) \\ -x^2+2x+6 & (x\geq 0) \end{cases}$$

의 그래프가 x축과 만나는 서로 다른 두 점을 P, Q라 하고, 상수 $k\,(k>4)$에 대하여 직선 $x=k$가 x축과 만나는 점을 R이라 하자. 곡선 $y=f(x)$와 선분 PQ로 둘러싸인 부분의 넓이를 A, 곡선 $y=f(x)$와 직선 $x=k$ 및 선분 QR로 둘러싸인 부분의 넓이를 B라 하자. $A=2B$일 때, k의 값은?

(단, 점 P의 x좌표는 음수이다.)

① $\dfrac{9}{2}$ ② 5 ③ $\dfrac{11}{2}$

④ 6 ⑤ $\dfrac{13}{2}$

20

2019학년도 수능

실수 전체의 집합에서 증가하는 연속함수 $f(x)$가 다음 조건을 만족시킨다.

(가) 모든 실수 x에 대하여 $f(x)=f(x-3)+4$이다.
(나) $\displaystyle\int_0^6 f(x)dx=0$

함수 $y=f(x)$의 그래프와 x축 및 두 직선 $x=6$, $x=9$로 둘러싸인 부분의 넓이는?

① 9 ② 12 ③ 15

④ 18 ⑤ 21

21

2025학년도 수능

최고차항의 계수가 1인 삼차함수 $f(x)$가
$$f(1)=f(2)=0, \quad f'(0)=-7$$
을 만족시킨다. 원점 O와 점 $P(3, f(3))$에 대하여 선분 OP가 곡선 $y=f(x)$와 만나는 점 중 P가 아닌 점을 Q라 하자. 곡선 $y=f(x)$와 y축 및 선분 OQ로 둘러싸인 부분의 넓이를 A, 곡선 $y=f(x)$와 선분 PQ로 둘러싸인 부분의 넓이를 B라 할 때, $B-A$의 값은?

① $\dfrac{37}{4}$ ② $\dfrac{39}{4}$ ③ $\dfrac{41}{4}$

④ $\dfrac{43}{4}$ ⑤ $\dfrac{45}{4}$

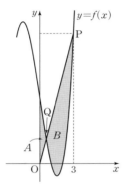

22

2024학년도 모의평가

양수 k에 대하여 함수 $f(x)$는
$$f(x)=kx(x-2)(x-3)$$
이다. 곡선 $y=f(x)$와 x축이 원점 O와 두 점 P, $Q(\overline{OP}<\overline{OQ})$에서 만난다. 곡선 $y=f(x)$와 선분 OP로 둘러싸인 영역을 A, 곡선 $y=f(x)$와 선분 PQ로 둘러싸인 영역을 B라 하자.
$$(A의\ 넓이)-(B의\ 넓이)=3$$
일 때, k의 값은?

① $\dfrac{7}{6}$ ② $\dfrac{4}{3}$ ③ $\dfrac{3}{2}$

④ $\dfrac{5}{3}$ ⑤ $\dfrac{11}{6}$

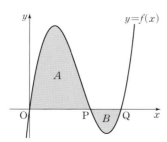

23

2025학년도 모의평가

곡선 $y=\dfrac{1}{4}x^3+\dfrac{1}{2}x$와 직선 $y=mx+2$ 및 y축으로 둘러싸인 부분의 넓이를 A, 곡선 $y=\dfrac{1}{4}x^3+\dfrac{1}{2}x$와 두 직선 $y=mx+2$, $x=2$로 둘러싸인 부분의 넓이를 B라 하자. $B-A=\dfrac{2}{3}$일 때, 상수 m의 값은? (단, $m<-1$)

① $-\dfrac{3}{2}$ ② $-\dfrac{17}{12}$ ③ $-\dfrac{4}{3}$

④ $-\dfrac{5}{4}$ ⑤ $-\dfrac{7}{6}$

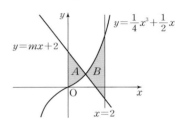

예상문제 도전하기

24

곡선 $y=3x^2-2x-1$과 직선 $y=-1$로 둘러싸인 부분의 넓이는?

① $\dfrac{1}{27}$ ② $\dfrac{2}{27}$ ③ $\dfrac{1}{9}$

④ $\dfrac{4}{27}$ ⑤ $\dfrac{5}{27}$

25

직선 $y=2x$와 곡선 $y=x^2-x$로 둘러싸인 부분의 넓이는?

① $\dfrac{7}{2}$ ② 4 ③ $\dfrac{9}{2}$

④ 5 ⑤ $\dfrac{11}{2}$

26

두 곡선 $y=x^3+2x^2$과 $y=-x^2+4$로 둘러싸인 부분의 넓이를 S라 할 때, $4S$의 값을 구하시오.

27

곡선 $y=x^2+1$과 이 곡선 위의 점 $(2, 5)$에서의 접선 및 y축으로 둘러싸인 부분의 넓이를 S라 할 때, $30S$의 값을 구하시오.

28

함수 $f(x)$는 다음 조건을 만족시킨다.

(가) $-2 \leq x \leq 2$일 때, $f(x)=x^3-4x$
(나) 임의의 실수 x에 대하여 $f(x)=f(x+4)$

$10 \leq x \leq 20$일 때, 함수 $y=f(x)$의 그래프와 x축으로 둘러싸인 부분의 넓이를 구하시오.

29

함수 $f(x)=ax^2\ (x \geq 0)$과 그 역함수 $g(x)$의 그래프로 둘러싸인 부분의 넓이가 12일 때, $\dfrac{1}{a^2}$의 값을 구하시오.

(단, $a>0$인 상수이다.)

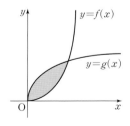

30

함수 $y=x^3-x+a$의 그래프가 그림과 같을 때, 두 부분 A, B의 넓이가 서로 같아지게 되는 상수 a의 값은?

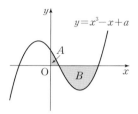

① $\sqrt{6}$
② $\dfrac{\sqrt{6}}{3}$
③ $\dfrac{\sqrt{6}}{5}$
④ $\dfrac{\sqrt{6}}{7}$
⑤ $\dfrac{\sqrt{6}}{9}$

31

곡선 $y=x^3-(2+m)x^2+3mx$와 직선 $y=mx$로 둘러싸인 두 부분의 넓이가 서로 같을 때, 상수 m의 값은? (단, $m>2$)

① 3
② 4
③ 5
④ 6
⑤ 7

32

그림과 같이 곡선 $y=x^2$과 직선 $y=kx$로 둘러싸인 부분의 넓이를 A, 곡선 $y=x^2$과 두 직선 $x=2$, $y=kx$로 둘러싸인 부분의 넓이를 B라 하자. $A=B$일 때, 상수 k의 값은?

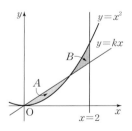

① 1
② $\dfrac{4}{3}$
③ 2
④ $\dfrac{8}{3}$
⑤ 3

유형 17 속도와 거리

2, 3등급 유형

💡 출제가능성 ★★★☆☆

출제**경향** 🔵 이 렇 게 출 제 되 었 다

계속해서 속도, 위치, 거리에 관한 유형이 자주 출제되었다. 앞으로는 미분법 단원에서 출제가 예상되며 난이도도 약간 올라가는 경향이 있다. 한편, 이 유형은 위치의 변화량과 움직인 거리를 분명히 구분하여 이해해야 한다.
난이도-4점짜리

출제**핵심** 🔵 이 것 만 은 꼬 ~ 옥

수직선 위를 움직이는 점 P의 시각 t에서의 속도가 $v(t)$일 때,

(1) $t=a$에서 $t=b$까지의 점 P의 위치의 변화량 ➡ $\int_a^b v(t)\,dt$

(2) $t=a$에서 $t=b$까지의 점 P가 움직인 거리 ➡ $\int_a^b |v(t)|\,dt$

개념 확인

① 위치와 위치의 변화량

수직선 위를 움직이는 점 P의 시각 t에서의 속도를 $v(t)$, 시각 t_0에서의 점 P의 위치를 $s(t_0)$이라 할 때,

(1) 시각 t에서의 위치는

$$s(t)=s(t_0)+\int_{t_0}^t v(t)dt$$

(2) 시각 $t=a$에서 $t=b$까지의 위치의 변화량은

$$\int_a^b v(t)dt$$

② 움직인 거리

수직선 위를 움직이는 점 P의 시각 t에서의 속도가 $v(t)$일 때, 시각 $t=a$에서 $t=b$까지 점 P가 움직인 거리 s는

$$s=\int_a^b |v(t)|dt$$

기본문제 다지기

01
원점을 출발하여 수직선 위를 움직이는 점 P의 시각 t에서의 속도가 $v(t)=3t^2-2t+4$일 때, $t=3$에서의 점 P의 위치는?

① 20   ② 25   ③ 30
④ 35   ⑤ 40

02
수직선 위를 움직이는 점 P의 시각 $t\,(t \ge 0)$에서의 속도 $v(t)$가
$$v(t)=2t+3$$
이다. $t=0$부터 $t=3$까지 점 P가 움직인 거리는?

① 10   ② 12   ③ 14
④ 16   ⑤ 18

03
원점을 출발하여 수직선 위를 움직이는 점 P의 t초 후의 속도 $v(t)$가 $v(t)=-t^2+t+12\,(\text{m/s})$라 한다. 점 P의 운동 방향이 바뀐 후, 1초 동안 움직인 거리를 $\dfrac{a}{b}$ m라 할 때, $a+b$의 값은?

(단, a, b는 서로소인 자연수이다.)

① 27   ② 29   ③ 31
④ 33   ⑤ 35

04
수직선 위를 움직이는 점 P의 시각 $t\,(t \ge 0)$에서의 속도 $v(t)$가
$$v(t)=3t^2-4t+6$$
이다. 시각 $t=0$에서의 점 P의 위치는 0일 때, 시각 $t=2$에서의 점 P의 위치를 구하시오.

05
수직선 위를 움직이는 점 P의 시각 $t\,(t \ge 0)$에서의 속도 $v(t)$가
$$v(t)=3t^2+2kt-8$$
이다. 시각 $t=1$에서의 가속도가 2일 때, 시각 $t=0$에서 $t=2$까지 점 P의 위치의 변화량을 구하시오. (단, k는 상수이다.)

06
직선 운동을 하는 점 P의 시각 t에 대한 속도 $v(t)$의 그래프가 그림과 같다. $t=0$에서 $t=3$까지 점 P가 실제로 움직인 거리는?

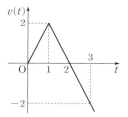

① 2   ② 3
③ 5   ④ 7
⑤ 8

07
원점을 동시에 출발하여 수직선 위를 움직이는 두 점 P, Q의 t초 후의 속도가 각각
$$v_\text{P}(t)=6t^2-2t+6,\quad v_\text{Q}(t)=3t^2+10t+1$$
일 때, 두 점 P, Q가 출발 후 처음으로 만나는 위치를 구하시오.

08
원점을 출발하여 수직선 위를 움직이는 두 점 P, Q의 t초 후의 속도가 각각 $f(t)$, $g(t)$일 때, 두 함수 $y=f(t)$, $y=g(t)$의 그래프가 그림과 같다. 두 점 P, Q는 원점을 동시에 출발하여 몇 초 후에 처음으로 만나는가?

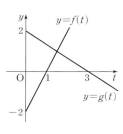

① 1초   ② 2초   ③ 3초
④ 4초   ⑤ 5초

기출문제 맛보기

09

2017학년도 수능

수직선 위를 움직이는 점 P의 시각 $t(t \geq 0)$에서의 속도 $v(t)$가

$$v(t) = -2t + 4$$

이다. $t = 0$부터 $t = 4$까지 점 P가 움직인 거리는?

① 8   ② 9   ③ 10
④ 11   ⑤ 12

10

2021학년도 수능

수직선 위를 움직이는 점 P의 시각 $t(t \geq 0)$에서의 속도 $v(t)$가

$$v(t) = 2t - 6$$

이다. 점 P가 시각 $t = 3$에서 $t = k(k > 3)$까지 움직인 거리가 25일 때, 상수 k의 값은?

① 6   ② 7   ③ 8
④ 9   ⑤ 10

11

2023학년도 모의평가

수직선 위의 점 A(6)과 시각 $t = 0$일 때 원점을 출발하여 이 수직선 위를 움직이는 점 P가 있다. 시각 $t(t \geq 0)$에서의 점 P의 속도 $v(t)$를

$$v(t) = 3t^2 + at \ (a > 0)$$

이라 하자. 시각 $t = 2$에서 점 P와 점 A 사이의 거리가 10일 때, 상수 a의 값은?

① 1   ② 2   ③ 3
④ 4   ⑤ 5

12

2021학년도 모의평가

수직선 위를 움직이는 점 P의 시각 $t(t \geq 0)$에서의 속도 $v(t)$가

$$v(t) = t^2 - at \ (a > 0)$$

이다. 점 P가 시각 $t = 0$일 때부터 움직이는 방향이 바뀔 때까지 움직인 거리가 $\dfrac{9}{2}$이다. 상수 a의 값은?

① 1   ② 2   ③ 3
④ 4   ⑤ 5

13

2025학년도 모의평가

시각 $t = 0$일 때 원점을 출발하여 수직선 위를 움직이는 점 P의 시각 $t \ (t \geq 0)$에서의 속도 $v(t)$가

$$v(t) = \begin{cases} -t^2 + t + 2 & (0 \leq t \leq 3) \\ k(t-3) - 4 & (t > 3) \end{cases}$$

이다. 출발한 후 점 P의 운동 방향이 두 번째로 바뀌는 시각에서의 점 P의 위치가 1일 때, 양수 k의 값을 구하시오.

14

2022학년도 모의평가

수직선 위를 움직이는 점 P의 시각 $t \ (t > 0)$에서의 속도 $v(t)$가

$$v(t) = -4t^3 + 12t^2$$

이다. 시각 $t = k$에서 점 P의 가속도가 12일 때, 시각 $t = 3k$에서 $t = 4k$까지 점 P가 움직인 거리는? (단, k는 상수이다.)

① 23   ② 25   ③ 27
④ 29   ⑤ 31

15

2023학년도 수능

수직선 위를 움직이는 점 P의 시각 $t(t \geq 0)$에서의 속도 $v(t)$와 가속도 $a(t)$가 다음 조건을 만족시킨다.

> (가) $0 \leq t \leq 2$일 때, $v(t) = 2t^3 - 8t$이다.
> (나) $t \geq 2$일 때, $a(t) = 6t + 4$이다.

시각 $t = 0$에서 $t = 3$까지 점 P가 움직인 거리를 구하시오.

16
2022학년도 모의평가

수직선 위를 움직이는 점 P의 시각 t $(t \geq 0)$에서의 속도 $v(t)$가
$$v(t) = 3t^2 - 4t + k$$
이다. 시각 $t=0$에서 점 P의 위치는 0이고, 시각 $t=1$에서 점 P의 위치는 -3이다. 시각 $t=1$에서 $t=3$까지 점 P의 위치의 변화량을 구하시오. (단, k는 상수이다.)

17
2024학년도 모의평가

실수 a $(a \geq 0)$에 대하여 수직선 위를 움직이는 점 P의 시각 t $(t \geq 0)$에서의 속도 $v(t)$를
$$v(t) = -t(t-1)(t-a)(t-2a)$$
라 하자. 점 P가 시각 $t=0$일 때 출발한 후 운동 방향을 한 번만 바꾸도록 하는 a에 대하여, 시각 $t=0$에서 $t=2$까지 점 P의 위치의 변화량의 최댓값은?

① $\dfrac{1}{5}$ ② $\dfrac{7}{30}$ ③ $\dfrac{4}{15}$

④ $\dfrac{3}{10}$ ⑤ $\dfrac{1}{3}$

18
2019학년도 모의평가

시각 $t=0$일 때 동시에 원점을 출발하여 수직선 위를 움직이는 두 점 P, Q의 시각 t $(t \geq 0)$에서의 속도가 각각
$$v_1(t) = 3t^2 + t, \ v_2(t) = 2t^2 + 3t$$
이다. 출발한 후 두 점 P, Q의 속도가 같아지는 순간 두 점 P, Q 사이의 거리를 a라 할 때, $9a$의 값을 구하시오.

19
2024학년도 모의평가

두 점 P와 Q는 시각 $t=0$일 때 각각 점 A(1)과 점 B(8)에서 출발하여 수직선 위를 움직인다. 두 점 P, Q의 시각 t $(t \geq 0)$에서의 속도는 각각
$$v_1(t) = 3t^2 + 4t - 7, \ v_2(t) = 2t + 4$$
이다. 출발한 시각부터 두 점 P, Q 사이의 거리가 처음으로 4가 될 때까지 점 P가 움직인 거리는?

① 10   ② 14   ③ 19

④ 25   ⑤ 32

20
2023학년도 모의평가

시각 $t=0$일 때 동시에 원점을 출발하여 수직선 위를 움직이는 두 점 P, Q의 시각 t $(t \geq 0)$에서의 속도가 각각
$$v_1(t) = 2 - t, \ v_2(t) = 3t$$
이다. 출발한 시각부터 점 P가 원점으로 돌아올 때까지 점 Q가 움직인 거리는?

① 16   ② 18   ③ 20

④ 22   ⑤ 24

21
2024학년도 수능

시각 $t=0$일 때 동시에 원점을 출발하여 수직선 위를 움직이는 두 점 P, Q의 시각 t $(t \geq 0)$에서의 속도가 각각
$$v_1(t) = t^2 - 6t + 5, \ v_2(t) = 2t - 7$$
이다. 시각 t에서의 두 점 P, Q 사이의 거리를 $f(t)$라 할 때, 함수 $f(t)$는 구간 $[0, a]$에서 증가하고, 구간 $[a, b]$에서 감소하고, 구간 $[b, \infty)$에서 증가한다. 시각 $t=a$에서 $t=b$까지 점 Q가 움직인 거리는? (단, $0 < a < b$)

① $\dfrac{15}{2}$ ② $\dfrac{17}{2}$ ③ $\dfrac{19}{2}$

④ $\dfrac{21}{2}$ ⑤ $\dfrac{23}{2}$

22
2022학년도 수능

수직선 위를 움직이는 점 P의 시각 t에서의 위치 $x(t)$가 두 상수 a, b에 대하여
$$x(t) = t(t-1)(at+b) \ (a \neq 0)$$
이다. 점 P의 시각 t에서의 속도 $v(t)$가 $\displaystyle\int_0^1 |v(t)| \, dt = 2$를 만족시킬 때, 〈보기〉에서 옳은 것만을 있는 대로 고른 것은?

┤ 보 기 ├

ㄱ. $\displaystyle\int_0^1 v(t) \, dt = 0$

ㄴ. $|x(t_1)| > 1$인 t_1이 열린구간 $(0, 1)$에 존재한다.

ㄷ. $0 \leq t \leq 1$인 모든 t에 대하여 $|x(t)| < 1$이면 $x(t_2) = 0$인 t_2가 열린구간 $(0, 1)$에 존재한다.

① ㄱ   ② ㄱ, ㄴ   ③ ㄱ, ㄷ

④ ㄴ, ㄷ   ⑤ ㄱ, ㄴ, ㄷ

예상문제 도전하기

23

수직선 위를 움직이는 점 P의 시각 $t\,(t \geq 0)$에서의 속도 $v(t)$가
$$v(t) = -t^2 + 2t$$
이다. $t=0$부터 $t=3$까지 점 P가 움직인 거리는?

① $\dfrac{4}{3}$ ② $\dfrac{5}{3}$ ③ 2

④ $\dfrac{8}{3}$ ⑤ 3

24

매초 24 m의 속도로 달리던 자동차가 제동을 건 지 t초 후의 속도 $v(t)$는 $v(t) = 24 - 6t\,(\text{m/s})$이다. 이 자동차가 제동을 건 후 멈추어 설 때까지 움직인 거리가 k m일 때, k의 값은?

① 48 ② 50 ③ 52

④ 54 ⑤ 56

25

지상 10 m의 높이에서 30 m/s의 속도로 똑바로 위로 쏘아 올린 공의 t초 후의 속도는 $v(t) = 30 - 10t\,(\text{m/s})$라고 한다. 공을 쏘아 올린 지 2초 후부터 5초 후까지 움직인 거리가 몇 m인지 구하시오.

26

수직선 위를 움직이는 점 P의 시각 $t\,(t \geq 0)$에서의 속도 $v(t)$가
$$v(t) = 3t^2 - 2kt + 5$$
이다. 시각 $t=0$에서의 점 P의 위치는 0이고, 시각 $t=0$에서 시각 $t=1$까지의 점 P의 위치의 변화량이 3일 때, 시각 $t=k$에서의 가속도를 구하시오. (단, k는 상수이다.)

27

원점을 동시에 출발하여 수직선 위를 움직이는 두 점 P, Q의 시각 $t\,(0 \leq t \leq 8)$에서의 속도가 각각
$$v_1(t) = 2t^2 - 8t, \quad v_2(t) = t^3 - 10t^2 + 24t$$
이다. 두 점 P, Q 사이의 거리의 최댓값을 구하시오.

28

그림은 원점을 출발하여 수직선 위를 움직이는 물체의 t초 후의 속도 $v(t)$를 나타내는 그래프이다.

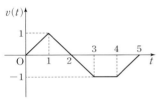

$t=5$에서의 물체와 원점 사이의 거리를 a, $t=0$에서 $t=5$까지 물체가 움직인 거리를 b라 할 때, $a+b$의 값을 구하시오.

29

어느 놀이공원에서 2분 동안 운행하는 열차의 운행속도 $v(t)\,(\text{m/s})$가
$$v(t) = \begin{cases} \dfrac{2}{5}t & (0 \leq t < 60) \\ 24 & (60 \leq t < 90) \\ \dfrac{4}{5}(120 - t) & (90 \leq t \leq 120) \end{cases}$$
일 때, 이 열차가 출발 후 정지할 때까지 운행한 거리는?

① 1400 m ② 1500 m ③ 1600 m

④ 1700 m ⑤ 1800 m

한눈에 보는 정답 수학Ⅱ

짱 중요한 유형

유형 01 01 2 02 ④ 03 ① 04 ③ 05 ② 06 7 07 ④ 08 ① 09 ④ 10 ③ 11 ② 12 ① 13 ③
14 ③ 15 ③ 16 ② 17 ④ 18 1

유형 02 01 ① 02 ② 03 ① 04 ⑤ 05 ② 06 ③ 07 ② 08 ① 09 ③ 10 ① 11 ① 12 21 13 ③
14 2 15 2 16 ④ 17 ① 18 2 19 ⑤

유형 03 01 ⑤ 02 1 03 ③ 04 6 05 ⑤ 06 ② 07 1 08 16 09 ② 10 30 11 ③ 12 ② 13 ③
14 10 15 ② 16 ③ 17 24 18 ② 19 ④ 20 ④ 21 16 22 24 23 2 24 ⑤ 25 ① 26 1 27 ⑤
28 ⑤ 29 7 30 10 31 ②

유형 04 01 ⑤ 02 ④ 03 4 04 ④ 05 18 06 ③ 07 ⑤ 08 ② 09 ② 10 ① 11 ④ 12 ③ 13 ①
14 2 15 ⑤ 16 ④

유형 05 01 ② 02 ⑤ 03 ② 04 ③ 05 ② 06 ④ 07 ③ 08 6 09 ② 10 ① 11 ④ 12 ① 13 ④
14 ③ 15 6 16 ④ 17 ④ 18 ③ 19 ④ 20 ④ 21 ⑤ 22 ② 23 ③ 24 ① 25 3 26 25 27 3
28 ② 29 ① 30 ① 31 ① 32 10

유형 06 01 ③ 02 34 03 ④ 04 21 05 ⑤ 06 6 07 ② 08 ③ 09 ④ 10 5 11 ① 12 ③ 13 ③
14 ⑤ 15 ④ 16 ④ 17 ③ 18 ③ 19 ① 20 14 21 ① 22 11 23 3 24 ⑤ 25 ⑤ 26 55 27 32
28 ④ 29 ⑤ 30 ④ 31 ③ 32 18 33 8

유형 07 01 ③ 02 ④ 03 ① 04 48 05 36 06 ② 07 2 08 ⑤ 09 ② 10 ② 11 ④ 12 ③ 13 ④
14 ④ 15 ② 16 6 17 ③ 18 ② 19 ②

유형 08 01 ⑤ 02 48 03 ② 04 ② 05 ④ 06 ① 07 12 08 10 09 ① 10 2 11 ② 12 ① 13 ⑤
14 ③ 15 ② 16 ④ 17 ⑤ 18 ⑤ 19 ① 20 25 21 5 22 ① 23 ⑤ 24 ③ 25 ④ 26 ② 27 ⑤
28 ① 29 9 30 ④

유형 09 01 ① 02 ④ 03 ② 04 8 05 ① 06 37 07 ② 08 ④ 09 ① 10 6 11 3 12 ③ 13 ⑤
14 ⑤ 15 41 16 ② 17 ③ 18 ② 19 4 20 2 21 6 22 ① 23 16 24 ⑤ 25 ① 26 ⑤ 27 ②
28 ② 29 ① 30 ② 31 ④ 32 ② 33 ① 34 ④

유형 10 01 ② 02 ④ 03 ① 04 ⑤ 05 ③ 06 ④ 07 ③ 08 13 09 ④ 10 12 11 ② 12 11 13 ⑤
14 ② 15 ⑤ 16 ③ 17 14 18 ③

유형 11 01 −9 02 ③ 03 ⑤ 04 22 05 ② 06 ③ 07 5 08 2 09 ① 10 ③ 11 7 12 ④ 13 15
14 4 15 21 16 ③ 17 ① 18 ① 19 ③ 20 ④ 21 ② 22 21 23 ⑤ 24 3 25 31 26 31 27 ②
28 13 29 6 30 52 31 ③ 32 ③

유형 12 01 ③ 02 ④ 03 ④ 04 ② 05 ① 06 ④ 07 8 08 ② 09 ④ 10 22 11 ① 12 ① 13 27
14 ② 15 ① 16 ① 17 ② 18 ③ 19 ③ 20 ④ 21 42 22 ③ 23 ② 24 25

유형 13 01 ③ 02 4 03 23 04 6 05 7 06 4 07 33 08 4 09 15 10 ④ 11 ① 12 ④ 13 12
14 13 15 7 16 14 17 6 18 3 19 11

유형 14 01 2 02 6 03 ⑤ 04 ④ 05 ③ 06 2 07 ① 08 10 09 25 10 ④ 11 ② 12 ⑤ 13 ①
14 ④ 15 ① 16 110 17 45 18 ② 19 ② 20 ② 21 ⑤ 22 ④ 23 198 24 ② 25 ④ 26 19 27 ②
28 ③ 29 ④ 30 80 31 ⑤

유형 15 01 ④ 02 ④ 03 ④ 04 ① 05 ⑤ 06 ④ 07 ③ 08 ② 09 4 10 ③ 11 16 12 ⑤ 13 40
14 ④ 15 7 16 39 17 10 18 5 19 ② 20 13 21 8 22 6 23 13 24 10 25 ② 26 ② 27 ①
28 6 29 ⑤ 30 3

유형 16 01 ② 02 ⑤ 03 ① 04 ④ 05 ② 06 ⑤ 07 ② 08 ① 09 ④ 10 4 11 ④ 12 36 13 4
14 14 15 ④ 16 ① 17 ③ 18 ③ 19 ④ 20 ④ 21 ⑤ 22 ② 23 ③ 24 ④ 25 ③ 26 27 27 80
28 20 29 36 30 ⑤ 31 ② 32 ②

유형 17 01 ③ 02 ⑤ 03 ② 04 12 05 −16 06 ② 07 7 08 ③ 09 ① 10 ③ 11 ④ 12 ③ 13 16
14 ③ 15 17 16 6 17 ③ 18 12 19 ⑤ 20 ⑤ 21 ② 22 ③ 23 ④ 24 ① 25 25 26 12
27 64 28 4 29 ⑤

짱시리즈의 완결판!

짱 Final

실전모의고사

짱 시리즈는 연계가 아니라 적중입니다!!!

수능 문제지와
가장 유사한
난이도와 문제로 구성된
실전 모의고사 8회

EBS교재
연계 문항을 수록한
실전 모의고사 교재

짱 중요한 유형

중요한 유형

기출! 나는 수능에
나오는 유형만 공부한다!

정답 및 풀이

수학Ⅱ

정답 및 풀이

01 좌극한과 우극한

본문 009쪽

기본문제 다지기

01 2	02 ④	03 ①	04 ③
05 ②	06 7		

01 함수 $f(x) = \begin{cases} x^2-3 & (x<1) \\ -(x-2)^2+5 & (x \geq 1) \end{cases}$

의 그래프는 그림과 같다.

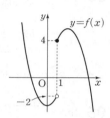

$\lim\limits_{x \to 1+} f(x) = 4$, $\lim\limits_{x \to 1-} f(x) = -2$

이므로 $a=4$, $b=-2$

$\therefore a+b=2$

02 $\lim\limits_{x \to 1+} f(x) = 1$, $\lim\limits_{x \to 1-} f(x) = 0$이므로 $a=1$, $b=0$

$\therefore a-b=1$

03 $\lim\limits_{x \to 1-} f(x) = -1$, $\lim\limits_{x \to 2+} f(x) = 2$이므로

$\lim\limits_{x \to 1-} f(x) + \lim\limits_{x \to 2+} f(x) = 1$

04 $\lim\limits_{x \to -1-} f(x) = 1$, $\lim\limits_{x \to -1+} f(x) = -1$이므로

$\lim\limits_{x \to -1-} f(x) + \lim\limits_{x \to -1+} f(x) = 0$

05 $\lim\limits_{x \to 1-} f(x) = -2$, $\lim\limits_{x \to 1+} f(x) = 0$이고

$\lim\limits_{x \to 2-} f(x) = \lim\limits_{x \to 2+} f(x) = 1$이므로 $\lim\limits_{x \to 2} f(x) = 1$

$\therefore \lim\limits_{x \to 1-} f(x) + \lim\limits_{x \to 1+} f(x) + \lim\limits_{x \to 2} f(x) = -2+0+1 = -1$

06 $\lim\limits_{x \to 0+} f(x) = \lim\limits_{x \to 0-} f(x) = 1$이므로

$\lim\limits_{x \to 0} f(x) = 1$ $\quad \therefore a=1$

$\lim\limits_{x \to 3+} f(x) = 2$, $\lim\limits_{x \to 3-} f(x) = 4$이므로 $b=2$, $c=4$

$\therefore a+b+c = 1+2+4 = 7$

기출문제 맛보기

본문 010쪽

07 ④	08 ①	09 ④	10 ③
11 ②	12 ①		

07 $\lim\limits_{x \to -1-} f(x) = 3$, $\lim\limits_{x \to 2} f(x) = 1$이므로

$\lim\limits_{x \to -1-} f(x) + \lim\limits_{x \to 2} f(x) = 3+1 = 4$

08 주어진 그래프에서

$\lim\limits_{x \to 0+} f(x) = 0$, $\lim\limits_{x \to 1-} f(x) = 2$

이므로

$\lim\limits_{x \to 0+} f(x) - \lim\limits_{x \to 1-} f(x) = 0-2 = -2$

09 $\lim\limits_{x \to -1-} f(x) = 2$, $\lim\limits_{x \to 1+} f(x) = 1$이므로

$\lim\limits_{x \to -1-} f(x) - \lim\limits_{x \to 1+} f(x) = 1$

10 $\lim\limits_{x \to 0+} f(x) = 2$, $\lim\limits_{x \to 1-} f(x) = 1$

이므로

$\lim\limits_{x \to 0+} f(x) + \lim\limits_{x \to 1-} f(x) = 2+1 = 3$

11 $\lim\limits_{x \to 0-} f(x) = -2$, $\lim\limits_{x \to 1+} f(x) = 1$이므로

$\lim\limits_{x \to 0-} f(x) + \lim\limits_{x \to 1+} f(x) = -2+1 = -1$

12 함수 $y=f(x)$의 그래프에서

$\lim\limits_{x \to -2+} f(x) = -2$, $\lim\limits_{x \to 1-} f(x) = 0$이므로

$\lim\limits_{x \to -2+} f(x) + \lim\limits_{x \to 1-} f(x) = -2+0$

$= -2$

예상문제 도전하기

본문 011쪽

13 ③	14 ③	15 ③	16 ②
17 ④	18 1		

13 $\lim\limits_{x \to 1+} f(x) = \lim\limits_{x \to 1+} (-x+a) = -1+a$

즉, $-1+a=3$이므로 $a=4$

$\lim\limits_{x \to 1-} f(x) = \lim\limits_{x \to 1-} (x+b) = 1+b$

즉, $1+b=0$이므로 $b=-1$

$\therefore a+b = 4+(-1) = 3$

14 $\lim\limits_{x \to 1-} f(x) = 2$, $\lim\limits_{x \to 4+} f(x) = 3$

$\therefore \lim\limits_{x \to 1-} f(x) + \lim\limits_{x \to 4+} f(x) = 5$

15 $\lim\limits_{x \to 2-} f(x) = 0$, $\lim\limits_{x \to 2+} f(x) = 3$

$\therefore \lim\limits_{x \to 2-} f(x) + \lim\limits_{x \to 2+} f(x) = 3$

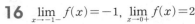

16 $\lim\limits_{x \to -1-} f(x) = -1$, $\lim\limits_{x \to 0+} f(x) = 2$

$\therefore \lim\limits_{x \to -1-} f(x) + \lim\limits_{x \to 0+} f(x) = 1$

17 $\lim\limits_{x \to 1+} f(x-1)$에서 $x-1 = t$로 놓으면

$x \to 1+$일 때, $t \to 0+$이므로

$\lim\limits_{x \to 1+} f(x-1) = \lim\limits_{t \to 0+} f(t) = 0$

$\therefore \lim\limits_{x \to -1} f(x) + \lim\limits_{x \to 1+} f(x-1) = 1+0 = 1$

18 $\lim\limits_{x \to 0+} \{f(x) + g(x)\} = \lim\limits_{x \to 0+} f(x) + \lim\limits_{x \to 0+} g(x)$

$\qquad\qquad\qquad\qquad = 0 + 1 = 1$

02 함수의 극한

기본문제 다지기
본문 013쪽

01 ①	**02** ②	**03** ①	**04** ⑤
05 ②	**06** ③	**07** ②	

01 $x \to 3$일 때 (분모)$\to 0$이고, 극한값이 존재하므로 (분자)$\to 0$이어야 한다.

즉, $\lim\limits_{x \to 3}(ax+6) = 3a+6 = 0$

$\therefore a = -2$

02 $\lim\limits_{x \to 1} \dfrac{(x+a)(x+5)}{(x-1)(x+2)}$가 수렴하고,

$x \to 1$일 때 (분모)$\to 0$이므로 (분자)$\to 0$이어야 한다.

즉, $\lim\limits_{x \to 1}(x+a)(x+5) = 6(1+a) = 0$

$\therefore a = -1$

$\therefore \lim\limits_{x \to 1} \dfrac{(x+a)(x+5)}{(x-1)(x+2)} = \lim\limits_{x \to 1} \dfrac{(x-1)(x+5)}{(x-1)(x+2)}$

$\qquad\qquad\qquad\qquad = \lim\limits_{x \to 1} \dfrac{x+5}{x+2} = \dfrac{6}{3} = 2$

03 $x \to 1$일 때 (분모)$\to 0$이고, 극한값이 존재하므로 (분자)$\to 0$이어야 한다.

즉, $\lim\limits_{x \to 1}(x^2+ax+b) = 1+a+b = 0$에서

$b = -1-a$ ······ ㉠

㉠을 주어진 식에 대입하면

$\lim\limits_{x \to 1} \dfrac{x^2+ax-1-a}{x^2-1} = \lim\limits_{x \to 1} \dfrac{(x-1)(x+1+a)}{(x-1)(x+1)}$

$\qquad\qquad\qquad\qquad = \lim\limits_{x \to 1} \dfrac{x+1+a}{x+1}$

$\qquad\qquad\qquad\qquad = \dfrac{2+a}{2} = 4$

$\therefore a = 6, b = -7$ ($\because$ ㉠)

$\therefore ab = -42$

04 $\lim\limits_{x \to \infty} \dfrac{ax^2+x-5}{2x^2+3} = \lim\limits_{x \to \infty} \dfrac{a+\dfrac{1}{x}-\dfrac{5}{x^2}}{2+\dfrac{3}{x^2}} = \dfrac{a}{2} = 10$

$\therefore a = 20$

05 $\lim\limits_{x \to \infty} \dfrac{ax^3+bx^2-x+1}{x^2-2x+5} = 3$이므로 $a = 0$

즉, $\lim\limits_{x \to \infty} \dfrac{bx^2-x+1}{x^2-2x+5} = \lim\limits_{x \to \infty} \dfrac{b-\dfrac{1}{x}+\dfrac{1}{x^2}}{1-\dfrac{2}{x}+\dfrac{5}{x^2}} = b = 3$

$\therefore a+b = 0+3 = 3$

06 $\lim\limits_{x \to 2} \dfrac{\sqrt{x+7}+a}{x^2-4}$가 수렴하고, $x \to 2$일 때 (분모)$\to 0$이므로 (분자)$\to 0$이어야 한다.

즉, $\lim\limits_{x \to 2}(\sqrt{x+7}+a) = 3+a = 0$

$\therefore a = -3$

07 $x \to 3$일 때 (분모)$\to 0$이고, 극한값이 존재하므로 (분자)$\to 0$이어야 한다.

즉, $\lim\limits_{x \to 3}(a\sqrt{x-2}-1) = a-1 = 0$에서 $a = 1$

$a = 1$을 주어진 식에 대입하면

$\lim\limits_{x \to 3} \dfrac{\sqrt{x-2}-1}{x-3} = \lim\limits_{x \to 3} \dfrac{(\sqrt{x-2}-1)(\sqrt{x-2}+1)}{(x-3)(\sqrt{x-2}+1)}$

$\qquad\qquad\qquad\quad = \lim\limits_{x \to 3} \dfrac{x-3}{(x-3)(\sqrt{x-2}+1)}$

$\qquad\qquad\qquad\quad = \lim\limits_{x \to 3} \dfrac{1}{\sqrt{x-2}+1} = \dfrac{1}{2} = b$

$\therefore a-b = 1-\dfrac{1}{2} = \dfrac{1}{2}$

기출문제 맛보기
본문 014쪽

08 ①	**09** ③	**10** ①	**11** ①
12 21	**13** ③		

08 $\lim\limits_{x \to 0} \dfrac{f(x)}{x} = \lim\limits_{x \to 0} \dfrac{x^2+ax}{x} = \lim\limits_{x \to 0}(x+a) = a$

$\therefore a = 4$

09 $x \to 1$일 때 (분모)$\to 0$이고, 극한값이 존재하므로 (분자)$\to 0$이어야 한다.

즉, $\lim\limits_{x \to 1}(x^2+ax) = 1+a = 0$에서 $a = -1$

$a=-1$을 주어진 식에 대입하면

$$\lim_{x \to 1} \frac{x^2-x}{x-1} = \lim_{x \to 1} \frac{x(x-1)}{x-1} = \lim_{x \to 1} x = 1 = b$$

$$\therefore a+b=(-1)+1=0$$

10 $x \to 3$일 때 (분모)$\to 0$이고, 극한값이 존재하므로 (분자)$\to 0$이어야 한다.

즉, $\lim_{x \to 3} (x^2+ax+b)=9+3a+b=0$에서

$$b=-3a-9 \quad \cdots\cdots \textcircled{\scriptsize{\bigcirc}}$$

$\textcircled{\scriptsize{\bigcirc}}$을 주어진 식에 대입하면

$$\lim_{x \to 3} \frac{x^2+ax-3(a+3)}{x-3} = \lim_{x \to 3} \frac{(x-3)(x+a+3)}{x-3}$$
$$= \lim_{x \to 3} (x+a+3)=6+a=14$$

$$\therefore a=8, \ b=-33 \ (\because \textcircled{\scriptsize{\bigcirc}})$$
$$\therefore a+b=8-33=-25$$

11 $x \to 2$일 때 (분자)$\to 0$이고, 0이 아닌 극한값이 존재하므로 (분모)$\to 0$이어야 한다.

즉, $\lim_{x \to 2} (x^2-b)=4-b=0$에서 $b=4$

$b=4$를 주어진 식에 대입하면

$$\lim_{x \to 2} \frac{x^2-(a+2)x+2a}{x^2-4}$$
$$= \lim_{x \to 2} \frac{(x-2)(x-a)}{(x-2)(x+2)}$$
$$= \lim_{x \to 2} \frac{x-a}{x+2}=\frac{2-a}{4}=3$$

$$2-a=12 \quad \therefore a=-10$$
$$\therefore a+b=-10+4=-6$$

12 $x \to 2$일 때 (분모)$\to 0$이고, 극한값이 존재하므로 (분자)$\to 0$이어야 한다.

즉, $\lim_{x \to 2} (\sqrt{x+a}-2)=\sqrt{2+a}-2=0$에서 $a=2$

$a=2$를 주어진 식에 대입하면

$$\lim_{x \to 2} \frac{\sqrt{x+2}-2}{x-2}$$
$$= \lim_{x \to 2} \frac{(\sqrt{x+2}-2)(\sqrt{x+2}+2)}{(x-2)(\sqrt{x+2}+2)}$$
$$= \lim_{x \to 2} \frac{x-2}{(x-2)(\sqrt{x+2}+2)}$$
$$= \lim_{x \to 2} \frac{1}{\sqrt{x+2}+2}=\frac{1}{\sqrt{4}+2}=\frac{1}{4}=b$$

$$\therefore 10a+4b=10 \times 2+4 \times \frac{1}{4}=21$$

13 $x \to 1$일 때 (분모)$\to 0$이고, 극한값이 존재하므로 (분자)$\to 0$이어야 한다.

즉, $\lim_{x \to 1} (ax+b)=a+b=0$에서

$$b=-a \quad \cdots\cdots \textcircled{\scriptsize{\bigcirc}}$$

$\textcircled{\scriptsize{\bigcirc}}$을 주어진 식에 대입하면

$$\lim_{x \to 1} \frac{a(x-1)}{\sqrt{x+1}-\sqrt{2}}$$
$$= \lim_{x \to 1} \frac{a(x-1)(\sqrt{x+1}+\sqrt{2})}{(\sqrt{x+1}-\sqrt{2})(\sqrt{x+1}+\sqrt{2})}$$

$$= \lim_{x \to 1} \frac{a(x-1)(\sqrt{x+1}+\sqrt{2})}{x-1}$$
$$= \lim_{x \to 1} a(\sqrt{x+1}+\sqrt{2})$$
$$= 2\sqrt{2}a = 2\sqrt{2}$$
$$\therefore a=1, \ b=-1 \ (\because \textcircled{\scriptsize{\bigcirc}})$$
$$\therefore ab=-1$$

예상문제 도전하기 　　　　본문 015쪽

| 14 ② | 15 ② | 16 ④ | 17 ① |
| 18 ② | 19 ⑤ | | |

14 $x \to 1$일 때 (분모)$\to 0$이고, 극한값이 존재하므로 (분자)$\to 0$이어야 한다.

즉, $\lim_{x \to 1} (x^2-ax-3)=1-a-3=0$에서 $a=-2$

$a=-2$를 주어진 식에 대입하면

$$\lim_{x \to 1} \frac{x^2-ax-3}{x-1}$$
$$= \lim_{x \to 1} \frac{x^2+2x-3}{x-1} = \lim_{x \to 1} \frac{(x-1)(x+3)}{x-1}$$
$$= \lim_{x \to 1} (x+3)=4=b$$

$$\therefore a+b=-2+4=2$$

15 $x \to 1$일 때 (분모)$\to 0$이고, 극한값이 존재하므로 (분자)$\to 0$이어야 한다.

즉, $\lim_{x \to 1} (x^2-ax-5)=1-a-5=0$에서

$$a=-4$$

$a=-4$를 주어진 식에 대입하면

$$\lim_{x \to 1} \frac{x^2+4x-5}{x-1}$$
$$= \lim_{x \to 1} \frac{(x-1)(x+5)}{x-1}$$
$$= \lim_{x \to 1} (x+5)=6=b$$

$$\therefore a+b=-4+6=2$$

16 $x \to -1$일 때 (분자)$\to 0$이고, 0이 아닌 극한값이 존재하므로 (분모)$\to 0$이어야 한다.

즉, $\lim_{x \to -1} (x^2-ax+b)=1+a+b=0$에서

$$b=-a-1 \quad \cdots\cdots \textcircled{\scriptsize{\bigcirc}}$$

$\textcircled{\scriptsize{\bigcirc}}$을 주어진 식에 대입하면

$$\lim_{x \to -1} \frac{x+1}{x^2-ax-a-1}$$
$$= \lim_{x \to -1} \frac{x+1}{(x+1)(x-a-1)}$$
$$= \lim_{x \to -1} \frac{1}{x-a-1}=\frac{1}{-a-2}=-\frac{1}{5}$$

$$\therefore a=3, \ b=-4 \ (\because \textcircled{\scriptsize{\bigcirc}})$$
$$\therefore a-b=3-(-4)=7$$

17 $x \to -2$일 때 (분모)$\to 0$이고, 극한값이 존재하므로 (분자)$\to 0$이어야 한다.

즉, $\lim\limits_{x \to -2}(a\sqrt{x+3}+b)=a+b=0$에서

$b=-a$ ······ ㉠

㉠을 주어진 식에 대입하면

$$\lim_{x \to -2}\frac{a\sqrt{x+3}-a}{x+2}=\lim_{x \to -2}\frac{a(\sqrt{x+3}-1)(\sqrt{x+3}+1)}{(x+2)(\sqrt{x+3}+1)}$$
$$=\lim_{x \to -2}\frac{a(x+2)}{(x+2)(\sqrt{x+3}+1)}$$
$$=\lim_{x \to -2}\frac{a}{\sqrt{x+3}+1}=\frac{a}{2}=2$$

$\therefore a=4,\ b=-4\ (\because ㉠)$

$\therefore ab=-16$

18 $x \to 2$일 때 (분모)$\to 0$이고, 극한값이 존재하므로 (분자)$\to 0$이어야 한다.

즉, $\lim\limits_{x \to 2}(\sqrt{x+a}-b)=\sqrt{2+a}-b=0$에서

$b=\sqrt{2+a}$ ······ ㉠

㉠을 주어진 식에 대입하면

$$\lim_{x \to 2}\frac{\sqrt{x+a}-\sqrt{2+a}}{x-2}$$
$$=\lim_{x \to 2}\frac{(\sqrt{x+a}-\sqrt{2+a})(\sqrt{x+a}+\sqrt{2+a})}{(x-2)(\sqrt{x+a}+\sqrt{2+a})}$$
$$=\lim_{x \to 2}\frac{x-2}{(x-2)(\sqrt{x+a}+\sqrt{2+a})}$$
$$=\lim_{x \to 2}\frac{1}{\sqrt{x+a}+\sqrt{2+a}}=\frac{1}{2\sqrt{2+a}}=\frac{1}{2}$$

$\therefore a=-1,\ b=1\ (\because ㉠)$

$\therefore b-a=1-(-1)=2$

19 $\lim\limits_{x \to \infty}\{\sqrt{x^2+x+1}-(ax-1)\}$

$$=\lim_{x \to \infty}\frac{\{\sqrt{x^2+x+1}-(ax-1)\}\{\sqrt{x^2+x+1}+(ax-1)\}}{\sqrt{x^2+x+1}+(ax-1)}$$
$$=\lim_{x \to \infty}\frac{(1-a^2)x^2+(1+2a)x}{\sqrt{x^2+x+1}+ax-1}$$
$$=\lim_{x \to \infty}\frac{(1-a^2)x+1+2a}{\sqrt{1+\frac{1}{x}+\frac{1}{x^2}}+a-\frac{1}{x}} \quad ······ ㉠$$

㉠의 극한값이 존재하므로 $1-a^2=0$

$\therefore a=1\ (\because a>0)$

$a=1$을 ㉠에 대입하면

$$\lim_{x \to \infty}\frac{3}{\sqrt{1+\frac{1}{x}+\frac{1}{x^2}}+1-\frac{1}{x}}=\frac{3}{2}=b$$

$\therefore a+b=1+\frac{3}{2}=\frac{5}{2}$

---

03 $f(x)$를 포함한 함수의 극한

기본문제 다지기

본문 017~018쪽

01 ⑤	02 1	03 ③	04 6
05 ⑤	06 ②	07 1	08 16
09 ②			

01 $\lim\limits_{x \to 2}(x+2)=4,\ \lim\limits_{x \to 2}f(x)=3$이므로

$\lim\limits_{x \to 2}(x+2)f(x)=\lim\limits_{x \to 2}(x+2)\times\lim\limits_{x \to 2}f(x)=4\times 3=12$

02 $\lim\limits_{x \to 1}(x+2)f(x)=6$이므로

$\lim\limits_{x \to 1}3f(x)=6$ $\therefore \lim\limits_{x \to 1}f(x)=2$

$\therefore \lim\limits_{x \to 1}\dfrac{f(x)}{x+1}=\dfrac{\lim\limits_{x \to 1}f(x)}{\lim\limits_{x \to 1}(x+1)}=\dfrac{2}{2}=1$

03 $x \to 2$일 때 (분모)$\to 0$이고, 극한값이 존재하므로 (분자)$\to 0$이어야 한다.

$\therefore \lim\limits_{x \to 2}f(x)=f(2)=0$

04 조건 ㈎에서 $x \to 1$일 때 (분모)$\to 0$이고, 극한값이 존재하므로 (분자)$\to 0$이어야 한다.

$\therefore \lim\limits_{x \to 1}f(x)=f(1)=0$

또 조건 ㈏에서 $x \to 2$일 때 (분모)$\to 0$이고, 극한값이 존재하므로 (분자)$\to 0$이어야 한다.

$\therefore \lim\limits_{x \to 2}f(x)=f(2)=0$

즉, $f(x)=a(x-1)(x-2)\ (a \neq 0)$로 놓으면

$\lim\limits_{x \to 1}\dfrac{a(x-1)(x-2)}{x-1}=\lim\limits_{x \to 1}a(x-2)=-a=-1$

$\therefore a=1$

따라서 $f(x)=(x-1)(x-2)$이므로

$f(4)=3\times 2=6$

05 $\lim\limits_{x \to 1}\dfrac{f(x)}{x-1}=2$에서 $x \to 1$일 때 (분모)$\to 0$이고, 극한값이 존재하므로 (분자)$\to 0$이어야 한다.

$\therefore f(1)=0$

또 $\lim\limits_{x \to 2}\dfrac{f(x)}{x-2}=-4$에서 $x \to 2$일 때 (분모)$\to 0$이고, 극한값이 존재하므로 (분자)$\to 0$이어야 한다.

$\therefore f(2)=0$

즉, $f(x)=(x-1)(x-2)(ax+b)\ (a,\ b$는 상수$)$로 놓으면

$$\lim_{x \to 1}\frac{f(x)}{x-1}=\lim_{x \to 1}\frac{(x-1)(x-2)(ax+b)}{x-1}$$
$$=\lim_{x \to 1}(x-2)(ax+b)$$
$$=-a-b=2 \quad ······ ㉠$$

$$\lim_{x \to 2} \frac{f(x)}{x-2} = \lim_{x \to 2} \frac{(x-1)(x-2)(ax+b)}{x-2}$$
$$= \lim_{x \to 2} (x-1)(ax+b)$$
$$= 2a+b = -4 \quad \cdots\cdots \text{ⓛ}$$

㉠, ㉡을 연립하여 풀면 $a=-2$, $b=0$

따라서 $f(x) = -2x(x-1)(x-2)$이므로

$f(-1) = 2 \times (-2) \times (-3) = 12$

06 $\lim_{x \to \infty} \frac{f(x)}{x^3} = 2$에서 $\lim_{x \to \infty} \frac{ax^3+3x^2+5x-2}{x^3} = 2$이므로

$a=2$

07 조건 ㈎에서

$\lim_{x \to \infty} \frac{ax^2+bx}{x^2-1} = 3$이므로 $a=3$

조건 ㈏에서

$\lim_{x \to 0} \frac{ax^2+bx}{x} = \lim_{x \to 0} (ax+b) = b = -2$

$\therefore f(1) = a+b = 3+(-2) = 1$

08 $\lim_{x \to \infty} \frac{f(x)-x^2}{x} = 3$이므로

$f(x)-x^2$은 일차항의 계수가 3인 일차식이어야 한다.

즉, $f(x)-x^2 = 3x+a$ (a는 상수)로 놓으면

$f(x) = x^2+3x+a$

$\lim_{x \to 1} \frac{x^2-1}{(x-1)f(x)} = \lim_{x \to 1} \frac{x+1}{f(x)} = 1$이므로

$\frac{2}{f(1)} = 1 \quad \therefore f(1) = 2$

$f(1) = 1+3+a = 2$에서 $a = -2$

따라서 $f(x) = x^2+3x-2$이므로

$f(3) = 3^2+3 \times 3-2 = 16$

09 (i) $n=1$일 때, $f(x)$는 최고차항의 계수가 1인 이차함수이다.

(ii) $n=2$일 때, $f(x)$는 최고차항의 계수가 6인 이차함수이다.

(iii) $n \geq 3$일 때, $f(x)$는 최고차항의 계수가 5인 n차함수이다.

따라서 $a=1$, $b=6$, $c=5$이므로 $a+b+c = 12$

기출문제 맛보기

본문 018~020쪽

10 30	11 ③	12 ②	13 ③
14 10	15 ②	16 ③	17 24
18 ②	19 ④	20 ④	21 16

10 $\lim_{x \to 1} (x+1)f(x) = 1$이므로

$g(x) = (x+1)f(x)$로 놓으면

$\lim_{x \to 1} g(x) = 1$

따라서 $x \neq -1$일 때, $f(x) = \frac{g(x)}{x+1}$이므로

$\lim_{x \to 1} (2x^2+1)f(x) = \lim_{x \to 1} \left\{ (2x^2+1) \times \frac{g(x)}{x+1} \right\}$

$$= \lim_{x \to 1} \frac{2x^2+1}{x+1} \times \lim_{x \to 1} g(x)$$
$$= \frac{3}{2} \times 1 = \frac{3}{2}$$

$\therefore 20a = 20 \times \frac{3}{2} = 30$

11 $\lim_{x \to 2} \frac{(x^2-4)f(x)}{x-2} = \lim_{x \to 2} \frac{(x-2)(x+2)f(x)}{x-2}$

$$= \lim_{x \to 2} (x+2)f(x) = 4f(2) = 12$$

$\therefore f(2) = 3$

12 조건 ㈎에서 다항함수 $f(x)$는

$f(x) = 2x^2+ax+b$ (a, b는 상수)로 놓을 수 있다.

조건 ㈏에서 $x \to 0$일 때 (분모)$\to 0$이므로 (분자)$\to 0$이어야 하므로

$\lim_{x \to 0} (2x^2+ax+b) = b = 0$

$\lim_{x \to 0} \frac{2x^2+ax}{x} = \lim_{x \to 0} (2x+a) = a = 3$이므로

$f(x) = 2x^2+3x$

$\therefore f(2) = 2 \times 2^2+3 \times 2 = 14$

13 $\lim_{x \to \infty} \frac{f(x)}{x^3} = 1$이므로 다항함수 $f(x)$는 최고차항의 계수가

1인 삼차함수이다. $\quad \cdots\cdots \text{㉠}$

$\lim_{x \to -1} \frac{f(x)}{x+1} = 2$에서

$x \to -1$일 때 (분모)$\to 0$이므로 (분자)$\to 0$이어야 한다.

즉, $\lim_{x \to -1} f(x) = f(-1) = 0$이어야 한다. $\quad \cdots\cdots \text{㉡}$

㉠, ㉡에서

$f(x) = (x+1)(x^2+ax+b)$ (a, b는 상수)

로 놓을 수 있다.

$\lim_{x \to -1} \frac{f(x)}{x+1} = 2$에서

$\lim_{x \to -1} \frac{f(x)}{x+1} = \lim_{x \to -1} \frac{(x+1)(x^2+ax+b)}{x+1}$

$$= \lim_{x \to -1} (x^2+ax+b) = 1-a+b = 2$$

이므로 $b = a+1$ $\quad \cdots\cdots \text{㉢}$

$f(1) = 2(1+a+b) = 2(2a+2) = 4(a+1) \leq 12$

에서 $a+1 \leq 3$이므로 $a \leq 2$

$\therefore f(2) = 3(4+2a+b)$

$\qquad = 3(3a+5)$

$\qquad \leq 3(3 \times 2+5)$ (단, 등호는 $a=2$일 때 성립한다.)

$\qquad = 33$

따라서 $f(2)$의 최댓값은 33이다.

14 $\lim_{x \to \infty} \frac{f(x)-x^3}{x^2} = -11$이므로 분자는 이차항의 계수가 -11인

이차식이어야 한다.

즉, $f(x)-x^3 = -11x^2+ax+b$ (a, b는 상수)로 놓으면

$f(x) = x^3-11x^2+ax+b$ $\quad \cdots\cdots \text{㉠}$

$\lim_{x \to 1} \frac{f(x)}{x-1} = -9$에서 $x \to 1$일 때 (분모)$\to 0$이고, 극한값이 존재

하므로 (분자)$\to 0$이어야 한다.

즉, $f(1)=1-11+a+b=0$에서
$$b=10-a \qquad \cdots\cdots \text{ⓛ}$$
ⓛ을 ㉠에 대입하면
$$f(x)=x^3-11x^2+ax+10-a$$
$$=(x-1)(x^2-10x+a-10)$$
$$\lim_{x\to 1}\frac{f(x)}{x-1}=\lim_{x\to 1}\frac{(x-1)(x^2-10x+a-10)}{x-1}$$
$$=\lim_{x\to 1}(x^2-10x+a-10)$$
$$=1-10+a-10=-9$$
$$\therefore a=10,\ b=0\ (\because \text{ⓛ})$$
따라서 $f(x)=x^3-11x^2+10x$이므로
$$\lim_{x\to\infty}xf\left(\frac{1}{x}\right)=\lim_{x\to\infty}x\left(\frac{1}{x^3}-\frac{11}{x^2}+\frac{10}{x}\right)$$
$$=\lim_{x\to\infty}\left(\frac{1}{x^2}-\frac{11}{x}+10\right)=10$$

15 $\lim_{x\to\infty}\dfrac{f(x)}{x^3}=0$이므로 $f(x)$의 차수를 n이라 하면 $n\le 2$이다.

$\lim_{x\to 0}\dfrac{f(x)}{x}=5$이고,

$x\to 0$일 때 (분자)$\to 0$이므로 (분모)$\to 0$이어야 한다.

따라서 $\lim_{x\to 0}f(x)=f(0)=0$이므로

$f(x)=ax^2+bx$ (a, b는 상수)로 놓을 수 있다.

$$\lim_{x\to 0}\frac{f(x)}{x}=\lim_{x\to 0}\frac{ax^2+bx}{x}=\lim_{x\to 0}(ax+b)=b$$

이므로 $b=5$

방정식 $ax^2+5x=x$의 한 근이 $x=-2$이므로

$4a-10=-2$에서 $4a=8$

$$\therefore a=2$$

따라서 $f(x)=2x^2+5x$이므로 $f(1)=7$

16 조건 ㈎, ㈏에 의하여

$f(x)g(x)=x^2(2x+a)$ (a는 상수)

로 놓을 수 있다.

조건 ㈏에 의하여 $a=-4$이므로 $f(x)g(x)=2x^2(x-2)$

이때 $f(2)$가 최대가 되는 $f(x)$는 $f(x)=2x^2$

이므로 구하는 최댓값은 $f(2)=8$

17 조건 ㈎에서 $f(x)=a(x-1)(x-2)$ $(a\ne 0)$으로 놓을 수 있다.

조건 ㈏에서

$$\lim_{x\to 2}\frac{f(x)}{x-2}=\lim_{x\to 2}\frac{a(x-1)(x-2)}{x-2}=\lim_{x\to 2}a(x-1)=a$$

$$\therefore a=4$$

따라서 $f(x)=4(x-1)(x-2)$이므로

$f(4)=4\times 3\times 2=24$

18 $\lim_{x\to 0}\dfrac{f(x)}{x}=1$에서 $x\to 0$이면

(분모)$\to 0$이고 극한값이 존재하므로 (분자)$\to 0$이어야 한다.

따라서 $f(0)=0$

같은 방법으로 $\lim_{x\to 1}\dfrac{f(x)}{x-1}=1$에서

$f(1)=0$

따라서 삼차함수 $f(x)$를

$f(x)=x(x-1)(ax+b)$ (a, b는 상수)

로 놓을 수 있다.

$$\lim_{x\to 0}\frac{f(x)}{x}=\lim_{x\to 0}(x-1)(ax+b)=-b$$이므로

$b=-1$

$$\lim_{x\to 1}\frac{f(x)}{x-1}=\lim_{x\to 1}x(ax+b)=a+b$$이므로

$a+b=1$

따라서 $a=2$이므로

$f(x)=x(x-1)(2x-1)$

따라서 $f(2)=2\times 1\times 3=6$

19 $x-2=t$로 놓으면 $x=t+2$이고, $x\to 2$일 때 $t\to 0$이므로

$$\lim_{x\to 2}\frac{f(x-2)}{x^2-2x}=\lim_{t\to 0}\left\{\frac{f(t)}{t}\times\frac{1}{t+2}\right\}$$
$$=\frac{1}{2}\lim_{t\to 0}\frac{f(t)}{t}=4$$

$$\therefore \lim_{x\to 0}\frac{f(x)}{x}=8$$

20 $\lim_{x\to a}f(x)\ne 0$이면 $\lim_{x\to a}\dfrac{f(x)-(x-a)}{f(x)+(x-a)}=1\ne\dfrac{3}{5}$이므로

$$\lim_{x\to a}f(x)=f(a)=0$$

즉, a는 이차함수 $f(x)$의 한 근이므로 $a=\alpha$라 하면

$$\lim_{x\to a}\frac{f(x)-(x-a)}{f(x)+(x-a)}=\lim_{x\to a}\frac{f(x)-(x-\alpha)}{f(x)+(x-\alpha)}$$
$$=\lim_{x\to a}\frac{(x-\alpha)(x-\beta)-(x-\alpha)}{(x-\alpha)(x-\beta)+(x-\alpha)}$$
$$=\lim_{x\to a}\frac{(x-\beta)-1}{(x-\beta)+1}$$
$$=\frac{(\alpha-\beta)-1}{(\alpha-\beta)+1}=\frac{3}{5}$$

즉, $5(\alpha-\beta)-5=3(\alpha-\beta)+3$에서 $2(\alpha-\beta)=8$

$$\therefore |\alpha-\beta|=4$$

21 삼차방정식 $x^3+ax^2+bx+4=0$은 적어도 하나의 실근을 가지므로 $f(\beta)=0$인 실수 β가 존재한다.

모든 실수 α에 대하여 $\lim_{x\to\alpha}\dfrac{f(2x+1)}{f(x)}$의 값이 존재하므로

$f(\beta)=0$인 β에 대하여 $\lim_{x\to\beta}f(x)=0$이고, $\lim_{x\to\beta}f(2x+1)=0$

함수 $f(x)$는 연속이므로 $f(2\beta+1)=0$

즉, $2\beta+1$은 방정식 $f(x)=0$의 근이다.

마찬가지 방법으로 $2\beta+1$이 방정식 $f(x)=0$의 근이면

$2(2\beta+1)+1=4\beta+3$도 방정식 $f(x)=0$의 근이고

$2(4\beta+3)+1=8\beta+7$도 방정식 $f(x)=0$의 근이다.

만약 $\beta\ne 2\beta+1$, 즉 $\beta\ne -1$이면 β, $2\beta+1$, $4\beta+3$, $8\beta+7$이

방정식 $f(x)=0$의 서로 다른 네 근이다.

그러므로 방정식 $f(x)=0$은 $x=-1$만 실근으로 갖는다.

$f(-1)=0$에서

$f(-1)=-1+a-b+4=0$

$b=a+3$

$$f(x)=x^3+ax^2+(a+3)x+4$$
$$=(x+1)\{x^2+(a-1)x+4\}$$

$f(x)\ne (x+1)^3$이므로

이차방정식 $x^2+(a-1)x+4=0$의 실근은 존재하지 않는다.

위의 이차방정식의 판별식을 D라 할 때
$D=(a-1)^2-16=a^2-2a-15<0$
$(a+3)(a-5)<0$ $\therefore -3<a<5$
$f(1)=a+b+5=a+(a+3)+5=2a+8$에서
$f(1)$의 최댓값은 $a=4$일 때,
$2\times4+8=16$

예상문제 도전하기

본문 020~021쪽

22 24	23 2	24 ⑤	25 ①
26 1	27 ⑤	28 ⑤	29 7
30 10	31 ②		

22 $\lim\limits_{x\to1}\dfrac{(x^2-1)f(x)}{x-1}=\lim\limits_{x\to1}\dfrac{(x-1)(x+1)f(x)}{x-1}$
$\qquad\qquad\qquad\quad=\lim\limits_{x\to1}(x+1)f(x)=2f(1)=16$
$\therefore f(1)=8$
$\therefore \lim\limits_{x\to1}(x^2+2)f(x)=3f(1)=24$

23 $\lim\limits_{x\to2}\dfrac{f(x)}{x-2}=-3$에서 $x\to2$일 때 (분모)$\to0$이고, 극한값이 존재하므로 (분자)$\to0$이어야 한다.
$\therefore f(2)=0$
또 $\lim\limits_{x\to3}\dfrac{f(x)}{x-3}=5$에서 $x\to3$일 때 (분모)$\to0$이고, 극한값이 존재하므로 (분자)$\to0$이어야 한다.
$\therefore f(3)=0$
즉, $f(x)=(x-2)(x-3)(ax+b)$ (a, b는 상수)로 놓으면
$\lim\limits_{x\to2}\dfrac{f(x)}{x-2}=\lim\limits_{x\to2}\dfrac{(x-2)(x-3)(ax+b)}{x-2}$
$\qquad\qquad\quad=\lim\limits_{x\to2}(x-3)(ax+b)$
$\qquad\qquad\quad=-2a-b=-3$ ……㉠
$\lim\limits_{x\to3}\dfrac{f(x)}{x-3}=\lim\limits_{x\to3}\dfrac{(x-2)(x-3)(ax+b)}{x-3}$
$\qquad\qquad\quad=\lim\limits_{x\to3}(x-2)(ax+b)$
$\qquad\qquad\quad=3a+b=5$ ……㉡
㉠, ㉡을 연립하여 풀면 $a=2$, $b=-1$
따라서 $f(x)=(x-2)(x-3)(2x-1)$이므로
$\lim\limits_{x\to\infty}\dfrac{f(x)}{x^3}=\lim\limits_{x\to\infty}\dfrac{(x-2)(x-3)(2x-1)}{x^3}$
$\qquad\qquad\quad=\lim\limits_{x\to\infty}\dfrac{2x^3-11x^2+17x-6}{x^3}=2$

24 $\lim\limits_{x\to-1}\dfrac{f(x)}{x+1}$에서 $x\to-1$일 때 (분모)$\to0$이고, 극한값이 존재하므로 (분자)$\to0$이어야 한다.
$\therefore f(-1)=0$ ……㉠
$\lim\limits_{x\to\infty}\dfrac{f(x)}{x^2-1}=2$이므로 $f(x)$는 이차항의 계수가 2인 이차함수

이어야 한다.
즉, $f(x)=2x^2+ax+b$ (a, b는 상수)로 놓으면 ㉠에서
$2-a+b=0$이므로 $b=a-2$ ……㉡
$\lim\limits_{x\to-1}\dfrac{2x^2+ax+a-2}{x+1}=\lim\limits_{x\to-1}\dfrac{(2x+a-2)(x+1)}{(x+1)}$
$\qquad\qquad\qquad\qquad=\lim\limits_{x\to-1}(2x+a-2)$
$\qquad\qquad\qquad\qquad=a-4=1$
$\therefore a=5$, $b=3$ ($\because$ ㉡)
따라서 $f(x)=2x^2+5x+3$이므로
$f(1)=2+5+3=10$

25 $\lim\limits_{x\to\infty}\dfrac{f(x)}{x^2+x}=1$이려면 $f(x)$는 최고차항의 계수가 1인 이차식이어야 한다.
$f(x)=x^2+ax+b$라 하자.
$\lim\limits_{x\to2}\dfrac{f(x)}{x-2}=3$으로 수렴하려면 $x\to2$일 때 (분모)$\to0$이므로 (분자)$\to0$이어야 한다.
$\lim\limits_{x\to2}f(x)=4+2a+b=0$
$b=-2a-4$
$\lim\limits_{x\to2}\dfrac{x^2+ax-2a-4}{x-2}=\lim\limits_{x\to2}\dfrac{(x-2)(x+2+a)}{x-2}$
$\qquad\qquad\qquad\qquad=4+a=6$
$a=2$, $b=-8$
$\therefore f(x)=x^2+2x-8$이므로 $f(1)=-5$

26 $\lim\limits_{x\to\infty}\dfrac{f(x)}{x^2-2x+3}=2$이므로 $f(x)$는 이차항의 계수가 2인 이차식이어야 한다.
즉, $f(x)=2x^2+ax+b$ (a, b는 상수)로 놓으면
$\lim\limits_{x\to2}\dfrac{x-2}{f(x)}=\lim\limits_{x\to2}\dfrac{x-2}{2x^2+ax+b}=1$ ……㉠
㉠에서 $x\to2$일 때 (분자)$\to0$이고, 0이 아닌 극한값이 존재하므로 (분모)$\to0$이어야 한다.
즉, $\lim\limits_{x\to2}(2x^2+ax+b)=8+2a+b=0$에서
$b=-2a-8$ ……㉡
㉡을 ㉠에 대입하면
$\lim\limits_{x\to2}\dfrac{x-2}{f(x)}=\lim\limits_{x\to2}\dfrac{x-2}{2x^2+ax-2a-8}$
$\qquad\qquad\quad=\lim\limits_{x\to2}\dfrac{x-2}{(x-2)(2x+4+a)}$
$\qquad\qquad\quad=\lim\limits_{x\to2}\dfrac{1}{2x+4+a}=\dfrac{1}{8+a}=1$
$\therefore a=-7$, $b=6$ ($\because$ ㉡)
따라서 $f(x)=2x^2-7x+6$이므로
$f(1)=2-7+6=1$

27 $\lim\limits_{x\to\infty}\dfrac{f(x)}{2x-1}=2$이므로 $f(x)$는 일차항의 계수가 4인 일차함수이어야 한다.
즉, $f(x)=4x+a$ (a는 상수)로 놓으면
$\lim\limits_{x\to-1}f(x)=\lim\limits_{x\to-1}(4x+a)=-4+a=-3$
$\therefore a=1$
따라서 $f(x)=4x+1$이므로

$$f(2)=4\times2+1=9$$

28 함수 $f(x)$는 $x-1$을 인수로 갖는 일차함수 또는 이차함수이므로
$f(x)=(x-1)(ax+b)$ (a, b는 상수)로 놓으면
$$\lim_{x\to1}\frac{f(x)}{x-1}=1$$에서
$$\lim_{x\to1}\frac{(x-1)(ax+b)}{x-1}=\lim_{x\to1}(ax+b)=1$$
$a+b=1$ ······ ㉠
방정식 $f(x)=2x$의 한 근이 $x=2$이므로 $f(2)=4$
$2a+b=4$ ······ ㉡
㉠, ㉡에서 $a=3$, $b=-2$
$\therefore f(x)=(3x-2)(x-1)$
$\therefore f(0)=2$

29 $\displaystyle\lim_{x\to\infty}\frac{f(x)-x^2}{ax-1}=2$에서 $f(x)=x^2+2ax+b$ (단, b는 상수이다.)
$\displaystyle\lim_{x\to1}\frac{x-1}{f(x)}=\frac{1}{6}$에서 $f(1)=0$이므로 $1+2a+b=0$
$$\begin{aligned}\lim_{x\to1}\frac{x-1}{f(x)}&=\lim_{x\to1}\frac{x-1}{x^2+2ax+b}\\&=\lim_{x\to1}\frac{x-1}{x^2+2ax-2a-1}\\&=\lim_{x\to1}\frac{x-1}{(x-1)(x+2a+1)}\\&=\frac{1}{2a+2}=\frac{1}{6}\end{aligned}$$
따라서 $a=2$, $b=-5$이므로 $f(x)=x^2+4x-5$
$\therefore f(2)=7$

30 조건 ㈎에서 $\displaystyle\lim_{x\to\infty}\frac{f(x)-x^2}{x}=2$이므로
$f(x)-x^2$은 일차항의 계수가 2인 일차식이어야 한다.
즉, $f(x)-x^2=2x+a$ (a는 상수)로 놓으면
$f(x)=x^2+2x+a$이고 $f\left(\dfrac{1}{x}\right)=\left(\dfrac{1}{x}\right)^2+\dfrac{2}{x}+a$
조건 ㈏에서
$$\lim_{x\to1}x^2f\left(\frac{1}{x}\right)=\lim_{x\to1}(1+2x+ax^2)=3+a=5$$
$\therefore a=2$
따라서 $f(x)=x^2+2x+2$이므로
$f(2)=4+4+2=10$

31 함수 $\dfrac{2}{f(x)}$는 $x=1$, $x=3$에서 불연속이므로
$f(x)=a(x-1)(x-3)$ (단, $a\ne0$)
$$\begin{aligned}\lim_{x\to3}\frac{f(x)}{x-3}&=\lim_{x\to3}\frac{a(x-1)(x-3)}{x-3}\\&=\lim_{x\to3}a(x-1)=2a=12\end{aligned}$$
$\therefore a=6$
따라서 $f(x)=6(x-1)(x-3)$이므로
$f(2)=6\times1\times(-1)=-6$

유형 04 길이, 넓이의 극한

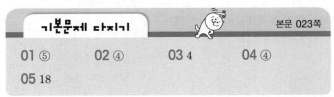

본문 023쪽

01 ⑤   02 ④   03 4   04 ④
05 18

01 좌표평면 위의 두 점 $A(-2, 0)$, $P(t, t+2)$에 대하여
$$\overline{AP}=\sqrt{\{t-(-2)\}^2+(t+2)^2}=\sqrt{2t^2+8t+8}$$
$$\overline{OP}=\sqrt{t^2+(t+2)^2}=\sqrt{2t^2+4t+4}$$
$$\begin{aligned}\therefore\lim_{t\to\infty}(\overline{AP}-\overline{OP})&=\lim_{t\to\infty}(\sqrt{2t^2+8t+8}-\sqrt{2t^2+4t+4})\\&=\lim_{t\to\infty}\frac{(\sqrt{2t^2+8t+8}-\sqrt{2t^2+4t+4})(\sqrt{2t^2+8t+8}+\sqrt{2t^2+4t+4})}{\sqrt{2t^2+8t+8}+\sqrt{2t^2+4t+4}}\\&=\lim_{t\to\infty}\frac{4t+4}{\sqrt{2t^2+8t+8}+\sqrt{2t^2+4t+4}}\\&=\lim_{t\to\infty}\frac{4+\dfrac{4}{t}}{\sqrt{2+\dfrac{8}{t}+\dfrac{8}{t^2}}+\sqrt{2+\dfrac{4}{t}+\dfrac{4}{t^2}}}\\&=\frac{4}{2\sqrt{2}}=\sqrt{2}\end{aligned}$$

02 $\overline{OP}=\sqrt{t^2+at}$, $\overline{OH}=t$
이므로
$$\begin{aligned}\lim_{t\to\infty}(\overline{OP}-\overline{OH})&=\lim_{t\to\infty}(\sqrt{t^2+at}-t)\\&=\lim_{t\to\infty}\frac{at}{\sqrt{t^2+at}+t}=\lim_{t\to\infty}\frac{a}{\sqrt{1+\dfrac{a}{t}}+1}=\frac{a}{2}=2\end{aligned}$$
$\therefore a=4$

03 점 P의 좌표가 (a, a)이므로 두 점 Q, R의 좌표는
각각 $Q(\sqrt{a}, a)$, $R(a, a^2)$이다.
(i) $0<a<1$일 때
$\overline{PQ}=\sqrt{a}-a$, $\overline{PR}=a-a^2$이므로
$$\begin{aligned}\lim_{a\to1-}\frac{\overline{PR}}{\overline{PQ}}&=\lim_{a\to1-}\frac{a-a^2}{\sqrt{a}-a}\\&=\lim_{a\to1-}(\sqrt{a}+a)=2\end{aligned}$$
(ii) $a>1$일 때
$\overline{PQ}=a-\sqrt{a}$, $\overline{PR}=a^2-a$이므로
$$\begin{aligned}\lim_{a\to1+}\frac{\overline{PR}}{\overline{PQ}}&=\lim_{a\to1+}\frac{a^2-a}{a-\sqrt{a}}\\&=\lim_{a\to1+}(a+\sqrt{a})=2\end{aligned}$$
$\therefore\displaystyle\lim_{a\to1-}\frac{\overline{PR}}{\overline{PQ}}+\lim_{a\to1+}\frac{\overline{PR}}{\overline{PQ}}=2+2=4$

04 $A(t)=\sqrt{t^2+(\sqrt{2t})^2}=\sqrt{t^2+2t}$
$B(t)=\dfrac{1}{2}\times1\times\sqrt{2t}=\dfrac{\sqrt{2t}}{2}$
이므로

$$\lim_{t \to 0+} \frac{A(t)}{B(t)} = \lim_{t \to 0+} \frac{\sqrt{t^2+2t}}{\dfrac{\sqrt{2t}}{2}}$$

$$= \lim_{t \to 0+} \frac{2\sqrt{t^2+2t}}{\sqrt{2t}}$$

$$= \lim_{t \to 0+} \frac{2\sqrt{t+2}}{\sqrt{2}} = 2$$

05 점 P의 좌표는 $(t, 2t)$이므로
$\triangle$OPA와 $\triangle$OBP의 넓이 $S(t)$, $T(t)$는

$$S(t) = \frac{1}{2} \times 4 \times t = 2t, \quad T(t) = \frac{1}{2} \times 6 \times 2t = 6t$$

점 P가 점 $\left(\dfrac{1}{2}, 1\right)$에 가까워질 때, $t \to \dfrac{1}{2}$이므로

$$\lim_{t \to \frac{1}{2}} \frac{\{T(t)\}^2 - 9}{S(t) - 1} = \lim_{t \to \frac{1}{2}} \frac{(6t)^2 - 9}{2t - 1}$$

$$= \lim_{t \to \frac{1}{2}} \frac{9(4t^2 - 1)}{2t - 1}$$

$$= \lim_{t \to \frac{1}{2}} \frac{9(2t+1)(2t-1)}{2t - 1}$$

$$= \lim_{t \to \frac{1}{2}} 9(2t+1) = 18$$

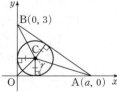
기출문제 맛보기   본문 024~025쪽

| 06 ③ | 07 ⑤ | 08 ② | 09 ② |
| 10 ① | 11 ④ | 12 ③ | 13 ① |

06 직선 PQ의 방정식은
$$y = -(x-t) + t + 1$$
$$= -x + 2t + 1$$
$$\therefore Q(0, 2t+1)$$
$$\therefore \overline{AP}^2 = (t+1)^2 + (t+1)^2$$
$$= 2t^2 + 4t + 2$$
$$\therefore \overline{AQ}^2 = \{0 - (-1)\}^2 + (2t+1)^2$$
$$= 4t^2 + 4t + 2$$
$$\therefore \lim_{t \to \infty} \frac{\overline{AQ}^2}{\overline{AP}^2} = \lim_{t \to \infty} \frac{4t^2 + 4t + 2}{2t^2 + 4t + 2} = 2$$

07 원의 중심을 점 C라 하면 그림과 같이 $\triangle$COB, $\triangle$COA, $\triangle$CAB는 각각 밑면이 $\overline{OB}$, $\overline{OA}$, $\overline{AB}$이고 높이가 r인 삼각형이다.
이 세 삼각형의 넓이의 합은 $\triangle$OAB의 넓이와 같으므로

$$\frac{1}{2}r(\overline{OB} + \overline{OA} + \overline{AB}) = \frac{1}{2} \times a \times 3$$

$\overline{AB} = \sqrt{a^2 + 9}$이므로

$$\frac{1}{2}r(3 + a + \sqrt{a^2+9}) = \frac{3}{2}a$$

$$\therefore \frac{r}{a} = \frac{3}{a + 3 + \sqrt{a^2+9}}$$

$$\therefore \lim_{a \to 0+} \frac{r}{a} = \lim_{a \to 0+} \frac{3}{a + 3 + \sqrt{a^2+9}}$$

$$= \frac{3}{3 + \sqrt{9}} = \frac{1}{2}$$

08 두 점 A, B의 좌표를 각각
$$A(a, a^2), B(b, b^2)$$
이라 하면 x에 대한 이차방정식 $x^2 - x - t = 0$의 두 근이 a, b이므로 이차방정식의 근과 계수의 관계에 의하여
$$a + b = 1, \quad ab = -t$$
그러므로
$$\overline{AH} = a - b = \sqrt{(a-b)^2}$$
$$= \sqrt{(a+b)^2 - 4ab} = \sqrt{1+4t}$$
곡선 $y = x^2$은 y축에 대하여 대칭이므로 점 C의 좌표는 $C(-a, a^2)$이다.
따라서 $\overline{CH} = b - (-a) = b + a = 1$이므로

$$\lim_{t \to 0+} \frac{\overline{AH} - \overline{CH}}{t}$$

$$= \lim_{t \to 0+} \frac{\sqrt{1+4t} - 1}{t}$$

$$= \lim_{t \to 0+} \frac{(\sqrt{1+4t} - 1)(\sqrt{1+4t} + 1)}{t(\sqrt{1+4t} + 1)}$$

$$= \lim_{t \to 0+} \frac{(1+4t) - 1}{t(\sqrt{1+4t} + 1)}$$

$$= \lim_{t \to 0+} \frac{4t}{t(\sqrt{1+4t} + 1)}$$

$$= \lim_{t \to 0+} \frac{4}{\sqrt{1+4t} + 1}$$

$$= \frac{4}{1+1} = 2$$

09 선분 OP에 수직이고 점 P를 지나는 직선 PQ의 기울기는 $-\dfrac{1}{t}$이므로

직선 PQ의 방정식은 $y - t^2 = -\dfrac{1}{t}(x - t)$

따라서 y축과 만나는 점은 $Q(0, 1 + t^2)$

삼각형 OPQ의 넓이 $S(t) = \dfrac{1}{2} \times t \times (1 + t^2)$

$$\therefore \lim_{t \to 0+} \frac{S(t)}{t} = \lim_{t \to 0+} \frac{\frac{1}{2} \times t \times (1+t^2)}{t}$$

$$= \lim_{t \to 0+} \frac{1}{2} \times (1+t^2) = \frac{1}{2}$$

10 A, B를 지나는 직선의 방정식은

$$y - 4 = \frac{\dfrac{4}{t} - 4}{t - 1}(x - 1) \text{에서} \ y = -\frac{4}{t}(x-1) + 4$$

$$0 = -\frac{4}{t}(x-1) + 4 \text{에서} \ x = t + 1 \text{이므로}$$

$$P(t+1, 0)$$

그러므로 삼각형 OPB의 넓이는

$$S(t) = \frac{1}{2} \times (t+1) \times \frac{4}{t} \text{이고}$$

$$\lim_{t \to \infty} S(t) = \lim_{t \to \infty} \frac{2(t+1)}{t} = 2$$

11 $\overline{OP}=\sqrt{t^2+2t}$이므로 $S(t)=(t^2+2t)\pi$

원 C 위의 점 P에서의 접선의 방정식이

$tx+\sqrt{2t}y=t^2+2t$이므로 Q$(t+2, 0)$

$\overline{OQ}=t+2$, $\overline{PQ}=\sqrt{2t+4}$이므로

$$\lim_{t\to 0+}\frac{S(t)}{\overline{OQ}-\overline{PQ}}=\lim_{t\to 0+}\frac{(t^2+2t)\pi}{(t+2)-\sqrt{2t+4}}=4\pi$$

따라서 $\displaystyle\lim_{t\to 0+}\frac{S(t)}{\overline{OQ}-\overline{PQ}}=4\pi$

12 곡선 $y=x^2$과 직선 $y=2tx-1$과의 거리가 최소가 되는 점은 직선 $y=2tx-1$을 평행이동시켜 곡선 $y=x^2$과 접했을 때의 점이다. 즉, $y=x^2$의 접선의 기울기가 $2t$가 되는 점이다.

$f(x)=x^2$이라 하면 $f'(x)=2x$이므로

$2x=2t$에서 $x=t$

즉, P(t, t^2)

직선 OP의 방정식은 $y=tx$이므로

직선 $y=2tx-1$과 연립하여 점 Q를 구하면 Q$\left(\dfrac{1}{t}, 1\right)$

따라서 $\overline{PQ}=\sqrt{(t^2-1)^2+\left(t-\dfrac{1}{t}\right)^2}$이므로

$$\lim_{t\to 1-}\frac{\overline{PQ}}{1-t}=\lim_{t\to 1-}\frac{\sqrt{(t^2-1)^2+\left(t-\dfrac{1}{t}\right)^2}}{1-t}$$
$$=\lim_{t\to 1-}\frac{\sqrt{(t-1)^2(t+1)^2+\dfrac{(t-1)^2(t+1)^2}{t^2}}}{1-t}$$
$$=\lim_{t\to 1-}|t-1|\times\frac{\sqrt{(t+1)^2+\dfrac{(t+1)^2}{t^2}}}{1-t}$$
$$=\sqrt{2^2+\dfrac{2^2}{1}}=2\sqrt{2}$$

13 $\angle QOP=\theta$라 하면

$$S(t)=\frac{1}{2}\times\overline{OQ}\times\overline{OR}\times\sin\left(\frac{\pi}{2}+\theta\right)$$
$$=\frac{1}{2}\times\left(\frac{\sqrt{2}}{2t}\right)^2\times\sin\left(\frac{\pi}{2}+\theta\right)$$
$$=\frac{1}{4t^2}\cos\theta$$

직각삼각형 PQO에서

$$\cos\theta=\frac{\overline{OQ}}{\overline{OP}}=\frac{\dfrac{\sqrt{2}}{2t}}{t+\dfrac{1}{t}}=\frac{\sqrt{2}}{2(t^2+1)}$$이므로

$$S(t)=\frac{\sqrt{2}}{8(t^4+t^2)}$$

따라서 $\displaystyle\lim_{t\to\infty}\{t^4\times S(t)\}=\lim_{t\to\infty}\frac{\sqrt{2}t^4}{8(t^4+t^2)}$

$$=\lim_{t\to\infty}\frac{\sqrt{2}}{8\left(1+\dfrac{1}{t^2}\right)}$$
$$=\frac{\sqrt{2}}{8}$$

14 ②   **15** ⑤   **16** ④

14 $\overline{OP}=\sqrt{t^2+t^4}$이므로 $\overline{OP}=\overline{OA}$에서

A$(\sqrt{t^2+t^4}, 0)$

직선 AB의 방정식은

$$y-t^2=\frac{t^2}{t-t\sqrt{1+t^2}}(x-t) \quad\cdots\cdots\;\text{㉠}$$

㉠에서 $x=0$을 대입하면 직선의 y절편, 즉 점 B의 y좌표는

$$y=\frac{-t^3}{t-t\sqrt{1+t^2}}+t^2$$

$$\therefore \lim_{t\to 0}\overline{OB}=\lim_{t\to 0}\left(\frac{-t^3}{t-t\sqrt{1+t^2}}+t^2\right)$$
$$=\lim_{t\to 0}\left\{\frac{-t^3}{t(1-\sqrt{1+t^2})}+t^2\right\}$$
$$=\lim_{t\to 0}\frac{-t^2(1+\sqrt{1+t^2})}{1-(1+t^2)}$$
$$=\lim_{t\to 0}(1+\sqrt{1+t^2})=2$$

15 세 점 A, B, H의 좌표는 각각 A$(1, 5)$, B$\left(t, \dfrac{3}{t}+2\right)$,

H$\left(1, \dfrac{3}{t}+2\right)$이므로

$$\overline{AH}=5-\left(\frac{3}{t}+2\right)=3-\frac{3}{t}$$
$$\overline{BH}=t-1$$

$$\therefore \lim_{t\to 1}\frac{\overline{AH}}{\overline{BH}}=\lim_{t\to 1}\frac{3-\dfrac{3}{t}}{t-1}$$
$$=\lim_{t\to 1}\frac{\dfrac{3(t-1)}{t}}{t-1}$$
$$=\lim_{t\to 1}\frac{3}{t}=3$$

16 두 함수 $f(x)=\sqrt{2x-1}$, $g(x)=\sqrt{x}$의 그래프가 만나는 점은 $\sqrt{2x-1}=\sqrt{x}$에서 $2x-1=x$ $\therefore x=1$

$\therefore$ M$(1, 1)$

점 M$(1, 1)$을 지나면서 기울기가 -1인 직선 l의 방정식은

$y-1=-1(x-1)$에서 $y=-x+2$

한편, 점 P의 좌표를 P$(t, \sqrt{2t-1})$이라 하면

점 Q의 좌표는 Q$(t, \sqrt{t})$, 점 R의 좌표는 R$(t, -t+2)$

(i) $t>1$일 때,

$\overline{PR}=\sqrt{2t-1}+t-2$, $\overline{QR}=\sqrt{t}+t-2$

$$\therefore \frac{\overline{PR}}{\overline{QR}}=\frac{\sqrt{2t-1}+t-2}{\sqrt{t}+t-2}$$

(ii) $\dfrac{1}{2}\le t<1$일 때,

$\overline{PR}=-t+2-\sqrt{2t-1}$, $\overline{QR}=-t+2-\sqrt{t}$

$$\therefore \frac{\overline{PR}}{\overline{QR}}=\frac{-t+2-\sqrt{2t-1}}{-t+2-\sqrt{t}}=\frac{\sqrt{2t-1}+t-2}{\sqrt{t}+t-2}$$

점 P가 점 M에 한없이 가까워질 때, $t\to 1$이므로

$$\lim_{t\to 1}\frac{\overline{PR}}{\overline{QR}}$$

$$= \lim_{t \to 1} \frac{\sqrt{2t-1}+t-2}{\sqrt{t}+t-2}$$

$$= \lim_{t \to 1} \frac{(\sqrt{2t-1}+t-2)\{\sqrt{t}-(t-2)\}}{(\sqrt{t}+t-2)\{\sqrt{t}-(t-2)\}}$$

$$= \lim_{t \to 1} \frac{(\sqrt{2t-1}+t-2)\{\sqrt{2t-1}-(t-2)\}\{\sqrt{t}-(t-2)\}}{(-t^2+5t-4)\{\sqrt{2t-1}-(t-2)\}}$$

$$= \lim_{t \to 1} \frac{(-t^2+6t-5)(\sqrt{t}-t+2)}{(-t^2+5t-4)(\sqrt{2t-1}-t+2)}$$

$$= \lim_{t \to 1} \frac{(t-1)(t-5)(\sqrt{t}-t+2)}{(t-1)(t-4)(\sqrt{2t-1}-t+2)}$$

$$= \lim_{t \to 1} \frac{(t-5)(\sqrt{t}-t+2)}{(t-4)(\sqrt{2t-1}-t+2)}$$

$$= \frac{(-4) \times 2}{(-3) \times 2} = \frac{4}{3}$$

유형 05 함수의 연속

기본문제 다지기
본문 027쪽

01 ②	02 ⑤	03 ②	04 ③
05 ②	06 ④	07 ③	

01 함수 $f(x)$가 실수 전체의 집합에서 연속이면 $x=2$에서도 연속
이므로 $\lim\limits_{x \to 2-} f(x) = \lim\limits_{x \to 2+} f(x) = f(2)$
$1 = 2+a$ $\therefore a=-1$

02 함수 $f(x)$가 모든 실수 x에 대하여 연속이 되려면 $x=2$에서 연속
이어야 하므로 $\lim\limits_{x \to 2} f(x) = f(2)$
$$\lim_{x \to 2} \frac{(x-2)(x+3)}{x-2} = \lim_{x \to 2} (x+3) = 5$$
$\therefore f(2) = a = 5$

03 함수 $f(x)$가 $x=2$에서 연속이므로 $\lim\limits_{x \to 2} f(x) = f(2)$
$$\therefore \lim_{x \to 2} \frac{x^2+k}{x-2} = 4$$
$x \to 2$일 때 (분모)$\to 0$이고, 극한값이 존재하므로 (분자)$\to 0$이
어야 한다.
즉, $\lim\limits_{x \to 2} (x^2+k) = 4+k = 0$에서 $k=-4$

04 함수 $f(x)$가 모든 실수 x에서 연속이면 $x=-2$에서도 연속이므로
$\lim\limits_{x \to -2} f(x) = f(-2)$
$$\therefore \lim_{x \to -2} \frac{x^2+ax+b}{x+2} = 0 \quad \cdots\cdots \text{㉠}$$
㉠에서 $x \to -2$일 때, (분모)$\to 0$이고, 극한값이 존재하므로
(분자)$\to 0$이어야 한다.
즉, $\lim\limits_{x \to -2} (x^2+ax+b) = 4-2a+b = 0$에서
$b = 2a-4 \quad \cdots\cdots \text{㉡}$
㉡을 ㉠에 대입하면
$$\lim_{x \to -2} \frac{x^2+ax+2a-4}{x+2} = \lim_{x \to -2} \frac{(x+2)(x-2+a)}{x+2}$$
$$= \lim_{x \to -2} (x-2+a)$$
$$= -4+a = 0$$
$\therefore a=4$, $b=4$ ($\because$ ㉡)
$\therefore a+b=8$

05 함수 $f(x)$가 모든 실수 x에서 연속이면 $x=1$, $x=3$에서도 연속
이다.
(i) $x=1$에서 연속이므로
$$\lim_{x \to 1-} f(x) = \lim_{x \to 1+} f(x) = f(1)$$
즉, $1+b+4 = 1+a$이므로 $a-b=4 \quad \cdots\cdots \text{㉠}$
(ii) $x=3$에서 연속이므로
$$\lim_{x \to 3-} f(x) = \lim_{x \to 3+} f(x) = f(3)$$
즉, $3+a = 9+3b+4$이므로 $a-3b=10 \quad \cdots\cdots \text{㉡}$
㉠, ㉡을 연립하여 풀면 $a=1$, $b=-3$

$\therefore a+b=-2$

06 함수 $f(x)$가 모든 실수 x에 대하여 연속이 되려면 $x=a$에서 연속이어야 하므로 $\lim\limits_{x \to a-} f(x)=\lim\limits_{x \to a+} f(x)=f(a)$

$a+1=a^2$, $a^2-a-1=0$

따라서 이차방정식의 근과 계수의 관계에서 구하는 모든 실수 a의 값의 합은 1이다.

07 함수 $f(x)$가 $x=1$에서 연속이므로

$\lim\limits_{x \to 1-} f(x)=\lim\limits_{x \to 1+} f(x)=f(1)$

즉, $a-4=4a+5=f(1)$이다.

$a-4=4a+5$에서 $3a=-9$ $\therefore a=-3$

기출문제 맛보기

본문 028~030쪽

08 6	**09** ②	**10** ①	**11** ③
12 ①	**13** ④	**14** ③	**15** 6
16 ④	**17** ④	**18** ③	**19** ④
20 ④	**21** ⑤	**22** ②	**23** ③
24 ①			

08 함수 $f(x)$가 $x=2$에서 연속이므로

$\lim\limits_{x \to 2-} f(x)=\lim\limits_{x \to 2+} f(x)=f(2)$

즉, $a+2=3a-2=f(2)$이다.

$a+2=3a-2$에서 $a=2$

$f(2)=a+2=2+2=4$이므로

$a+f(2)=2+4=6$

09 함수 $f(x)$가 실수 전체의 집합에서 연속이므로 $x=-2$에서 연속이어야 한다.

즉, $\lim\limits_{x \to -2-} f(x)=\lim\limits_{x \to -2+} f(x)=f(-2)$에서

$\lim\limits_{x \to -2-} f(x)=\lim\limits_{x \to -2-} (5x+a)=-10+a$

$\lim\limits_{x \to -2+} f(x)=\lim\limits_{x \to -2+} (x^2-a)=4-a$

$f(-2)=4-a$

이므로

$-10+a=4-a$ $\therefore a=7$

10 함수 $f(x)$가 실수 전체의 집합에서 연속이므로

$\lim\limits_{x \to 2-} f(x)=\lim\limits_{x \to 2+} f(x)=f(2)$

즉, $6-a=4+a$에서 $a=1$

11 함수 $f(x)=\begin{cases}(x-a)^2 & (x<4) \\ 2x-4 & (x \geq 4)\end{cases}$

가 $x=4$에서 연속이면 함수 $f(x)$는 실수 전체의 집합에서 연속이다.

함수 $f(x)$가 $x=4$에서 연속이면

$\lim\limits_{x \to 4-} f(x)=\lim\limits_{x \to 4+} f(x)=f(4)$

이다. 이때

$\lim\limits_{x \to 4-} f(x)=\lim\limits_{x \to 4-} (x-a)^2$

$=(4-a)^2$

$=a^2-8a+16$

$\lim\limits_{x \to 4+} f(x)=\lim\limits_{x \to 4+} (2x-4)=4$

$f(4)=4$

이므로

$a^2-8a+16=4$, $a^2-8a+12=0$

$(a-2)(a-6)=0$

$a=2$ 또는 $a=6$

따라서 조건을 만족시키는 모든 상수 a의 값의 곱은

$2 \times 6=12$

12 함수 $f(x)$가 실수 전체의 집합에서 연속이려면 $x=a$에서 연속이어야 한다. 즉,

$f(a)=\lim\limits_{x \to a-} f(x)=\lim\limits_{x \to a+} f(x)$

가 성립해야 한다.

$f(a)=-2a+a=-a$,

$\lim\limits_{x \to a-} f(x)=\lim\limits_{x \to a-} (-2x+a)=-2a+a=-a$,

$\lim\limits_{x \to a+} f(x)=\lim\limits_{x \to a+} (ax-6)=a^2-6$

이므로 $f(a)=\lim\limits_{x \to a-} f(x)=\lim\limits_{x \to a+} f(x)$에서

$-a=a^2-6$,

$a^2+a-6=(a+3)(a-2)=0$

$a=-3$ 또는 $a=2$

따라서 구하는 모든 상수 a의 값의 합은

$(-3)+2=-1$

13 주어진 함수가 $x=3$에서 연속이면 실수 전체의 집합에서 연속이므로 $\lim\limits_{x \to 3} f(x)=f(3)$을 만족시키면 된다. 즉,

$\lim\limits_{x \to 3} \dfrac{x^2-5x+a}{x-3}=b$이어야 하고 $x \to 3$일 때 (분모) $\to 0$이므로 (분자) $\to 0$이어야 한다.

$\lim\limits_{x \to 3} (x^2-5x+a)=9-15+a=0$ $\therefore a=6$

$b=\lim\limits_{x \to 3} \dfrac{x^2-5x+6}{x-3}=\lim\limits_{x \to 3} \dfrac{(x-2)(x-3)}{x-3}=1$

$\therefore a+b=6+1=7$

14 함수 $f(x)$가 실수 전체의 집합에서 연속이면 $x=-1$, $x=0$에서도 연속이다.

(i) $x=0$에서 연속이므로

$\lim\limits_{x \to 0-} f(x)=\lim\limits_{x \to 0+} f(x)=f(0)$ $\therefore b=1$

(ii) $x=-1$에서 연속이므로

$\lim\limits_{x \to -1-} f(x)=\lim\limits_{x \to -1+} f(x)=f(-1)$

그런데 $f(x+2)=f(x)$이므로 $\lim\limits_{x \to 1-} f(x)=\lim\limits_{x \to 1-} f(x)$

즉, $3+2a+b=-a+1$이므로 $b=1$을 대입하면 $a=-1$

$\therefore a+b=-1+1=0$

15 함수 $f(x)$가 실수 전체의 집합에서 연속이면 $x=1$에서 연속이므로 $\lim\limits_{x\to 1-} f(x) = \lim\limits_{x\to 1+} f(x) = f(1)$

$$\therefore -3+a = \lim_{x\to 1+} \frac{x+b}{\sqrt{x+3}-2} \quad \cdots\cdots \text{㉠}$$

㉠에서 $x\to 1+$일 때, (분모)$\to 0$이므로 (분자)$\to 0$이어야 한다.

$\therefore 1+b=0 \quad \therefore b=-1 \quad \cdots\cdots \text{㉡}$

㉡을 ㉠에 대입하면

$$-3+a = \lim_{x\to 1+} \frac{x-1}{\sqrt{x+3}-2}$$

$$= \lim_{x\to 1+} \frac{(x-1)(\sqrt{x+3}+2)}{(\sqrt{x+3}-2)(\sqrt{x+3}+2)}$$

$$= \lim_{x\to 1+} \frac{(x-1)(\sqrt{x+3}+2)}{x-1} = 4$$

따라서 $a=7$이므로 $a+b=7+(-1)=6$

16 모든 실수 x에 대하여 두 함수 $y=|x-4|$, $y=|x+3|$은 각각 연속이므로 함수 $|f(x)|$가 실수 전체의 집합에서 연속이려면

$\lim\limits_{x\to a-} |f(x)| = \lim\limits_{x\to a+} |f(x)| = |f(a)|$이어야 한다.

$\lim\limits_{x\to a-} |f(x)| = |a-4|$, $\lim\limits_{x\to a+} |f(x)| = |a+3|$,

$|f(a)| = |a+3|$이므로

$|a-4| = |a+3|$ 양변을 제곱하면

$a^2 - 8a + 16 = a^2 + 6a + 9$

$14a = 7$

$\therefore a = \dfrac{1}{2}$

17 함수 $f(x)$가 $x=a$를 제외한 실수 전체의 집합에서 연속이므로 함수 $\{f(x)\}^2$이 $x=a$에서 연속이면 함수 $\{f(x)\}^2$은 실수 전체의 집합에서 연속이다.

함수 $\{f(x)\}^2$이 $x=a$에서 연속이려면

$\lim\limits_{x\to a+} \{f(x)\}^2 = \lim\limits_{x\to a-} \{f(x)\}^2 = \{f(a)\}^2$이어야 한다.

$\lim\limits_{x\to a+} \{f(x)\}^2 = \lim\limits_{x\to a+} (2x-a)^2 = a^2$

$\lim\limits_{x\to a-} \{f(x)\}^2 = \lim\limits_{x\to a-} (-2x+6)^2 = (-2a+6)^2$

$\{f(a)\}^2 = (2a-a)^2 = a^2$

이므로 $a^2 = (-2a+6)^2$에서

$3(a-2)(a-6)=0 \qquad \therefore a=2$ 또는 $a=6$

따라서 모든 상수 a의 값의 합은 $2+6=8$이다.

18 함수 $\{f(x)+a\}^2$이 $x=0$에서 연속이므로

$\lim\limits_{x\to 0-} \{f(x)+a\}^2 = \lim\limits_{x\to 0-} \left(x-\dfrac{1}{2}+a\right)^2 = \left(-\dfrac{1}{2}+a\right)^2$

$\lim\limits_{x\to 0+} \{f(x)+a\}^2 = \lim\limits_{x\to 0+} (-x^2+3+a)^2 = (3+a)^2$

$\{f(0)+a\}^2 = (3+a)^2$

$\lim\limits_{x\to 0-} \{f(x)+a\}^2 = \lim\limits_{x\to 0+} \{f(x)+a\}^2 = \{f(0)+a\}^2$에서

$\left(-\dfrac{1}{2}+a\right)^2 = (3+a)^2$

$a^2 - a + \dfrac{1}{4} = a^2 + 6a + 9$

$7a = -\dfrac{35}{4}$

따라서 $a = -\dfrac{5}{4}$

19 함수 $f(x)g(x)$가 실수 전체의 집합에서 연속이 되려면 $x=0$, $x=a$에서 연속이어야 한다.

(i) $a<0$일 때,

$f(0)g(0) = 2\times(-1) = -2$

$\lim\limits_{x\to 0+} f(x)g(x) = 2\times(-1) = -2$

$\lim\limits_{x\to 0-} f(x)g(x) = 3\times(-1) = -3$

이므로 함수 $f(x)g(x)$가 $x=0$에서 불연속이다.

(ii) $a=0$일 때,

$f(0)g(0) = 2\times(-1) = -2$

$\lim\limits_{x\to 0+} f(x)g(x) = 2\times(-1) = -2$

$\lim\limits_{x\to 0-} f(x)g(x) = 3\times 0 = 0$

이므로 함수 $f(x)g(x)$가 $x=0$에서 불연속이다.

즉, $a>0$이다.

함수 $f(x)g(x)$가 $x=a$에서 연속이어야 하므로

$f(a)g(a) = \lim\limits_{x\to a+} f(x)g(x) = \lim\limits_{x\to a-} f(x)g(x)$

$f(a)g(a) = (-2a+2)(2a-1)$

$\lim\limits_{x\to a+} f(x)g(x) = (-2a+2)(2a-1)$

$\lim\limits_{x\to a-} f(x)g(x) = (-2a+2)\times 2a$

이므로 $(-2a+2)(2a-1) = (-2a+2)\times 2a$

$(-2a+2)\{(2a-1)-2a\}=0$, $2a-2=0$

$\therefore a=1$

20 $x<2$일 때, $f(x) = x^2-4x+6 = (x-2)^2+2>0$

$x\geq 2$일 때, $f(x)=1>0$

이므로 함수 $f(x)$는 실수 전체의 집합에서 $f(x)>0$이다.

그런데 $f(x)$는 $x=2$에서만 연속이 아니므로 함수 $\dfrac{g(x)}{f(x)}$가 실수 전체의 집합에서 연속이기 위해서는 $x=2$에서 연속이어야 한다.

즉, $\lim\limits_{x\to 2-} \dfrac{g(x)}{f(x)} = \lim\limits_{x\to 2+} \dfrac{g(x)}{f(x)} = \dfrac{g(2)}{f(2)}$에서

$\lim\limits_{x\to 2-} \dfrac{g(x)}{f(x)} = \lim\limits_{x\to 2-} \dfrac{ax+1}{x^2-4x+6} = \dfrac{2a+1}{2}$

$\lim\limits_{x\to 2+} \dfrac{g(x)}{f(x)} = \lim\limits_{x\to 2+} \dfrac{ax+1}{1} = 2a+1$

$\dfrac{g(2)}{f(2)} = 2a+1$

$\dfrac{2a+1}{2} = 2a+1 \qquad \therefore a = -\dfrac{1}{2}$

21 $x<0$일 때, $g(x) = -f(x)+x^2+4$

$x>0$일 때, $g(x) = f(x)-x^2-2x-8$

함수 $f(x)$가 $x=0$에서 연속이므로

$\lim\limits_{x\to 0-} f(x) = \lim\limits_{x\to 0+} f(x) = f(0)$이다.

$\lim\limits_{x\to 0-} g(x) = \lim\limits_{x\to 0-} \{-f(x)+x^2+4\} = -f(0)+4$

$\lim\limits_{x\to 0+} g(x) = \lim\limits_{x\to 0+} \{f(x)-x^2-2x-8\} = f(0)-8$

이므로

$\lim\limits_{x\to 0-} g(x) - \lim\limits_{x\to 0+} g(x) = 6$에서

$\{-f(0)+4\} - \{f(0)-8\} = 6$

$\therefore f(0) = 3$

22 함수 $y=\{g(x)\}^2$이 $x=0$에서 연속이므로
$$\lim_{x\to 0+}\{g(x)\}^2=\lim_{x\to 0+}\{g(x)\}^2=\{g(0)\}^2$$
이차함수 $f(x)$는 연속함수이므로
$$\lim_{x\to 0-}\{g(x)\}^2=\lim_{x\to 0-}\{f(x+1)\}^2=\{f(1)\}^2=a^2$$
$$\lim_{x\to 0+}\{g(x)\}^2=\lim_{x\to 0+}\{f(x-1)\}^2=\{f(-1)\}^2=(2+a)^2$$
$$\{g(0)\}^2=\{f(1)\}^2=a^2$$
따라서 $a^2=(2+a)^2$에서 $4a+4=0$이므로 $a=-1$

23 $\{f(x)\}^3-\{f(x)\}^2-x^2f(x)+x^2=0$에서
$\{f(x)-1\}\{f(x)+x\}\{f(x)-x\}=0$이므로
$f(x)=1$ 또는 $f(x)=-x$ 또는 $f(x)=x$
이때, $f(0)=1$ 또는 $f(0)=0$이다.

(i) $f(0)=1$일 때,
함수 $f(x)$가 실수 전체의 집합에서 연속이고, 최댓값이 1이므로 $f(x)=1$
함수 $f(x)$의 최솟값이 0이 아니므로 주어진 조건을 만족시키지 못한다.

(ii) $f(0)=0$일 때,
함수 $f(x)$가 실수 전체의 집합에서 연속이고, 최댓값이 1이므로
$$f(x)=\begin{cases}|x| & (|x|\le 1)\\ 1 & (|x|>1)\end{cases}$$

(i), (ii)에서
$$f(x)=\begin{cases}|x| & (|x|\le 1)\\ 1 & (|x|>1)\end{cases}$$

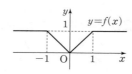

따라서
$f\left(-\dfrac{4}{3}\right)=1,\ f(0)=0,\ f\left(\dfrac{1}{2}\right)=\dfrac{1}{2}$이므로
$$f\left(-\dfrac{4}{3}\right)+f(0)+f\left(\dfrac{1}{2}\right)=1+0+\dfrac{1}{2}=\dfrac{3}{2}$$

24 ㄱ. $x>1$에서 $g(x)=x$이므로
$$\begin{aligned}h(1)&=\lim_{t\to 0+}g(1+t)\times\lim_{t\to 2+}g(1+t)\\&=\lim_{t\to 0+}(1+t)\times\lim_{t\to 2+}(1+t)\\&=1\times 3\\&=3\ (참)\end{aligned}$$
ㄴ. $$\begin{aligned}h(x)&=\lim_{t\to 0+}g(x+t)\times\lim_{t\to 2+}g(x+t)\\&=\lim_{t\to 0+}g(x+t)\times\lim_{t\to 0+}g(x+2+t)\end{aligned}$$
이므로
(i) $x<-3$일 때, $h(x)=x\times(x+2)$
(ii) $x=-3$일 때, $h(-3)=-3\times f(-1)$
(iii) $-3<x<-1$일 때, $h(x)=x\times f(x+2)$
(iv) $x=-1$일 때, $h(-1)=f(-1)\times 1$
(v) $-1<x<1$일 때, $h(x)=f(x)\times(x+2)$
(vi) $x=1$일 때, $h(1)=1\times 3$
(vii) $x>1$일 때, $h(x)=x\times(x+2)$
$h(1)=3$이고 $\lim_{x\to 1+}h(x)=1\times 3=3$이지만
$\lim_{x\to 1-}h(x)=3f(1)$에서 $f(1)=1$이라 할 수 없으므로
함수 $h(x)$가 실수 전체에서 연속이라 할 수 없다. (거짓)

ㄷ. 함수 $g(x)$가 닫힌구간 $[-1,\ 1]$에서 감소하고 $g(-1)=-2$
이므로 ㄴ에서 함수 $h(x)$는
(i) $x<-1$ 또는 $x\ge 1$에서
$h(x)>0$
(ii) $-1\le x<1$에서
$h(x)=f(x)\times(x+2)$이므로 $h(x)<0$이고
$h'(x)=f'(x)\times(x+2)+f(x)$에서
$f'(x)<0,\ x+2>0,\ f(x)<0$이므로
$h'(x)<0$
즉, $-1\le x<1$에서 함수 $h(x)$는 감소하고, $h(1)=3$이므로
함수 $h(x)$는 최솟값을 갖지 않는다. (거짓)
따라서 옳은 것은 ㄱ뿐이다.

예상문제 도전하기

본문 031쪽

| **25** 3 | **26** 25 | **27** 3 | **28** ② |
| **29** ① | **30** ① | **31** ① | **32** 10 |

25 함수 $f(x)$가 모든 실수 x에 대하여 연속이 되려면 $x=1$에서 연속이어야 하므로 $\lim_{x\to 1}f(x)=f(1)$
$$\begin{aligned}\lim_{x\to 1}\frac{x^3-1}{x-1}&=\lim_{x\to 1}\frac{(x-1)(x^2+x+1)}{x-1}\\&=\lim_{x\to 1}(x^2+x+1)=3\end{aligned}$$
$$\therefore f(1)=a=3$$

26 함수 $f(x)$가 모든 실수 x에 대하여 연속이 되려면 $x=1$에서 연속이어야 하므로 $\lim_{x\to 1}f(x)=f(1)$
$$\therefore \lim_{x\to 1}\frac{x^2+ax+b}{x-1}=5 \quad\cdots\cdots\ \text{㉠}$$
㉠에서 $x\to 1$일 때 (분모)$\to 0$이고, 극한값이 존재하므로
(분자)$\to 0$이어야 한다.
즉, $\lim_{x\to 1}(x^2+ax+b)=1+a+b=0$에서
$$b=-a-1 \quad\cdots\cdots\ \text{㉡}$$
㉡을 ㉠에 대입하면
$$\begin{aligned}\lim_{x\to 1}\frac{x^2+ax-a-1}{x-1}&=\lim_{x\to 1}\frac{(x-1)(x+a+1)}{x-1}\\&=\lim_{x\to 1}(x+a+1)=a+2=5\end{aligned}$$
$$\therefore a=3,\ b=-4\ (\because \text{㉡})$$
$$\therefore a^2+b^2=3^2+(-4)^2=25$$

27 함수 $f(x)$가 $x=2$에서 연속이므로 $\lim_{x\to 2}f(x)=f(2)$
$$\therefore \lim_{x\to 2}\frac{\sqrt{x^2-x+2}-a}{x-2}=b \quad\cdots\cdots\ \text{㉠}$$
㉠에서 $x\to 2$일 때 (분모)$\to 0$이고, 극한값이 존재하므로
(분자)$\to 0$이어야 한다.
즉, $\lim_{x\to 2}(\sqrt{x^2-x+2}-a)=2-a=0$에서 $a=2$
$a=2$를 ㉠에 대입하면

$$\lim_{x \to 2} \frac{\sqrt{x^2-x+2}-2}{x-2}$$

$$=\lim_{x \to 2} \frac{(\sqrt{x^2-x+2}-2)(\sqrt{x^2-x+2}+2)}{(x-2)(\sqrt{x^2-x+2}+2)}$$

$$=\lim_{x \to 2} \frac{(x-2)(x+1)}{(x-2)(\sqrt{x^2-x+2}+2)}$$

$$=\lim_{x \to 2} \frac{x+1}{\sqrt{x^2-x+2}+2}=\frac{3}{4}=b$$

$$\therefore 2ab=2 \times 2 \times \frac{3}{4}=3$$

28 함수 $f(x)$가 실수 전체의 집합에서 연속이므로
$x=a$에서도 연속이다. 즉,

$$\lim_{x \to a-} f(x) = \lim_{x \to a+} f(x)=f(a)$$이어야 하므로

$$a^2+3a+a=a^2-8, \ 4a=-8 \quad \therefore a=-2$$

$$f(x)=\begin{cases} x^2+3x-2 & (x \leq -2) \\ -2x-8 & (x > -2) \end{cases}$$

$$\therefore f(3)+f(-3)=-14-2=-16$$

29 $f(x-1)=\begin{cases} -x & (x \leq 1) \\ 2x-2-a & (x > 1) \end{cases}$ 이므로

$$g(x)=f(x)f(x-1)=\begin{cases} -x(-x-1) & (x \leq 0) \\ -x(2x-a) & (0 < x \leq 1) \\ (2x-a)(2x-2-a) & (x > 1) \end{cases}$$

즉, 함수 $g(x)$가 실수 전체의 집합에서 연속이 되려면 $x=0$,
$x=1$에서 연속이어야 한다.

(ⅰ) $x=0$에서 연속이려면

$$\lim_{x \to 0-} g(x) = \lim_{x \to 0+} g(x)=g(0)$$

$$\lim_{x \to 0-} g(x) = \lim_{x \to 0-} -x(-x-1)=0$$

$$\lim_{x \to 0+} g(x) = \lim_{x \to 0+} -x(2x-a)=0$$

$$g(0)=0$$

즉, $\lim_{x \to 0} g(x)=g(0)$이므로 a의 값에 상관없이 $x=0$에서
연속이다.

(ⅱ) $x=1$에서 연속이려면

$$\lim_{x \to 1-} g(x) = \lim_{x \to 1+} g(x)=g(1)$$

$$\lim_{x \to 1-} g(x) = \lim_{x \to 1-} -x(2x-a)=-2+a$$

$$\lim_{x \to 1+} g(x) = \lim_{x \to 1+} (2x-a)(2x-2-a)=-a(2-a)$$

$$g(1)=-2+a$$

즉, $-2+a=-a(2-a)$이므로 $a^2-3a+2=0$

$$(a-1)(a-2)=0 \quad \therefore a=2(\because a \neq 1)$$

(ⅰ), (ⅱ)에서 $a=2$

30 $f(x+4)=f(x)$에서 $f(4)=f(0)$이므로

$$16+4a+b=0 \quad \cdots\cdots \text{㉠}$$

함수 $f(x)$가 모든 실수 x에 대하여 연속이면 $x=1$에서도 연속
이므로 $\lim_{x \to 1-} f(x) = \lim_{x \to 1+} f(x)=f(1)$

$$3=1+a+b \quad \cdots\cdots \text{㉡}$$

㉠, ㉡을 연립하여 풀면 $a=-6$, $b=8$

따라서 $f(x)=\begin{cases} 3x & (0 \leq x < 1) \\ x^2-6x+8 & (1 \leq x \leq 4) \end{cases}$ 이므로

$$f(14)=f(2)=4-12+8=0$$

31 함수 $f(x)g(x)$가 모든 실수 x에서 연속이므로 $x=1$, $x=3$에
서도 연속이다.

(ⅰ) $x=1$에서 연속이므로

$$\lim_{x \to 1-} f(x)g(x) = \lim_{x \to 1+} f(x)g(x)=f(1)g(1)$$

$$\lim_{x \to 1-} f(x)g(x) = \lim_{x \to 1-} x^2(x^2+ax+b)=1 \times (1+a+b)$$

$$\lim_{x \to 1+} f(x)g(x) = \lim_{x \to 1+} (x+1)(x^2+ax+b)$$
$$=2 \times (1+a+b)$$

$$f(1)g(1)=2 \times (1+a+b)$$

즉, $1 \times (1+a+b)=2 \times (1+a+b)$이므로

$$1+a+b=0 \quad \cdots\cdots \text{㉠}$$

(ⅱ) $x=3$에서 연속이므로

$$\lim_{x \to 3-} f(x)g(x) = \lim_{x \to 3+} f(x)g(x)=f(3)g(3)$$

$$\lim_{x \to 3-} f(x)g(x) = \lim_{x \to 3-} (x+1)(x^2+ax+b)$$
$$=4 \times (9+3a+b)$$

$$\lim_{x \to 3+} f(x)g(x) = \lim_{x \to 3+} (x^2-4x+5)(x^2+ax+b)$$
$$=2 \times (9+3a+b)$$

$$f(3)g(3)=2 \times (9+3a+b)$$

즉, $4 \times (9+3a+b)=2 \times (9+3a+b)$이므로

$$9+3a+b=0 \quad \cdots\cdots \text{㉡}$$

㉠, ㉡을 연립하여 풀면 $a=-4$, $b=3$이므로
$$ab=-12$$

32 두 다항함수 $f(x)$와 $g(x)$는 모든 실수에서 연속이므로

함수 $h(x)=\dfrac{f(x)}{g(x)}$가 모든 실수에서 연속이 되려면 임의의 실

수 x에 대하여 $g(x)=x^2-2ax+5a \neq 0$이어야 한다.

이차방정식 $x^2-2ax+5a=0$의 판별식을 D라 하면

$$\frac{D}{4}=a^2-5a < 0$$에서 $a(a-5) < 0$

$$\therefore 0 < a < 5$$

따라서 구하는 정수 a의 값의 합은

$$1+2+3+4=10$$

06 미분계수

본문 033쪽

기본문제 다지기

01 ③	02 34	03 ④	04 21
05 ⑤	06 6	07 ②	08 ③

01 $f(x)=x^3+2x-3$에서
$$f'(x)=(x^3)'+(2x)'-(3)'$$
$$=3x^2+2$$
$$f'(2)=3\times 2^2+2=14$$

02 $f(x)=(3x+2)(x^2+3x-1)$에서
$$f'(x)=3(x^2+3x-1)+(3x+2)(2x+3)$$
$$=3x^2+9x-3+6x^2+13x+6$$
$$=9x^2+22x+3$$
$$\therefore f'(1)=9+22+3$$
$$=34$$

03 $f(x)=x^2+2x+5$에서 $f'(x)=2x+2$
$$\therefore \lim_{h\to 0}\frac{f(2+h)-f(2)}{h}=f'(2)=6$$

04 $\lim_{h\to 0}\frac{f(1+3h)-f(1)}{h}=\lim_{h\to 0}\frac{f(1+3h)-f(1)}{3h}\times 3$
$$=3f'(1)$$
한편, $f(x)=x^3+4x+5$에서 $f'(x)=3x^2+4$이므로
$$3f'(1)=3\times(3+4)=21$$

05 $\lim_{h\to 0}\frac{f(2+5h)-f(2)}{3h}=\lim_{h\to 0}\frac{f(2+5h)-f(2)}{5h}\times\frac{5}{3}$
$$=\frac{5}{3}f'(2)$$
한편, $f(x)=x^2-x$에서 $f'(x)=2x-1$이므로
$$\frac{5}{3}f'(2)=\frac{5}{3}\times(4-1)=5$$

06 $\lim_{h\to 0}\frac{f(3+h)-f(3-h)}{3h}$
$$=\lim_{h\to 0}\frac{f(3+h)-f(3)+f(3)-f(3-h)}{3h}$$
$$=\lim_{h\to 0}\frac{1}{3}\left\{\frac{f(3+h)-f(3)}{h}+\frac{f(3-h)-f(3)}{-h}\right\}$$
$$=\frac{2}{3}f'(3)$$
한편, $f(x)=x^2+3x$에서 $f'(x)=2x+3$이므로
$$\frac{2}{3}f'(3)=\frac{2}{3}\times(6+3)=6$$

07 $\lim_{x\to 1}\frac{f(x)-f(1)}{x-1}=f'(1)=-12$
$$\therefore \lim_{h\to 0}\frac{f(1-h)-f(1)}{2h}=-\frac{1}{2}\lim_{h\to 0}\frac{f(1-h)-f(1)}{-h}$$
$$=-\frac{1}{2}f'(1)=6$$

08 $\lim_{x\to 2}\frac{f(x)-f(2)}{x^2-4}=\lim_{x\to 2}\frac{f(x)-f(2)}{(x-2)(x+2)}$
$$=\lim_{x\to 2}\frac{f(x)-f(2)}{x-2}\times\lim_{x\to 2}\frac{1}{x+2}$$
$$=\frac{1}{4}f'(2)$$
한편, $f(x)=x^3-5$에서 $f'(x)=3x^2$이므로
$$\frac{1}{4}f'(2)=\frac{1}{4}\times 12=3$$

기출문제 맛보기

본문 034~036쪽

09 ④	10 5	11 ①	12 ③
13 ③	14 ⑤	15 ④	16 ④
17 ③	18 ③	19 ①	20 14
21 ①	22 11	23 3	

09 $f(x)=(x^2+1)(3x^2-x)$에서
$$f'(x)=2x(3x^2-x)+(x^2+1)(6x-1)$$
따라서
$$f'(1)=2\times 2+2\times 5=14$$

10 $f(x)=(x^2+1)(x^2+ax+3)$에서
$$f'(x)=2x(x^2+ax+3)+(x^2+1)(2x+a)$$
$$f'(1)=2(a+4)+2(a+2)$$
$$=4a+12=32$$
$$\therefore a=5$$

11 $g'(x)=3x^2\times f(x)+(x^3+1)f'(x)$
$$g'(1)=3\times f(1)+2\times f'(x)$$
$$=3\times 2+2\times 3$$
$$=12$$

12 $g'(x)=2xf(x)+x^2f'(x)$
이때 $f(2)=1$, $f'(2)=3$이므로
$$g'(2)=4f(2)+4f'(2)$$
$$=4\times 1+4\times 3=16$$

13 $g(x)=(x^2+3)f(x)$에서
$$g'(x)=2xf(x)+(x^2+3)f'(x)$$
따라서
$$g'(1)=2f(1)+4f'(1)$$
$$=2\times 2+4\times 1=8$$

14 $f(x)=x^3+3x^2-5$이므로
$$f'(x)=3x^2+6x$$
$$\lim_{h\to 0}\frac{f(1+h)-f(1)}{h}=f'(1)$$
$$=3\times 1^2+6\times 1=9$$

15 $f'(x)=3x^2-8$이므로

$$\lim_{h\to 0}\frac{f(2+h)-f(2)}{h}=f'(2)$$
$$=3\times 2^2-8=4$$

16 $\displaystyle\lim_{h\to 0}\frac{f(2+h)-f(2)}{h}=f'(2)$이므로

$f'(x)=6x^2-10x$에서

$f'(2)=6\times 4-20=4$

17 $\displaystyle\lim_{h\to 0}\frac{f(1+3h)-f(1)}{2h}=\lim_{h\to 0}\frac{f(1+3h)-f(1)}{3h}\times\frac{3}{2}$

$$=\frac{3}{2}f'(1)$$

한편, $f'(x)=3x^2-1$이므로 $\dfrac{3}{2}f'(1)=3$

18 $f(1)=1$이므로

$$\lim_{x\to 1}\frac{f(x)-1}{x-1}=\lim_{x\to 1}\frac{f(x)-f(1)}{x-1}$$
$$=f'(1)$$

$f'(x)=4x-1$이므로

$f'(1)=4-1=3$

19 $f(x)=2x^2+5$에서

$f'(x)=4x$

이므로

$$\lim_{x\to 2}\frac{f(x)-f(2)}{x-2}=f'(2)$$
$$=4\times 2=8$$

20 $\displaystyle\lim_{x\to 1}\frac{f(x)-5}{x-1}$의 극한값이 존재하고,

$x\to 1$일 때, (분모)$\to 0$이므로 (분자)$\to 0$이어야 한다.

즉, $\displaystyle\lim_{x\to 1}\{f(x)-5\}=f(1)-5=0$이므로 $f(1)=5$

$$\therefore \lim_{x\to 1}\frac{f(x)-5}{x-1}=\lim_{x\to 1}\frac{f(x)-f(1)}{x-1}=f'(1)=9$$

한편, $g(x)=xf(x)$에서 $g'(x)=f(x)+xf'(x)$

$\therefore g'(1)=f(1)+f'(1)=5+9=14$

21 $\displaystyle\lim_{x\to 0}\frac{f(x)+g(x)}{x}=3$에서 $x\to 0$일 때, (분모)$\to 0$이므로

(분자)$\to 0$이어야 한다.

$\therefore f(0)+g(0)=0$ ⋯⋯ ㉠

$\displaystyle\lim_{x\to 0}\frac{f(x)+3}{xg(x)}=2$에서 $x\to 0$일 때, (분모)$\to 0$이므로

(분자)$\to 0$이어야 한다.

$\therefore f(0)+3=0$ $\therefore f(0)=-3$

㉠에서 $g(0)=3$

$$\lim_{x\to 0}\frac{f(x)+g(x)}{x}=\lim_{x\to 0}\frac{f(x)+3+g(x)-3}{x}$$
$$=\lim_{x\to 0}\frac{f(x)-f(0)}{x-0}+\lim_{x\to 0}\frac{g(x)-g(0)}{x-0}$$
$$=f'(0)+g'(0)=3 \quad⋯⋯ ㉡$$

$$\lim_{x\to 0}\frac{f(x)+3}{xg(x)}=\lim_{x\to 0}\frac{f(x)-f(0)}{x-0}\times\lim_{x\to 0}\frac{1}{g(x)}$$
$$=f'(0)\times\frac{1}{3}=2$$

따라서 $f'(0)=6$이므로 ㉡에서 $g'(0)=-3$

$h(x)=f(x)g(x)$에서 $h'(x)=f'(x)g(x)+f(x)g'(x)$

$\therefore h'(0)=f'(0)g(0)+f(0)g'(0)=27$

22 함수 $f(x)=x^3-6x^2+5x$에서 x의 값이 0에서 4까지 변할 때의 평균변화율은

$$\frac{f(4)-f(0)}{4-0}=\frac{64-96+20}{4}=-3$$

또한, $f'(x)=3x^2-12x+5$이므로

$3a^2-12a+5=-3$, $3a^2-12a+8=0$ ⋯⋯ ㉠

㉠을 만족시키는 모든 실수 a는 $0<a<4$를 만족시키므로 모든 실수 a의 값의 곱은 이차방정식의 근과 계수의 관계에 의하여 $\dfrac{8}{3}$이다.

따라서 $p=3$, $q=8$이므로

$p+q=11$

23 함수 $f(x)$에서 x의 값이 0에서 a까지 변할 때의 평균변화율은

$$\frac{f(a)-f(0)}{a-0}=\frac{a^3-3a^2+5a}{a}=a^2-3a+5$$

$f'(x)=3x^2-6x+5$이므로

$f'(2)=12-12+5=5$

따라서 $a^2-3a+5=5$에서 $a^2-3a=0$

$a(a-3)=0$

$\therefore a=3\ (\because a>0)$

예상문제 도전하기

본문 036~037쪽

24 ⑤	25 ⑤	26 55	27 32
28 ④	29 ⑤	30 ④	31 ③
32 18	33 8		

24 $\displaystyle\lim_{h\to 0}\frac{f(2+h)-f(2)}{h}=f'(2)$이고

$f'(x)=6x^2-6x-2$이므로

$f'(2)=24-12-2=10$

25 $\displaystyle\lim_{x\to 1}\frac{f(x)-f(1)}{x^2-1}=\frac{1}{2}f'(1)$이고

$f'(x)=3x^2+2x$이므로

$\dfrac{1}{2}f'(1)=\dfrac{1}{2}\times(3+2)=\dfrac{5}{2}$

26 $f(x)=x^2+3x+1$에서 $f'(x)=2x+3$

$$\lim_{h\to 0}\frac{f(1+ah)-f(1)}{h}=\lim_{h\to 0}\frac{f(1+ah)-f(1)}{ah}\times a$$
$$=af'(1)=5a=30$$

$\therefore a=6$

$\therefore f(a)=f(6)=36+18+1=55$

27
$$\lim_{h\to 0}\frac{f(2+3h)-f(2-h)}{h}$$
$$=\lim_{h\to 0}\frac{f(2+3h)-f(2)+f(2)-f(2-h)}{h}$$
$$=\lim_{h\to 0}\frac{f(2+3h)-f(2)}{3h}\times 3+\lim_{h\to 0}\frac{f(2-h)-f(2)}{-h}$$
$$=3f'(2)+f'(2)=4f'(2)$$
한편, $f(x)=x^3-4x$에서 $f'(x)=3x^2-4$이므로
$4f'(2)=4\times(12-4)=32$

28
$$\lim_{h\to 0}\frac{f(a+h)-f(a-h)}{h}$$
$$=\lim_{h\to 0}\frac{f(a+h)-f(a)-f(a-h)+f(a)}{h}$$
$$=\lim_{h\to 0}\frac{f(a+h)-f(a)}{h}-\lim_{h\to 0}\frac{f(a-h)-f(a)}{h}$$
$$=\lim_{h\to 0}\frac{f(a+h)-f(a)}{h}+\lim_{h\to 0}\frac{f(a-h)-f(a)}{-h}$$
$$=2f'(a)=24$$
$$\therefore f'(a)=12$$
$f(x)=x^2-4x+2$에서 $f'(x)=2x-4$이므로
$f'(a)=2a-4=12$ $\quad\therefore a=8$

29 $\dfrac{1}{n}=h$로 놓으면 $n\to\infty$일 때, $h\to 0$이므로
$$\lim_{n\to\infty}n\left\{f\left(a+\frac{1}{n}\right)-f(a)\right\}=\lim_{h\to 0}\frac{f(a+h)-f(a)}{h}$$
$$=f'(a)=12$$
한편, $f(x)=x^2+2x+5$에서 $f'(x)=2x+2$이므로
$f'(a)=2a+2=12$ $\quad\therefore a=5$

30
$$\lim_{x\to 2}\frac{f(x)-f(2)}{x^2-4}=\lim_{x\to 2}\frac{f(x)-f(2)}{(x-2)(x+2)}$$
$$=\lim_{x\to 2}\frac{f(x)-f(2)}{x-2}\times\lim_{x\to 2}\frac{1}{x+2}$$
$$=f'(2)\times\frac{1}{4}=8$$
$$\therefore f'(2)=32$$
한편, $f(x)=x^3+ax^2+ax$에서 $f'(x)=3x^2+2ax+a$이므로
$f'(2)=12+4a+a=32$ $\quad\therefore a=4$

31 $\displaystyle\lim_{x\to 2}\frac{f(x)-1}{x-2}$ 의 극한값이 존재하고,

$x\to 2$일 때, (분모)$\to 0$이므로 (분자)$\to 0$이어야 한다.

즉, $\displaystyle\lim_{x\to 2}\{f(x)-1\}=0$이므로 $f(2)=1$

$$\therefore \lim_{x\to 2}\frac{f(x)-1}{x-2}=\lim_{x\to 2}\frac{f(x)-f(2)}{x-2}=f'(2)=2$$
$$\therefore \lim_{h\to 0}\frac{f(2+h)-f(2-h)}{h}$$
$$=\lim_{h\to 0}\frac{f(2+h)-f(2)}{h}+\lim_{h\to 0}\frac{f(2-h)-f(2)}{-h}$$
$$=2f'(2)=2\times 2=4$$

32 $f(x)=x^2-3$에서 $f'(x)=2x$

$x^2=t$로 놓으면 $x\to 3$일 때, $t\to 9$이므로
$$\lim_{x\to 3}\frac{f(x^2)-f(9)}{x^2-9}=\lim_{t\to 9}\frac{f(t)-f(9)}{t-9}=f'(9)=18$$

33 $\displaystyle\lim_{x\to 1}\frac{f(x+3)-5}{x^2-1}$ 의 극한값이 존재하고,

$x\to 1$일 때, (분모)$\to 0$이므로 (분자)$\to 0$이어야 한다.

즉, $\displaystyle\lim_{x\to 1}\{f(x+3)-5\}=0$이므로 $f(4)=5$

$x+3=t$로 놓으면 $x\to 1$일 때, $t\to 4$이므로
$$\lim_{x\to 1}\frac{f(x+3)-5}{x^2-1}=\lim_{t\to 4}\frac{f(t)-f(4)}{t^2-6t+8}$$
$$=\lim_{t\to 4}\frac{f(t)-f(4)}{t-4}\times\lim_{t\to 4}\frac{1}{t-2}$$
$$=\frac{1}{2}f'(4)=4$$
$$\therefore f'(4)=8$$

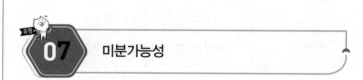

07 미분가능성

기본문제 다지기   본문 039쪽

| 01 ③ | 02 ④ | 03 ① | 04 48 |
| 05 36 | 06 ② | | |

01 ㄱ. $f(x)=\begin{cases} x^2+x+2 & (x<0) \\ -x^2+x-2 & (x\ge 0) \end{cases}$ 는

$x=0$에서 연속이 아니므로 $x=0$에서 미분가능하지 않다.

ㄴ. $g(x)=\begin{cases} 2x+1 & (x<0) \\ -2x+1 & (x\ge 0) \end{cases}$ 에서

$g'(x)=\begin{cases} 2 & (x<0) \\ -2 & (x>0) \end{cases}$ 이므로

함수 $g(x)$는 $x=0$에서 연속이지만 미분가능하지 않다.

ㄷ. $h(x) = \begin{cases} (x+2)^2 & (x<0) \\ 4x+4 & (x \ge 0) \end{cases}$ 에서

$h'(x) = \begin{cases} 2x+4 & (x<0) \\ 4 & (x>0) \end{cases}$ 이므로

함수 $h(x)$는 $x=0$에서 연속이고 미분가능하다.
따라서 $x=0$에서 미분가능한 것은 ㄷ뿐이다.

02 함수 $f(x)$가 $x=1$에서 미분가능하면 $x=1$에서 연속이므로
$2+a=1+a+1$

$f'(x) = \begin{cases} 4x & (x<1) \\ 3x^2+a & (x>1) \end{cases}$ 이고

함수 $f(x)$는 $x=1$에서 미분가능하므로
$\lim_{x \to 1-} 4x = \lim_{x \to 1+} (3x^2+a)$에서 $4=3+a$
$\therefore a=1$

03 함수 $f(x)$가 $x=1$에서 미분가능하면 $x=1$에서 연속이므로
$1+6=a+b$ $\therefore a+b=7$ ······ ㉠

$f'(x) = \begin{cases} 2x & (x<1) \\ a & (x>1) \end{cases}$ 이고

함수 $f(x)$는 $x=1$에서 미분가능하므로 $a=2$
$a=2$를 ㉠에 대입하면 $b=5$

따라서 함수 $f(x) = \begin{cases} x^2+6 & (x \le 1) \\ 2x+5 & (x>1) \end{cases}$ 이므로

$f(2)=4+5=9$

04 함수 $f(x)$가 $x=2$에서 미분가능하면 $x=2$에서 연속이므로
$-4+2a+4=4+b$ $\therefore 2a-b=4$ ······ ㉠

$f'(x) = \begin{cases} -2x+a & (x>2) \\ 2 & (x<2) \end{cases}$ 이고

함수 $f(x)$는 $x=2$에서 미분가능하므로 $-4+a=2$
$\therefore a=6$
$a=6$을 ㉠에 대입하면 $b=8$
$\therefore ab=48$

05 함수 $f(x)$가 $x=3$에서 미분가능하면 $x=3$에서 연속이므로
$-\frac{1}{2}(3-a)^2+b=9$ ······ ㉠

$f'(x) = \begin{cases} 2x & (x<3) \\ -x+a & (x>3) \end{cases}$ 이고

함수 $f(x)$는 $x=3$에서 미분가능하므로
$a=9$ ······ ㉡
㉡을 ㉠에 대입하여 풀면 $b=27$
$\therefore a+b=9+27=36$

06 함수 $f(x)$는 $0 \le x < 2$에서 미분가능하고 $f(x+2)=f(x)$이므로
함수 $f(x)$가 모든 실수 x에 대하여 미분가능하려면
$f(0)=f(2)$이고 $f'(0)=f'(2)$이어야 한다.
$f(0)=f(2)=1$이므로 함수 $f(x)$가 모든 실수 x에 대하여 미분
가능하도록 하는 조건은 $f'(0)=f'(2)$이다.

기출문제 맛보기

본문 040쪽

07 2   08 ⑤   09 ②   10 ②
11 ④   12 ③

07 함수 $f(x)$가 $x=1$에서 미분가능하면 $x=1$에서 연속이므로
$a+1=1+a$

$f'(x) = \begin{cases} 2ax & (x<1) \\ 4x^3 & (x>1) \end{cases}$ 이고

함수 $f(x)$는 $x=1$에서 미분가능하므로 $2a=4$
$\therefore a=2$

08 주어진 함수는 $x=-2$에서 미분가능하면 실수 전체의 집합에서
미분가능하다.
함수 $f(x)$가 $x=-2$에서 미분가능하면 $x=-2$에서 연속이므로
$4-2a+b=-4$
$\therefore b=2a-8$ ······ ㉠

$f'(x) = \begin{cases} 2x+a & (x<-2) \\ 2 & (x>-2) \end{cases}$ 이고

함수 $f(x)$는 $x=-2$에서 미분가능하므로 $a-4=2$
$\therefore a=6$
$a=6$을 ㉠에 대입하면 $b=4$이므로
$a+b=10$

09 함수 $f(x)$가 $x=1$에서 미분가능하면 $x=1$에서 연속이므로
$1+a+b=2+1$
$\therefore a+b=2$ ······ ㉠

$f'(x) = \begin{cases} 3x^2+2ax+b & (x>1) \\ 4x & (x<1) \end{cases}$ 이고

함수 $f(x)$는 $x=1$에서 미분가능하므로 $2a+b+3=4$
$\therefore 2a+b=1$ ······ ㉡
㉠, ㉡을 연립하여 풀면 $a=-1$, $b=3$
$\therefore ab=-3$

10 함수 $f(x)$가 $x=0$에서 미분가능하면 $x=0$에서 연속이므로
$a+b=1$ ······ ㉠

$f'(x) = \begin{cases} -1 & (x<0) \\ 2ax-2a & (x>0) \end{cases}$ 이고

함수 $f(x)$는 $x=0$에서 미분가능하므로 $-1=-2a$
$\therefore a=\frac{1}{2}$

$a=\frac{1}{2}$을 ㉠에 대입하면 $b=\frac{1}{2}$

따라서 함수 $f(x) = \begin{cases} -x+1 & (x<0) \\ \frac{1}{2}(x-1)^2+\frac{1}{2} & (x \ge 0) \end{cases}$ 이므로

$f(1)=\frac{1}{2}$

11 함수 $f(x)$가 $x=1$에서 미분가능하면 $f(x)$는 실수 전체의 집합
에서 미분가능하다.
$f(1)=b+4$이므로

$$\lim_{x \to 1+} \frac{f(x) - f(1)}{x - 1}$$

$$= \lim_{x \to 1+} \frac{bx + 4 - b - 4}{x - 1}$$

$$= \lim_{x \to 1+} \frac{b(x - 1)}{x - 1}$$

$$= \lim_{x \to 1+} b = b \qquad \cdots\cdots \text{㉠}$$

이고

$$\lim_{x \to 1-} \frac{f(x) - f(1)}{x - 1}$$

$$= \lim_{x \to 1-} \frac{x^3 + ax + b - b - 4}{x - 1}$$

$$= \lim_{x \to 1-} \frac{x^3 + ax - 4}{x - 1} \qquad \cdots\cdots \text{㉡}$$

함수 $f(x)$가 $x=1$에서 미분가능하려면

$\lim_{x \to 1} \dfrac{f(x) - f(1)}{x - 1}$ 의 값이 존재해야 하므로

㉠, ㉡에서

$$\lim_{x \to 1-} \frac{x^3 + ax - 4}{x - 1} = b \qquad \cdots\cdots \text{㉢}$$

이어야 한다.

$x \to 1-$ 일 때 (분모)$\to 0$이고 ㉢이 수렴하므로 (분자)$\to 0$이어야 한다.

즉, $\lim_{x \to 1-} (x^3 + ax - 4) = 1 + a - 4 = 0$에서

$a = 3$

㉢에서

$$b = \lim_{x \to 1-} \frac{x^3 + 3x - 4}{x - 1}$$

$$= \lim_{x \to 1-} \frac{(x - 1)(x^2 + x + 4)}{x - 1}$$

$$= \lim_{x \to 1-} (x^2 + x + 4)$$

$$= 1^2 + 1 + 4$$

$$= 6$$

$\therefore a + b = 3 + 6 = 9$

12 ㄱ. $\lim_{x \to 1-} f(x) = \lim_{x \to 1+} f(x) = f(1) = 0$이므로 $x = 1$에서 연속

이고 좌미분계수는

$$\lim_{x \to 1-} \frac{f(x) - f(1)}{x - 1} = \lim_{x \to 1-} \frac{x^2 - 1}{x - 1}$$

$$= \lim_{x \to 1-} (x + 1) = 2$$

우미분계수는

$$\lim_{x \to 1+} \frac{f(x) - f(1)}{x - 1} = \frac{2}{3} \lim_{x \to 1+} \frac{x^3 - 1}{x - 1}$$

$$= \frac{2}{3} \lim_{x \to 1+} (x^2 + x + 1)$$

$$= \frac{2}{3} \times 3 = 2$$

즉, $\lim_{x \to 1-} \dfrac{f(x) - f(1)}{x - 1} = \lim_{x \to 1+} \dfrac{f(x) - f(1)}{x - 1}$

이므로 $x = 1$에서 미분가능하다. (참)

ㄴ. $\lim_{x \to 0-} |f(x)| = \lim_{x \to 0+} |f(x)| = |f(0)| = 1$이므로

$x = 0$에서 연속이고 $x < 0$일 때, $f(x) > 0$이므로

$|f(x)| = f(x) = 1 - x$

좌미분계수는

$$\lim_{x \to 0-} \frac{|f(x)| - |f(0)|}{x - 0} = \lim_{x \to 0-} \frac{(1 - x) - 1}{x} = -1$$

$0 < x < 1$일 때, $f(x) < 0$이므로

$|f(x)| = -f(x) = 1 - x^2$

우미분계수는

$$\lim_{x \to 0+} \frac{|f(x)| - |f(0)|}{x - 0} = \lim_{x \to 0+} \frac{(1 - x^2) - 1}{x} = 0$$

즉, $\lim_{x \to 0-} \dfrac{|f(x)| - |f(0)|}{x - 0} \neq \lim_{x \to 0+} \dfrac{|f(x)| - |f(0)|}{x - 0}$

이므로 $x = 0$에서 미분가능하지 않다. (거짓)

ㄷ. $g(x) = x^k f(x)$라 하면 $\lim_{x \to 0-} g(x) = \lim_{x \to 0+} g(x) = g(0) = 0$

이므로 $x = 0$에서 연속이다.

좌미분계수는

$$\lim_{x \to 0-} \frac{g(x) - g(0)}{x - 0} = \lim_{x \to 0-} \frac{x^k(1 - x)}{x}$$

$$= \lim_{x \to 0-} x^{k-1}(1 - x)$$

우미분계수는

$$\lim_{x \to 0+} \frac{g(x) - g(0)}{x - 0} = \lim_{x \to 0+} \frac{x^k(x^2 - 1)}{x}$$

$$= \lim_{x \to 0+} x^{k-1}(x^2 - 1)$$

$k = 1$일 때, $\lim_{x \to 0-} (1 - x) = 1$, $\lim_{x \to 0+} (x^2 - 1) = -1$이므로

미분가능하지 않다.

$k \geq 2$일 때, $\lim_{x \to 0-} x^{k-1}(1 - x) = \lim_{x \to 0+} x^{k-1}(x^2 - 1) = 0$

이므로 $x^k f(x)$가 $x = 0$에서 미분가능하도록 하는 최소의 자연수 k는 2이다. (참)

따라서 옳은 것은 ㄱ, ㄷ이다.

예상문제 도전하기
본문 041쪽

13 ④	14 ④	15 ②	16 6
17 ③	18 ②	19 ②	

13 함수 $f(x)$가 $x = 2$에서 미분가능하면 $x = 2$에서 연속이므로

$4a + b = 4 \qquad \cdots\cdots \text{㉠}$

$$f'(x) = \begin{cases} 2x & (x < 2) \\ 2ax - 8a & (x > 2) \end{cases} \text{이고}$$

함수 $f(x)$는 $x = 2$에서 미분가능하므로

$4 = -4a$

$\therefore a = -1$

$a = -1$을 ㉠에 대입하면 $b = 8$

따라서 함수 $f(x) = \begin{cases} x^2 & (x < 2) \\ -(x - 4)^2 + 8 & (x \geq 2) \end{cases}$이므로

$f(5) = -1 + 8 = 7$

14 함수 $f(x)$가 모든 실수에서 미분가능하면 $x = 2$에서 연속이므로

$8 + a = (2 - a)^2 - 4b \qquad \cdots\cdots \text{㉠}$

$f'(x) = \begin{cases} 3x^2 & (x<2) \\ 2x-2a & (x>2) \end{cases}$ 이고

함수 $f(x)$는 $x=2$에서 미분가능하므로

$12=4-2a$

$\therefore a=-4$

$a=-4$를 ㉠에 대입하면 $b=8$

$\therefore a+b=4$

15 함수 $f(x)$가 $x=a$에서 미분가능하면 $x=a$에서 연속이므로

$a^3+4a=3a^2+a+b$

$\therefore a^3-3a^2+3a=b$ ......㉠

$f'(x) = \begin{cases} 3x^2+4 & (x<a) \\ 6x+1 & (x>a) \end{cases}$ 이고

함수 $f(x)$는 $x=a$에서 미분가능하므로

$3a^2+4=6a+1, \ 3a^2-6a+3=0$

$a^2-2a+1=0, \ (a-1)^2=0$

$\therefore a=1$

$a=1$을 ㉠에 대입하면 $b=1$

$\therefore a+b=1+1=2$

16 함수 $f(x)$가 $x=-1, \ x=1$에서 미분가능해야 하므로

$f(-1)=2+a=-1-b, \ f(1)=-2+c=1+b$

$f'(-1)=-2=3+b, \ f'(1)=-2=3+b$

따라서 $a=2, \ b=-5, \ c=-2$이므로

$f(x) = \begin{cases} -2x+2 & (x<-1) \\ x^3-5x & (-1 \le x<1) \\ -2x-2 & (x \ge 1) \end{cases}$

$f(-2)=4+2=6$

$f(-1)=-1+5=4$

$f(1)=-2-2=-4$

$\therefore f(-2)+f(-1)+f(1)=6+4+(-4)=6$

17 $(x-2)f(x)=x^3+ax-4$의 양변에 $x=2$를 대입하면

$0=2^3+2a-4, \ 2a=-4$

$\therefore a=-2$

$x \ne 2$일 때,

$f(x) = \dfrac{x^3-2x-4}{x-2} = \dfrac{(x-2)(x^2+2x+2)}{x-2}$

$\qquad = x^2+2x+2$

함수 $f(x)$가 $x=2$에서 미분가능하므로 $x=2$에서 연속이다.

즉, $f(2) = \lim\limits_{x \to 2} f(x) = \lim\limits_{x \to 2}(x^2+2x+2)=10$

$f(x) = \begin{cases} x^2+2x+2 & (x \ne 2) \\ 10 & (x=2) \end{cases}$ 이고

$f'(2) = \lim\limits_{x \to 2} \dfrac{f(x)-f(2)}{x-2} = \lim\limits_{x \to 2} \dfrac{x^2+2x+2-10}{x-2}$

$\qquad = \lim\limits_{x \to 2} \dfrac{(x-2)(x+4)}{x-2} = \lim\limits_{x \to 2}(x+4)=6$

$\therefore f(2)+f'(2)=10+6=16$

18 $f(x)=ax+b \ (a \ne 0, \ a, \ b$는 상수$)$라 하면

조건 ㉮에서 $f(1)=a+b=2$ ......㉠

$g(x)=|x-2|f(x)$라 하면

$g(x) = \begin{cases} -(x-2)f(x) & (x \le 2) \\ (x-2)f(x) & (x>2) \end{cases}$

또 $g'(x) = \begin{cases} -f(x)-(x-2)f'(x) & (x<2) \\ f(x)+(x-2)f'(x) & (x>2) \end{cases}$ 이고

조건 ㉯에서 함수 $g(x)$는 $x=2$에서 미분가능하므로

$-f(2)=f(2)$

즉, $f(2)=0$

$\therefore 2a+b=0$ ......㉡

㉠, ㉡을 연립하여 풀면 $a=-2, \ b=4$

따라서 $f(x)=-2x+4$이므로

$f(3)=(-2) \times 3+4=-2$

19 $f(x+2)=f(x)$이고 $f'(x)=3x^2+2ax+b$이므로

$f(2)=f(0)$에서 $8+4a+2b=0$

$\therefore b=-2a-4$ ......㉠

$f'(2)=f'(0)$에서 $12+4a+b=b$

$\therefore a=-3$

$a=-3$을 ㉠에 대입하면 $b=2$

따라서 $f(x)=x^3-3x^2+2x$이므로

$f(7)=f(5)=f(3)=f(1)=0$

08 접선의 방정식

기본문제 다지기
본문 043쪽

| 01 ⑤ | 02 48 | 03 ② | 04 ② |
| 05 ④ | 06 ① | | |

01 $f(x)=2x^3-x^2-2$로 놓으면 $f'(x)=6x^2-2x$

곡선 $y=f(x)$ 위의 점 $(1, -1)$에서의 접선의 기울기는

$f'(1)=6-2=4$

따라서 구하는 접선의 방정식은

$y-(-1)=4(x-1)$ $\therefore y=4x-5$

02 $f(x)=x^3-4x^2-7x+25$로 놓으면 $f'(x)=3x^2-8x-7$

$x=4$인 점에서의 접선의 기울기는

$f'(4)=48-32-7=9$

$x=4$일 때, $y=-3$이므로 접선의 방정식은

$y+3=9(x-4)$ $\therefore y=9x-39$

$\therefore a-b=9-(-39)=48$

03 $f(x)=2x^2+ax+b$로 놓으면 $f'(x)=4x+a$

곡선 $y=f(x)$가 점 $(1, 2)$를 지나므로

$2=2+a+b$

$\therefore a+b=0$ ......㉠

또한, 점 $(1, 2)$에서의 접선의 기울기가 3이므로

$f'(1)=4+a=3$ $\therefore a=-1$

$a=-1$을 ㉠에 대입하면 $b=1$

$\therefore a-b=-1-1=-2$

04 $f(x)=x^3+ax+b$로 놓으면 $f'(x)=3x^2+a$

곡선 $y=f(x)$가 점 $(1, 2)$를 지나므로

$2=1+a+b$

$\therefore a+b=1$ ……㉠

또한, 점 $(1, 2)$에서의 접선의 기울기는 $f'(1)=3+a$이고,

이 접선에 수직인 직선의 기울기는 $\frac{1}{2}$이므로

$(3+a)\times\frac{1}{2}=-1$ $\therefore a=-5$

$a=-5$를 ㉠에 대입하면 $b=6$

$\therefore ab=-30$

05 $f(x)=\frac{1}{3}x^3+ax+b$로 놓으면 $f'(x)=x^2+a$

곡선 $y=f(x)$가 점 $(1, 1)$을 지나므로

$1=\frac{1}{3}+a+b$

$\therefore a+b=\frac{2}{3}$ ……㉠

또한, 점 $(1, 1)$에서의 접선의 기울기는

$f'(1)=1+a$

이므로 접선의 방정식은

$y-1=(1+a)(x-1)$ $\therefore y=(1+a)x-a$

이 직선이 점 $(2, -1)$을 지나므로

$-1=2+a$ $\therefore a=-3$

$a=-3$을 ㉠에 대입하면 $b=\frac{11}{3}$

$\therefore 2a+3b=-6+11=5$

06 $f(x)=x^2-x$로 놓으면 $f'(x)=2x-1$

곡선 $y=f(x)$가 점 $A(1, 0)$에서의 접선의 기울기는

$f'(1)=2-1=1$

이므로 이 접선과 수직이고, 점 $A(1, 0)$을 지나는 직선의 방정식은 $y=-x+1$

곡선 $y=f(x)$와 직선 $y=-x+1$이 만나는 점의 x좌표는

$x^2-x=-x+1$, $x^2=1$

$\therefore x=-1$ 또는 $x=1$

따라서 점 A가 아닌 교점의 좌표는 $(-1, 2)$이므로

$a+b=-1+2=1$

기출문제 맛보기   본문 044~046쪽

07 12	08 10	09 ①	10 2
11 ②	12 ①	13 ⑤	14 ③
15 ②	16 ④	17 ⑤	18 ⑤
19 ①	20 25	21 5	

07 $f(x)=-x^3+4x$로 놓으면 $f'(x)=-3x^2+4$

점 $(1, 3)$에서의 접선의 기울기는

$f'(1)=-3+4=1$

이므로 접선의 방정식은

$y-3=x-1$ $\therefore y=x+2$

따라서 $a=1$, $b=2$이므로

$10a+b=12$

08 $y'=3x^2-12x$이므로 점 $(1, 1)$에서의 접선의 기울기는

$3\times1^2-12\times1=-9$

점 $(1, 1)$에서의 접선의 방정식은

$y-1=-9(x-1)$

$\therefore y=-9x+10$

이 접선이 점 $(0, a)$를 지나므로

$a=-9\times0+10=10$

09 $f(x)=x^3-3x^2+2x+2$로 놓으면

$f'(x)=3x^2-6x+2$

점 $(0, 2)$에서의 접선의 기울기는 $f'(0)=2$이므로 이 접선에

수직인 직선의 기울기는 $-\frac{1}{2}$이다.

즉, 점 $(0, 2)$를 지나고 기울기가 $-\frac{1}{2}$인 직선의 방정식은

$y-2=-\frac{1}{2}(x-0)$ $\therefore y=-\frac{1}{2}x+2$

따라서 이 직선의 x절편은

$0=-\frac{1}{2}x+2$에서 $\frac{1}{2}x=2$이므로 4이다.

10 $f(x)=x^3-ax+b$로 놓으면 $f'(x)=3x^2-a$이므로

점 $(1, 1)$에서의 접선의 기울기는

$f'(1)=3-a$

이 접선과 수직인 직선의 기울기가 $-\frac{1}{2}$이므로

$(3-a)\times\left(-\frac{1}{2}\right)=-1$, $3-a=2$

$\therefore a=1$

또한, 점 $(1, 1)$은 곡선 $y=x^3-x+b$ 위의 점이므로

$1=1^3-1+b$ $\therefore b=1$

$\therefore a+b=1+1=2$

11 $y=x^2$에서 $y'=2x$이므로 점 $(-2, 4)$에서의 접선의 방정식은

$y-4=-4(x+2)$

$\therefore y=-4x-4$ ……㉠

또 $y=x^3+ax-2$에서 $y'=3x^2+a$이므로 접점의 좌표를

(t, t^3+at-2)라 하면 접선의 방정식은

$y-(t^3+at-2)=(3t^2+a)(x-t)$

$\therefore y=(3t^2+a)x-2t^3-2$ ……㉡

두 접선 ㉠, ㉡이 일치해야 하므로

$-2t^3-2=-4$에서 $-2t^3=-2$ $\therefore t=1$

$3t^2+a=-4$에서 $3+a=-4$ $\therefore a=-7$

12 $y=x^3-4x+5$에서 $y'=3x^2-4$

이므로 점 $(1, 2)$에서의 접선의 방정식은

$y-2=-(x-1)$

$y=-x+3$ ...... ㉠

또한, $y=x^4+3x+a$에서

$y'=4x^3+3$

이고 곡선 $y=x^4+3x+a$와 직선 ㉠이 접하므로 접점의 x좌표는

$4x^3+3=-1$, $x^3=-1$

$x=-1$

따라서 접점의 좌표는 $(-1, 4)$이고 이 점은 곡선 $y=x^4+3x+a$ 위의 점이므로

$4=1-3+a$ ∴ $a=6$

13 점 $(0, 0)$이 삼차함수 $y=f(x)$의 그래프 위의 점이므로

$f(0)=0$ ...... ㉠

이때, 점 $(0, 0)$에서의 접선의 방정식은

$y=f'(0)(x-0)+0$

$y=f'(0)x$ ...... ㉡

또, 곡선 $y=xf(x)$ 위에 점 $(1, 2)$가 있으므로

$1 \times f(1)=2$

$f(1)=2$ ...... ㉢

$y=xf(x)$에서 $y'=f(x)+xf'(x)$이므로 $(1, 2)$에서의 접선의 방정식은

$y=\{f(1)+f'(1)\}(x-1)+2$

$=\{f'(1)+2\}(x-1)+2$

$=\{f'(1)+2\}x-f'(1)$ ...... ㉣

이때, $f(x)=ax^3+bx^2+cx+d$라 하면 ㉠에서

$d=0$

이때, $f(x)=ax^3+bx^2+cx$이므로 ㉢에서

$a+b+c=2$ ...... ㉤

㉡과 ㉣에서 두 접선이 일치해야 하므로

$f'(0)=f'(1)+2$, $f'(1)=0$

따라서 $f'(0)=2$, $f'(1)=0$

이때, $f'(x)=3ax^2+2bx+c$이므로

$f'(0)=2$에서 $c=2$이고

$f'(1)=0$에서 $3a+2b+2=0$

㉤에서 $c=2$를 대입하면 $a+b=0$이므로

$b=-a$를 위 식에 대입하여 a, b를 구하면 $a=-2$, $b=2$이므로

$f(x)=-2x^3+2x^2+2x$,

$f'(x)=-6x^2+4x+2$

따라서 $f'(2)=-14$

14 $f(x)=x^3+ax^2+bx+c$ (a, b, c는 상수)라 하면

$f(2)=8+4a+2b+c=3$에서

$4a+2b+c=-5$ ...... ㉠

$f'(x)=3x^2+2ax+b$이고, 점 $(2, 3)$에서의 접선이

점 $(1, 3)$을 지나므로

$f'(2)=12+4a+b=0$

∴ $4a+b=-12$ ...... ㉡

곡선 $y=f(x)$ 위의 점 $(-2, f(-2))$에서의 접선의 방정식은

$y-f(-2)=f'(-2)(x+2)$

이 접선이 점 $(1, 3)$을 지나므로

$3-f(-2)=f'(-2)(1+2)$

$3-(-8+4a-2b+c)=3(12-4a+b)$

∴ $8a-b-c=25$ ...... ㉢

㉠, ㉡, ㉢을 연립하여 풀면

$a=4$, $b=-28$, $c=35$

따라서 $f(x)=x^3+4x^2-28x+35$이므로

$f(0)=35$

15 $y'=-3x^2-2x+1$이므로 접점의 x좌표를 t라 하면

접점은 $(t, -t^3-t^2+t)$, 접선의 기울기는 $-3t^2-2t+1$이므로

접선의 방정식은

$y=(-3t^2-2t+1)(x-t)-t^3-t^2+t$

이 직선이 원점을 지나므로

$0=3t^3+2t^2-t-t^3-t^2+t$

$2t^3+t^2=0$, $t^2(2t+1)=0$

∴ $t=0$ 또는 $t=-\dfrac{1}{2}$

$t=0$일 때, 접선의 기울기는 $y'=1$

$t=-\dfrac{1}{2}$일 때, 접선의 기울기는

$y'=-3 \times \left(-\dfrac{1}{2}\right)^2-2 \times \left(-\dfrac{1}{2}\right)+1=\dfrac{5}{4}$

∴ $1+\dfrac{5}{4}=\dfrac{9}{4}$

16 $y=x^3-x+2$에서 $y'=3x^2-1$

이때 곡선 $y=x^3-x+2$ 위의 점 (t, t^3-t+2)에서의

접선의 방정식은

$y-(t^3-t+2)=(3t^2-1)(x-t)$

이 직선이 점 $(0, 4)$를 지나므로

$4-(t^3-t+2)=(3t^2-1)(0-t)$

$2t^3+2=0$, $2(t+1)(t^2-t+1)=0$

∴ $t=-1$

점 $(0, 4)$에서 곡선 $y=x^3-x+2$ 위의 점 $(-1, 2)$에 그은 접선의 방정식은

$y-2=2(x+1)$ ∴ $y=2x+4$

따라서 직선 $y=2x+4$의 x절편은 -2이다.

17 삼차함수 $f(x)$의 최고차항의 계수가 1이고 $f(0)=0$이므로

$f(x)=x^3+px^2+qx$ (p, q는 상수)로 놓으면

$f'(x)=3x^2+2px+q$

삼차함수 $f(x)$는 실수 전체의 집합에서 연속이고 미분가능하므로

$\displaystyle\lim_{x \to a} \dfrac{f(x)-1}{x-a}=3$에서 $f(a)=1$이고 $f'(a)=3$이다.

한편 곡선 $y=f(x)$ 위의 점 $(a, f(a))$에서의 접선의 방정식은

$y-f(a)=f'(a)(x-a)$이므로

$y=3(x-a)+1$, 즉 $y=3x-3a+1$이다.

이 접선의 y절편이 4이므로

$-3a+1=4$에서 $a=-1$

따라서 $f(-1)=1$, $f'(-1)=3$이므로

$f(-1)=-1+p-q=1$에서

$p-q=2$ ...... ㉠

$f'(-1)=3-2p+q=3$에서

$2p-q=0$ ...... ㉡

㉠, ㉡을 연립하여 풀면 $p=-2$, $q=-4$

∴ $f(x)=x^3-2x^2-4x$

따라서 $f(1)=1-2-4=-5$

18 $g'(x)=f(x)$이므로 곡선 $y=g(x)$ 위의 점 $(2, g(2))$에서의 접선의 기울기는 $g'(2)=f(2)=1$
접선의 방정식의 y절편이 -5이므로 구하는 접선의 방정식은
$y=x-5$
따라서 접선의 x절편은 5이다.

19 직선 $y=5x+k$가 함수 $y=f(x)$의 그래프와 서로 다른 두 점에서 만나려면 직선 $y=5x+k$가 함수 $y=f(x)$의 그래프와 접해야 한다. 접점의 좌표를 $(a, f(a))$라 하면
$f(x)=x^3-3x^2-4x$에서 $f'(x)=3x^2-6x-4$이므로
접선의 기울기는 $f'(a)=3a^2-6a-4$
한편, 기울기가 5이므로
$3a^2-6a-4=5$, $(a+1)(a-3)=0$
$\therefore a=-1$ 또는 $a=3$
(i) $a=-1$일 때,
접점은 $(-1, 0)$이므로
접선의 방정식은 $y=5x+5$이므로 $k=5$
(ii) $a=3$일 때,
접점은 $(3, -12)$이므로 접선의 방정식은 $y=5x-27$
k는 양수이므로 만족하지 않는다.
따라서 (i), (ii)에서 $k=5$

20 $f'(x)=-3x^2+2ax+2$에서 $f'(0)=2$이므로
점 $\mathrm{O}(0, 0)$에서의 접선은 $y=2x$이다.
$f(x)=2x$에서
$-x^3+ax^2+2x=2x$, $x^2(x-a)=0$
이므로 점 A의 좌표는 $\mathrm{A}(a, 2a)$
점 A는 $\overline{\mathrm{OB}}$를 지름으로 하는 원 위에 있으므로 $\overline{\mathrm{OA}}\perp\overline{\mathrm{AB}}$
따라서 점 A에서의 접선의 기울기는 $-\dfrac{1}{2}$이다.
$f'(a)=-3a^2+2a^2+2=-a^2+2=-\dfrac{1}{2}$
$\therefore a=\dfrac{\sqrt{10}}{2}$ $(\because a>\sqrt{2})$
점 A에서의 접선의 방정식은
$y=-\dfrac{1}{2}\left(x-\dfrac{\sqrt{10}}{2}\right)+\sqrt{10}=-\dfrac{1}{2}x+\dfrac{5\sqrt{10}}{4}$
따라서 점 $\mathrm{B}\left(\dfrac{5\sqrt{10}}{2}, 0\right)$이다.
$\overline{\mathrm{OA}}=\sqrt{\left(\dfrac{\sqrt{10}}{2}\right)^2+(\sqrt{10})^2}=\dfrac{5\sqrt{2}}{2}$
$\overline{\mathrm{AB}}=\sqrt{\left(\dfrac{5\sqrt{10}}{2}-\dfrac{\sqrt{10}}{2}\right)^2+(0-\sqrt{10})^2}=5\sqrt{2}$
$\therefore \overline{\mathrm{OA}}\times\overline{\mathrm{AB}}=\dfrac{5\sqrt{2}}{2}\times5\sqrt{2}=25$

21 점 P는 직선 $x-y-10=0$을 평행이동하여 움직일 때 곡선과 처음으로 만나는 점, 즉 접점이므로 점 P에서 곡선에 그은 접선의 기울기는 1이다.
$y=\dfrac{1}{3}x^3+\dfrac{11}{3}$에서 $y'=x^2$이므로 $x^2=1$ $\therefore x=1$ $(\because x>0)$
$x=1$일 때, $y=\dfrac{1}{3}\times1^3+\dfrac{11}{3}=4$
따라서 점 P의 좌표는 $\mathrm{P}(1, 4)$
$\therefore a+b=1+4=5$

예상문제 도전하기   본문 046~047쪽

22 ①	**23** ⑤	**24** ③	**25** ④
26 ②	**27** ⑤	**28** ①	**29** 9
30 ④			

22 $f(x)=(x-1)^2(2x-3)$으로 놓으면
$f'(x)=2(x-1)(2x-3)+(x-1)^2\times2$
이므로 점 $(2, 1)$에서의 접선의 기울기는
$f'(2)=2+2=4$
따라서 접선의 방정식은
$y-1=4(x-2)$ $\therefore y=4x-7$
이 직선이 점 $(1, k)$를 지나므로
$k=4-7=-3$

23 $f(x)=x^3-3x^2+4$로 놓으면
$f'(x)=3x^2-6x$
$x=2$인 점에서의 접선의 기울기는
$f'(2)=12-12=0$
이므로 접선의 방정식은 $y=0$
접선과 곡선이 만나는 점의 x좌표는
$x^3-3x^2+4=0$, $(x+1)(x-2)^2=0$
$\therefore x=-1$ $(\because x\ne2)$
즉, $\mathrm{A}(-1, 0)$이고 점 A에서의 접선의 기울기는
$f'(-1)=3+6=9$
이므로 구하는 접선의 방정식은
$y-0=9\{x-(-1)\}$ $\therefore y=9x+9$
따라서 $m=9$, $n=9$이므로
$m+n=18$

24 $f(x)=x^2-2x+5$로 놓으면 곡선 $y=f(x)$와 직선 $y=2x-1$ 사이의 최단 거리는 기울기가 2인 곡선 $y=f(x)$의 접선과 직선 $y=2x-1$ 사이의 거리이다.
$f'(x)=2x-2$이므로 $2x-2=2$에서 $x=2$
즉, 점 $(2, 5)$를 지나고 기울기가 2인 접선의 방정식은
$y-5=2(x-2)$ $\therefore y=2x+1$
따라서 두 직선 $y=2x+1$과 $y=2x-1$ 사이의 거리는 직선 $y=2x+1$ 위의 점 $(0, 1)$과 직선 $2x-y-1=0$ 사이의 거리이므로
$\dfrac{|0-1-1|}{\sqrt{2^2+(-1)^2}}=\dfrac{2\sqrt{5}}{5}$

25 점 $(2, 1)$은 곡선 $y=f(x)$ 위의 점이므로 $f(2)=1$
점 $(2, 1)$에서의 접선의 기울기가 4이므로 $f'(2)=4$
$g(x)=(x^3-2x)f(x)$로 놓으면
$g'(x)=(3x^2-2)f(x)+(x^3-2x)f'(x)$
$\therefore g'(2)=10f(2)+4f'(2)=10\times1+4\times4=26$
$g(2)=4f(2)=4\times1=4$이므로 점 $(2, 4)$에서의 접선의 방정식은
$y-4=26(x-2)$ $\therefore y=26x-48$

따라서 $a=26$, $b=-48$이므로
$2a+b=2\times26+(-48)=4$

26 $f(x)=x^3+3x^2+6$에서
$f'(x)=3x^2+6x=3(x+1)^2-3$
이므로 접선의 기울기의 최솟값은 $x=-1$일 때, -3이다.
$f(-1)=8$이므로 점 $(-1,8)$에서의 접선의 방정식은
$y-8=-3\{x-(-1)\}$
$y=-3x+5$
즉, $g(x)=-3x+5$이므로
$g(1)=-3+5=2$

27 $y=2x^2+1$에서 $y'=4x$이므로 점 $(-1,3)$에서의 접선의 방정식은
$y-3=-4\{x-(-1)\}$
$\therefore y=-4x-1$　　　……㉠
$y=2x^3-ax+3$에서 $y'=6x^2-a$이므로 접점의 좌표를 $(t, 2t^3-at+3)$이라 하면 접선의 방정식은
$y-(2t^3-at+3)=(6t^2-a)(x-t)$
$\therefore y=(6t^2-a)x-4t^3+3$　　　……㉡
두 접선 ㉠, ㉡이 일치해야 하므로
$-4t^3+3=-1$에서 $t=1$
$6t^2-a=-4$에서 $6-a=-4$
$\therefore a=10$

28 $f(x)=x^3+ax$, $g(x)=bx^2-4$에서
$f'(x)=3x^2+a$, $g'(x)=2bx$
두 곡선이 $x=1$인 점에서 같은 직선에 접하므로
$f(1)=g(1)$에서 $1+a=b-4$
$\therefore a-b=-5$　　　……㉠
$f'(1)=g'(1)$에서 $3+a=2b$
$\therefore a-2b=-3$　　　……㉡
㉠, ㉡을 연립하여 풀면
$a=-7$, $b=-2$
$\therefore a+b=-9$

29 $f(x)=x^3$, $g(x)=ax^2+bx$로 놓으면
$f'(x)=3x^2$, $g'(x)=2ax+b$
두 곡선이 점 $(1,1)$을 지나므로
$f(1)=g(1)$에서 $1=a+b$　　　……㉠
점 $(1,1)$에서 두 곡선의 접선이 직교하므로
$f'(1)g'(1)=-1$에서 $3(2a+b)=-1$
$\therefore 6a+3b=-1$　　　……㉡
㉠, ㉡을 연립하여 풀면
$a=-\dfrac{4}{3}$, $b=\dfrac{7}{3}$
$\therefore 2a^2+b^2=\dfrac{32}{9}+\dfrac{49}{9}=9$

30 $f(x)=x^3+3$으로 놓으면 $f'(x)=3x^2$
점 A의 좌표를 (a, a^3+3)이라 하면 이 점에서의 접선의 기울기는
$f'(a)=3a^2$
이므로 접선의 방정식은

$y-(a^3+3)=3a^2(x-a)$
$\therefore y=3a^2x-2a^3+3$
이 직선이 점 $(0,1)$을 지나므로
$1=-2a^3+3$, $a^3=1$
$\therefore a=1$
즉, 점 A의 좌표는 $(1,4)$이고 접선의 방정식은 $y=3x+1$이다.
접선이 곡선과 만나는 점의 x좌표는
$x^3+3=3x+1$에서 $x^3-3x+2=0$
$(x-1)^2(x+2)=0$
$\therefore x=-2\ (\because x\neq1)$
따라서 점 B의 좌표는 $(-2,-5)$이므로
$\overline{AB}=\sqrt{(-2-1)^2+(-5-4)^2}=3\sqrt{10}$

 09 증가·감소와 극대·극소

기본문제 다지기
본문 049~050쪽

01 ①	02 ④	03 ②	04 8
05 ①	06 37	07 ②	08 ④
09 ①			

01 주어진 그래프에서 $f(x)$의 증가, 감소를 조사하면 다음 표와 같다.

x	$\cdots$	-1	$\cdots$	2	$\cdots$
$f'(x)$	$-$	0	$+$	0	$+$
$f(x)$	↘		↗		↗

따라서 함수 $f(x)$가 감소하는 구간은 $(-\infty, -1]$이다.

02 임의의 두 실수 x_1, x_2에 대하여 $x_1<x_2$일 때, $f(x_1)>f(x_2)$이면 $f(x)$는 구간 $(-\infty, \infty)$에서 감소하는 함수이므로 모든 실수 x에 대하여 $f'(x)\leq0$이어야 한다.
즉, $f(x)=-x^3+ax^2-3x-1$에서
$f'(x)=-3x^2+2ax-3\leq0$
$f'(x)=0$의 판별식을 D라 하면
$\dfrac{D}{4}=a^2-9\leq0$, $(a+3)(a-3)\leq0$
$\therefore -3\leq a\leq3$
따라서 정수 a의 개수는
$-3, -2, -1, 0, 1, 2, 3$의 7이다.

03 최고차항의 계수가 양수인 삼차함수 $f(x)$의 역함수가 존재하려면 $f(x)$가 극값을 갖지 않고 항상 증가해야 하므로 모든 실수 x에 대하여 $f'(x)\geq0$이어야 한다.
즉, $f(x)=\dfrac{1}{3}x^3+ax^2+4x$에서

$f'(x)=x^2+2ax+4\geq0$

$f'(x)=0$의 판별식을 D라 하면

$\dfrac{D}{4}=a^2-4\leq0,\ (a+2)(a-2)\leq0$

$\therefore\ -2\leq a\leq2$

04 $f(x)=x^3-3x+4$에서

$f'(x)=3x^2-3=3(x+1)(x-1)$

$f'(x)=0$에서 $x=-1$ 또는 $x=1$

x	$\cdots$	-1	$\cdots$	1	$\cdots$
$f'(x)$	$+$	0	$-$	0	$+$
$f(x)$	↗	극대	↘	극소	↗

즉, 함수 $f(x)$는 $x=-1$일 때, 극대이고 극댓값은

$f(-1)=-1+3+4=6$

$x=1$일 때, 극소이고 극솟값은

$f(1)=1-3+4=2$

따라서 극댓값과 극솟값의 합은 8이다.

05 $f(x)=-x^3+6x^2-9x+a$에서

$f'(x)=-3x^2+12x-9=-3(x-1)(x-3)$

$f'(x)=0$에서 $x=1$ 또는 $x=3$

x	$\cdots$	1	$\cdots$	3	$\cdots$
$f'(x)$	$-$	0	$+$	0	$-$
$f(x)$	↘	극소	↗	극대	↘

즉, 함수 $f(x)$는 $x=1$에서 극소이고 $x=3$에서 극대이다.

극댓값이 10이므로

$f(3)=-27+54-27+a=10$

$\therefore\ a=10$

따라서 구하는 극솟값은

$f(1)=-1+6-9+10=6$

06 $f(x)=x^3+ax^2-9x+10$에서

$f'(x)=3x^2+2ax-9$

함수 $f(x)$가 $x=1$에서 극솟값을 가지므로

$f'(1)=3+2a-9=0$

$\therefore\ a=3$

즉, $f'(x)=3x^2+6x-9=3(x+3)(x-1)$이므로

$f'(x)=0$에서 $x=-3$ 또는 $x=1$

x	$\cdots$	-3	$\cdots$	1	$\cdots$
$f'(x)$	$+$	0	$-$	0	$+$
$f(x)$	↗	극대	↘	극소	↗

따라서 $f(x)$는 $x=-3$에서 극대이므로 극댓값은

$f(-3)=-27+27+27+10=37$

07 $f(x)=x^3+ax^2+bx-3$에서 $f'(x)=3x^2+2ax+b$

함수 $f(x)$가 $x=0$, $x=2$에서 극값을 가지므로

$f'(0)=b=0$

$f'(2)=12+4a=0$

$\therefore\ a=-3$

따라서 $f(x)=x^3-3x^2-3$이므로 극솟값은

$f(2)=8-12-3=-7$

08 $f(x)=2x^3+ax^2+bx$에서 $f'(x)=6x^2+2ax+b$

주어진 그림에서 함수 $f(x)$가 $x=-2$, $x=1$에서 극값을 가지므로

$f'(-2)=24-4a+b=0$

$\therefore\ 4a-b=24$ $\cdots\cdots$ ㉠

$f'(1)=6+2a+b=0$

$\therefore\ 2a+b=-6$ $\cdots\cdots$ ㉡

㉠, ㉡을 연립하여 풀면 $a=3$, $b=-12$

따라서 $f(x)=2x^3+3x^2-12x$이므로 극댓값은

$f(-2)=-16+12+24=20$

09 $f(x)=ax^3-3x+b$에서 $f'(x)=3ax^2-3$

함수 $f(x)$가 극댓값과 극솟값을 모두 가지므로 $f'(x)=0$이 서로 다른 두 실근을 가져야 한다.

즉, $f'(x)=0$의 판별식을 D라 하면

$D=36a>0$ $\therefore\ a>0$

$f'(x)=3ax^2-3=3a\left(x+\dfrac{1}{\sqrt{a}}\right)\left(x-\dfrac{1}{\sqrt{a}}\right)$이므로

$f'(x)=0$에서 $x=-\dfrac{1}{\sqrt{a}}$ 또는 $x=\dfrac{1}{\sqrt{a}}$

x	$\cdots$	$-\dfrac{1}{\sqrt{a}}$	$\cdots$	$\dfrac{1}{\sqrt{a}}$	$\cdots$
$f'(x)$	$+$	0	$-$	0	$+$
$f(x)$	↗	극대	↘	극소	↗

즉, $f(x)$는 $x=-\dfrac{1}{\sqrt{a}}$에서 극대이고 $x=\dfrac{1}{\sqrt{a}}$에서 극소이다.

극댓값이 5이므로

$f\left(-\dfrac{1}{\sqrt{a}}\right)=\dfrac{2}{\sqrt{a}}+b=5$ $\cdots\cdots$ ㉠

극솟값이 3이므로

$f\left(\dfrac{1}{\sqrt{a}}\right)=-\dfrac{2}{\sqrt{a}}+b=3$ $\cdots\cdots$ ㉡

㉠, ㉡을 연립하여 풀면

$a=4$, $b=4$

따라서 $f(x)=4x^3-3x+4$, $f'(x)=12x^2-3$이므로

$f(2)-f'(-2)=30-45=-15$

기출문제 맛보기 본문 050~052쪽

10 6	**11** 3	**12** ③	**13** ⑤
14 ⑤	**15** 41	**16** ②	**17** ③
18 ②	**19** 4	**20** 2	**21** 6
22 ①	**23** 16	**24** ③	

10 $f(x)=x^3+ax^2-(a^2-8a)x+3$에서

$f'(x)=3x^2+2ax-(a^2-8a)$

이때, 함수 $f(x)$가 실수 전체의 집합에서 증가하려면
$f'(x) \geq 0$
이때, 이차방정식 $f'(x)=0$의 판별식을 D라 하면
$\dfrac{D}{4} \leq 0$이어야 하므로
$$\dfrac{D}{4} = a^2 - 3(-a^2 + 8a)$$
$$= 4a^2 - 24a$$
$$= 4a(a-6) \leq 0$$
$0 \leq a \leq 6$이므로 a의 최댓값은 6이다.

11 $f(x) = \dfrac{1}{3}x^3 - 9x + 3$에서 $f'(x) = x^2 - 9 = (x+3)(x-3)$
$f'(x)=0$에서 $x=-3$ 또는 $x=3$

x	$\cdots$	-3	$\cdots$	3	$\cdots$
$f'(x)$	$+$	0	$-$	0	$+$
$f(x)$	↗		↘		↗

즉, 함수 $f(x)$가 감소하는 구간은 $[-3, 3]$이고, 함수 $f(x)$가 구간 $(-a, a)$에서 감소하므로 $-a \geq -3$, $a \leq 3$이다.
따라서 $a \leq 3$이므로 a의 최댓값은 3이다.

12 $f(x) = 2x^3 + 3x^2 - 12x + 1$에서
$f'(x) = 6x^2 + 6x - 12$
$\quad\quad = 6(x+2)(x-1)$
이므로 $f'(x)=0$이 되는 x의 값은 $x=-2$ 또는 $x=1$이다.
따라서 함수 $f(x)$는 $x=-2$에서 극댓값
$M = f(-2) = -16 + 12 + 24 + 1 = 21$
을 갖고, $x=1$에서 극솟값
$m = f(1) = 2 + 3 - 12 + 1 = -6$
을 갖는다.
따라서 $M + m = 15$

13 $f'(x) = x^2 - 4x - 12 = (x-6)(x+2)$이므로
$f'(x)=0$에서 $x=6$ 또는 $x=-2$
함수 $f(x)$의 증가와 감소를 표로 나타내면 다음과 같다.

x	$\cdots$	-2	$\cdots$	6	$\cdots$
$f'(x)$	$+$	0	$-$	0	$+$
$f(x)$	↗		↘		↗

따라서 $f(x)$는 $x=-2$에서 극대, $x=6$에서 극소이다.
$\therefore \beta - \alpha = 6 - (-2) = 8$

14 $f(x) = x^3 - 3x^2 + k$에서
$f'(x) = 3x^2 - 6x = 3x(x-2)$
이므로 $f'(x)=0$에서 $x=0$ 또는 $x=2$
이때 함수 $f(x)$의 증가와 감소를 표로 나타내면 다음과 같다.

x	$\cdots$	0	$\cdots$	2	$\cdots$
$f'(x)$	$+$	0	$-$	0	$+$
$f(x)$	↗	극대	↘	극소	↗

주어진 조건에 의하여 함수 $f(x)$의 극댓값이 9이므로
$f(0) = k = 9$

$\therefore f(x) = x^3 - 3x^2 + 9$
함수 $f(x)$의 극솟값은 $f(2)$이므로 구하는 극솟값은
$f(2) = 2^3 - 3 \times 2^2 + 9 = 5$

15 $f(x) = 2x^3 - 3ax^2 - 12a^2 x$에서
$f'(x) = 6x^2 - 6ax - 12a^2$
$\quad\quad = 6(x+a)(x-2a)$
$f'(x)=0$에서 $x=-a$ 또는 $x=2a$
$a>0$이므로
함수 $f(x)$의 증가와 감소를 표로 나타내면 다음과 같다.

x	$\cdots$	$-a$	$\cdots$	$2a$	$\cdots$
$f'(x)$	$+$	0	$-$	0	$+$
$f(x)$	↗	극대	↘	극소	↗

함수 $f(x)$는 $x=-a$에서 극댓값을 갖고, $x=2a$에서 극솟값을 갖는다.
함수 $f(x)$의 극댓값이 $\dfrac{7}{27}$이고
$f(-a) = -2a^3 - 3a^3 + 12a^3 = 7a^3$
이므로
$7a^3 = \dfrac{7}{27}$에서 $a^3 = \dfrac{1}{27}$
$a>0$이므로 $a = \dfrac{1}{3}$
따라서 $f(x) = 2x^3 - x^2 - \dfrac{4}{3}x$이므로
$\quad f(3) = 54 - 9 - 4 = 41$

16 $f(x) = 2x^3 - 9x^2 + ax + 5$에서
$f'(x) = 6x^2 - 18x + a$
함수 $f(x)$가 $x=1$에서 극대이므로
$f'(1) = 6 - 18 + a = 0$
$a = 12$
$f'(x) = 6x^2 - 18x + 12 = 6(x-1)(x-2)$
$f'(x)=0$에서 $x=1$ 또는 $x=2$
함수 $f(x)$의 증가와 감소를 표로 나타내면 다음과 같다.

x	$\cdots$	1	$\cdots$	2	$\cdots$
$f'(x)$	$+$	0	$-$	0	$+$
$f(x)$	↗	극대	↘	극소	↗

함수 $f(x)$는 $x=2$에서 극소이므로
$b=2$
따라서 $a+b = 12 + 2 = 14$

17 $f(x) = x^3 + ax^2 + bx + 1$에서
$f'(x) = 3x^2 + 2ax + b$
$x=-1$에서 극대이므로
$f'(-1) = 3 - 2a + b = 0$
$\therefore 2a - b = 3 \quad \cdots\cdots \ \bigcirc$
$x=3$에서 극소이므로
$f'(3) = 27 + 6a + b = 0$
$\therefore 6a + b = -27 \quad \cdots\cdots \ \bigcirc$
$\bigcirc$, $\bigcirc$을 연립하여 풀면 $a=-3$, $b=-9$

$\therefore f(x)=x^3-3x^2-9x+1$
따라서 $f(x)$의 극댓값은
$f(-1)=-1-3+9+1=6$

18 $f(x)=x^3-3ax^2+3(a^2-1)x$에서
$f'(x)=3x^2-6ax+3(a^2-1)$
$f'(x)=0$에서 $3x^2-6ax+3(a^2-1)=0$
$3(x-a+1)(x-a-1)=0$
$x=a-1$ 또는 $x=a+1$
함수 $f(x)$의 증가와 감소를 표로 나타내면 다음과 같다.

x	$\cdots$	$a-1$	$\cdots$	$a+1$	$\cdots$
$f'(x)$	$+$	0	$-$	0	$+$
$f(x)$	↗	극대	↘	극소	↗

함수 $f(x)$는 $x=a-1$에서 극댓값을 가진다.
함수 $f(x)$의 극댓값이 4이므로 $f(a-1)=4$이다. 즉,
$(a-1)^3-3a(a-1)^2+3(a^2-1)(a-1)=4$
$a^3-3a-2=0$, $(a-2)(a+1)^2=0$
$a=-1$ 또는 $a=2$
(i) $a=-1$일 때
$\quad f(x)=x^3+3x^2$
$\quad f(-2)=4>0$이므로 주어진 조건을 만족시킨다.
(ii) $a=2$일 때
$\quad f(x)=x^3-6x^2+9x$
$\quad f(-2)=-50<0$이므로 주어진 조건을 만족시키지 않는다.
(i), (ii)에서 $f(x)=x^3+3x^2$
$\therefore f(-1)=(-1)^3+3\times(-1)^2=2$

19 함수 $f(x)=x^3+ax^2-9x+b$가 $x=1$에서 극소이므로
$f'(1)=0$
$f'(x)=3x^2+2ax-9$이므로
$f'(1)=3+2a-9=0$에서 $a=3$
한편 $f'(x)=0$에서
$3x^2+6x-9=0$, $3(x+3)(x-1)=0$
$x=-3$ 또는 $x=1$
함수 $f(x)$의 증가와 감소를 표로 나타내면 다음과 같다.

x	$\cdots$	-3	$\cdots$	1	$\cdots$
$f'(x)$	$+$	0	$-$	0	$+$
$f(x)$	↗	극대	↘	극소	↗

함수 $f(x)$는 $x=-3$에서 극대이고, 극댓값이 28이다.
$f(-3)=(-3)^3+3\times(-3)^2-9\times(-3)+b$
$\qquad =27+b$
이므로 $27+b=28$에서 $b=1$
$\therefore a+b=3+1=4$

20 $f(x)=x^4+ax^2+b$에서 $f'(x)=4x^3+2ax$
함수 $f(x)$가 $x=1$에서 극소이므로
$f'(1)=4+2a=0$에서 $a=-2$
$f'(x)=4x^3-4x=4x(x-1)(x+1)$이므로
$f'(x)=0$에서 $x=-1$ 또는 $x=0$ 또는 $x=1$
함수 $f(x)$는 $x=0$에서 극댓값 4를 가지므로

$f(0)=b=4$
따라서 $a+b=(-2)+4=2$

21 $f'(x)=3ax^2+b$이고 함수 $f(x)$는 $x=1$에서 극소이므로
$f'(1)=3a+b=0$ $\quad\cdots\cdots$ ㉠
함수 $f(x)$의 극솟값이 -2이므로
$f(1)=2a+b=-2$ $\quad\cdots\cdots$ ㉡
㉠, ㉡을 연립하여 풀면 $a=2$, $b=-6$
즉, $f(x)=2x^3-6x+2$이고
$f'(x)=6x^2-6=6(x-1)(x+1)$이므로
$f'(x)=0$에서 $x=-1$ 또는 $x=1$
함수 $f(x)$의 증가와 감소를 표로 나타내면 다음과 같다.

x	$\cdots$	-1	$\cdots$	1	$\cdots$
$f'(x)$	$+$	0	$-$	0	$+$
$f(x)$	↗	6	↘	-2	↗

따라서 함수 $f(x)$는 $x=-1$에서 극댓값 6을 갖는다.

22 $f'(x)=-4x^3+16a^2x=-4x(x^2-4a^2)$
$\qquad\qquad =-4x(x+2a)(x-2a)$
이므로 함수 $f(x)$는 $x=2a$와 $x=-2a$에서 극댓값을 갖는다.
즉, $b+(2-2b)=2a+(-2a)=0$이므로 $b=2$
또, $b(2-2b)=2a\times(-2a)$이므로
$-4=-4a^2$ $\quad\therefore a=1\,(\because a>0)$
$\therefore a+b=1+2=3$

23 $g(x)=(x^3+2)f(x)$에서 $g'(x)=3x^2f(x)+(x^3+2)f'(x)$
함수 $g(x)$가 $x=1$에서 극솟값 24를 가지므로
$g(1)=3f(1)=24$ $\quad\therefore f(1)=8$
$g'(1)=3f(1)+3f'(1)=0$ $\quad\therefore f'(1)=-8$
$\therefore f(1)-f'(1)=16$

24 $f(x)=\begin{cases} -\dfrac{1}{3}x^3-ax^2-bx & (x<0) \\ \dfrac{1}{3}x^3+ax^2-bx & (x\geq 0) \end{cases}$

에서
$f'(x)=\begin{cases} -x^2-2ax-b & (x<0) \\ x^2+2ax-b & (x>0) \end{cases}$

이다.
함수 $f(x)$가 $x=-1$의 좌우에서 감소하다가 증가하고,
함수 $f(x)$가 $x=-1$에서 미분가능하므로
$f'(-1)=0$
$-1+2a-b=0$, $b=2a-1$
$x<0$일 때
$f'(x)=-x^2-2ax-2a+1$
$\qquad =-(x+1)(x+2a-1)$
$f'(x)=0$인 x의 값은 $x=-1$ 또는 $x=-2a+1$이다.
이때 함수 $f(x)$가 구간 $(-\infty,\,-1]$에서 감소하고,
구간 $[-1,\,0]$에서 증가하므로 $(-\infty,\,-1)$에서
$f'(x)\leq 0$, $(-1,\,0)$에서 $f'(x)\geq 0$이어야 한다.
즉, $f'(-2a+1)=0$에서 $-2a+1\geq 0$이어야 한다.

그러므로 $a \leq \dfrac{1}{2}$ ...... ㉠

한편 $x > 0$일 때

$f'(x) = x^2 + 2ax - b = x^2 + 2ax - 2a + 1$

$\qquad = (x+a)^2 - a^2 - 2a + 1$

이고 함수 $f(x)$가 구간 $[0, \infty)$에서 증가하므로 $(0, \infty)$에서 $f'(x) \geq 0$이어야 한다.

(i) $-a < 0$, 즉 $a > 0$인 경우

$(0, \infty)$에서 $f'(x) \geq 0$이려면

$f'(0) = -2a + 1 \geq 0$이면 된다.

그러므로 $0 < a \leq \dfrac{1}{2}$

(ii) $-a \geq 0$, 즉 $a \leq 0$인 경우

$(0, \infty)$에서 $f'(x) \geq 0$이려면

$f'(-a) = -a^2 - 2a + 1 \geq 0$이면 된다.

$a^2 + 2a - 1 \leq 0$, $-1 - \sqrt{2} \leq a \leq -1 + \sqrt{2}$

그러므로 $-1 - \sqrt{2} \leq a \leq 0$

(i), (ii)에서

$-1 - \sqrt{2} \leq a \leq \dfrac{1}{2}$ ...... ㉡

㉠, ㉡에서 구하는 a의 값의 범위는 $-1 - \sqrt{2} \leq a \leq \dfrac{1}{2}$이므로

$a + b = 3a - 1$의 최댓값은 $a = \dfrac{1}{2}$일 때, $\dfrac{1}{2}$,

최솟값은 $a = -1 - \sqrt{2}$일 때, $-4 - 3\sqrt{2}$이다.

따라서

$M - m = \dfrac{1}{2} - (-4 - 3\sqrt{2}) = \dfrac{9}{2} + 3\sqrt{2}$

예상문제 도전하기

본문 052 ~ 053쪽

25 ①	26 ⑤	27 ②	28 ②
29 ①	30 ②	31 ④	32 ②
33 ①	34 ④		

25 $f(x) = -x^3 + 6x^2 + ax - 1$이 극값을 갖지 않으려면 $f'(x) = 0$이 중근 또는 허근을 가져야 한다.

즉, $f'(x) = -3x^2 + 12x + a = 0$의 판별식을 D라 하면

$\dfrac{D}{4} = 36 + 3a \leq 0$ ∴ $a \leq -12$

26 임의의 두 실수 x_1, x_2에 대하여 $x_1 < x_2$일 때, $f(x_1) < f(x_2)$를 만족시키는 구간에서 $f(x)$는 증가하므로 $f'(x) \geq 0$이어야 한다.

즉, $f(x) = -\dfrac{1}{3}x^3 - 3x^2 + 7x - 11$에서

$f'(x) = -x^2 - 6x + 7 = -(x+7)(x-1)$

$f'(x) \geq 0$에서 $(x+7)(x-1) \leq 0$ ∴ $-7 \leq x \leq 1$

따라서 이 구간에 속하는 정수의 개수는 9이다.

27 $f(x) = x^3 - 9x^2 + 24x + a$에서

$f'(x) = 3x^2 - 18x + 24 = 3(x-2)(x-4)$

$f'(x) = 0$에서 $x = 2$ 또는 $x = 4$

x	$\cdots$	2	$\cdots$	4	$\cdots$
$f'(x)$	$+$	0	$-$	0	$+$
$f(x)$	↗	극대	↘	극소	↗

따라서 함수 $f(x)$는 $x = 2$에서 극대이고 극댓값이 24이므로

$f(2) = 8 - 36 + 48 + a = 24$

∴ $a = 4$

28 $f(x) = x^3 - 3x + 1$에서

$f'(x) = 3x^2 - 3 = 3(x+1)(x-1)$

$f'(x) = 0$에서 $x = -1$ 또는 $x = 1$

x	$\cdots$	-1	$\cdots$	1	$\cdots$
$f'(x)$	$+$	0	$-$	0	$+$
$f(x)$	↗	극대	↘	극소	↗

즉, 함수 $f(x)$는 $x = -1$에서 극대이므로 극댓값은

$f(-1) = -1 + 3 + 1 = 3$

$x = 1$에서 극소이므로 극솟값은

$f(1) = 1 - 3 + 1 = -1$

따라서 극대가 되는 점의 좌표는 $(-1, 3)$, 극소가 되는 점의 좌표는 $(1, -1)$이므로 두 점 사이의 거리는

$\sqrt{2^2 + (-4)^2} = \sqrt{20} = 2\sqrt{5}$

29 $f(x) = x^3 - 5x^2 + ax - b$에서

$f'(x) = 3x^2 - 10x + a$

함수 $f(x)$가 $x = 1$에서 극값 2를 가지므로

$f'(1) = 3 - 10 + a = 0$ ∴ $a = 7$

$f(1) = 1 - 5 + 7 - b = 2$ ∴ $b = 1$

∴ $ab = 7$

30 $f(x) = x^3 + ax^2 + bx + 1$에서

$f'(x) = 3x^2 + 2ax + b$

함수 $f(x)$의 감소하는 구간이 $[-1, 1]$이므로 부등식 $f'(x) \leq 0$의 해가 $-1 \leq x \leq 1$이어야 한다.

$3x^2 + 2ax + b = 3(x+1)(x-1) = 3x^2 - 3$

∴ $a = 0$, $b = -3$

즉, $f(x) = x^3 - 3x + 1$이므로

$f'(x) = 3x^2 - 3 = 3(x+1)(x-1)$

$f'(x) = 0$에서 $x = -1$ 또는 $x = 1$

x	$\cdots$	-1	$\cdots$	1	$\cdots$
$f'(x)$	$+$	0	$-$	0	$+$
$f(x)$	↗	극대	↘	극소	↗

따라서 함수 $f(x)$는 $x = -1$에서 극대이므로 극댓값은

$M = f(-1) = -1 + 3 + 1 = 3$

$x = 1$에서 극소이므로 극솟값은

$m = f(1) = 1 - 3 + 1 = -1$

∴ $M + m = 3 + (-1) = 2$

31 $f(x)=x^3-6x^2+a$라 하면
$f'(x)=3x^2-12x=3x(x-4)$
$f'(x)=0$에서 $x=0$ 또는 $x=4$

x	$\cdots$	0	$\cdots$	4	$\cdots$
$f'(x)$	$+$	0	$-$	0	$+$
$f(x)$	↗	극대	↘	극소	↗

즉, $f(x)$는 $x=0$에서 극대이므로 극댓값은 $f(0)=a$
$x=4$에서 극소이므로 극솟값은
$f(4)=64-96+a=a-32$
극댓값과 극솟값의 부호가 반대이고, 절댓값이 같으므로 극댓값과 극솟값의 합은 0이다.
따라서 $a+(a-32)=0$이므로
$a=16$

32 $f(x)=x^3+ax^2+bx+c$에서 $f'(x)=3x^2+2ax+b$
함수 $f(x)$가 $x=1$, $x=3$에서 극값을 가지므로
$f'(1)=3+2a+b=0$ ······㉠
$f'(3)=27+6a+b=0$ ······㉡
㉠, ㉡을 연립하여 풀면 $a=-6$, $b=9$
한편 극댓값이 극솟값의 3배이므로
$f(1)=3f(3)$
$1+a+b+c=3(27+9a+3b+c)$, $4+c=3c$
$\therefore c=2$
따라서 $f(x)=x^3-6x^2+9x+2$이므로 극댓값은
$f(1)=1-6+9+2=6$

33 원점을 지나고 최고차항의 계수가 1인 사차함수를
$f(x)=x^4+ax^3+bx^2+cx$ (a, b, c는 상수)로 놓으면
$f'(x)=4x^3+3ax^2+2bx+c$
조건 (가)에서 $f(2+x)=f(2-x)$이므로 $y=f(x)$의 그래프는 직선 $x=2$에 대하여 대칭이다.
또 조건 (나)에서 $x=3$에서 극소이므로 $x=1$에서 극소이고, $x=2$에서 극대이다.
즉, $f'(x)=0$의 해가 $x=1$ 또는 $x=2$ 또는 $x=3$이므로
$4x^3+3ax^2+2bx+c=4(x-1)(x-2)(x-3)$
$\qquad\qquad\qquad\qquad =4x^3-24x^2+44x-24$
$\therefore a=-8$, $b=22$, $c=-24$
따라서 $f(x)=x^4-8x^3+22x^2-24x$이므로 극댓값은
$f(2)=16-64+88-48=-8$

34 $g'(x)=f(x)+xf'(x)$이므로
ㄱ. $f(1)+g'(1)=f'(1)<0$ (거짓)
ㄴ. $g(2)=2f(2)=2\times(-2)=-4<0$
$\quad g'(2)=f(2)+2f'(2)=-2+2\times0=-2<0$
$\quad \therefore g(2)g'(2)>0$ (참)
ㄷ. $f(3)=0$
$\quad f'(3)>0$이므로
$\quad g'(3)=f(3)+3f'(3)=0+3\times f'(3)>0$
$\quad \therefore f(3)+g'(3)>0$ (참)
따라서 옳은 것은 ㄴ, ㄷ이다.

---

10 함수의 최대·최소

기본문제 다지기   본문 055쪽

01 ② **02** ④ **03** ① **04** ⑤
05 ③ **06** ④

01 $f(x)=2x^3-6x+4$에서
$f'(x)=6x^2-6=6(x+1)(x-1)$
$f'(x)=0$에서 $x=-1$ 또는 $x=1$

x	0	$\cdots$	1	$\cdots$	2
$f'(x)$		$-$	0	$+$	
$f(x)$	4	↘	0	↗	8

따라서 함수 $f(x)$는 $0\le x\le2$에서
$x=2$일 때, 최댓값 $M=f(2)=8$
$x=1$일 때, 최솟값 $m=f(1)=0$
$\therefore M+m=8$

02 $f(x)=-x^3+3x+3$에서
$f'(x)=-3x^2+3=-3(x+1)(x-1)$
$f'(x)=0$에서 $x=-1$ 또는 $x=1$

x	0	$\cdots$	1	$\cdots$	2
$f'(x)$		$+$	0	$-$	
$f(x)$	3	↗	5	↘	1

따라서 닫힌구간 $[0, 2]$에서 함수 $f(x)$의 최댓값은 $f(1)=5$, 최솟값은 $f(2)=1$이다.
$\therefore M-m=5-1=4$

03 $f(x)=x^4-2x^2+2$에서
$f'(x)=4x^3-4x=4x(x+1)(x-1)$
$f'(x)=0$에서 $x=-1$ 또는 $x=0$ 또는 $x=1$

x	0	$\cdots$	1	$\cdots$	2
$f'(x)$	0	$-$	0	$+$	
$f(x)$	2	↘	1	↗	10

따라서 닫힌구간 $[0, 2]$에서 함수 $f(x)$의 최솟값은 $f(1)=1$, 최댓값은 $f(2)=10$이므로 최댓값과 최솟값의 합은 11이다.

04 $f(x)=2x^3-3x^2+a$에서
$f'(x)=6x^2-6x=6x(x-1)$
$f'(x)=0$에서 $x=0$ 또는 $x=1$

x	-1	$\cdots$	0	$\cdots$	1
$f'(x)$		$+$	0	$-$	0
$f(x)$	$a-5$	↗	a	↘	$a-1$

따라서 닫힌구간 $[-1, 1]$에서 함수 $f(x)$의 최솟값은 $a-5$이므로
$a-5=5$
$\therefore a=10$

05 $f(x)=-x^3+3x^2+a$에서
$f'(x)=-3x^2+6x=-3x(x-2)$
$f'(x)=0$에서 $x=0$ 또는 $x=2$

x	-2	$\cdots$	0	$\cdots$	2
$f'(x)$		$-$	0	$+$	0
$f(x)$	$a+20$	$\searrow$	a	$\nearrow$	$a+4$

따라서 닫힌구간 $[-2, 2]$에서 함수 $f(x)$는 $x=0$일 때 최솟값을 가지므로 $f(0)=a=3$
$x=-2$일 때 최대이므로 최댓값은
$f(-2)=a+20=23$

06 $f(x)=x^3+ax^2+bx+1$에서 $f'(x)=3x^2+2ax+b$
함수 $f(x)$가 $x=3$에서 극솟값 1을 가지므로
$f'(3)=27+6a+b=0$ ······㉠
$f(3)=27+9a+3b+1=1$
$\therefore 9+3a+b=0$ ······㉡
㉠, ㉡을 연립하여 풀면
$a=-6, b=9$
즉, $f(x)=x^3-6x^2+9x+1$이므로
$f'(x)=3x^2-12x+9=3(x-1)(x-3)$
$f'(x)=0$에서 $x=1$ 또는 $x=3$

x	-1	$\cdots$	1	$\cdots$	3
$f'(x)$		$+$	0	$-$	0
$f(x)$	-15	$\nearrow$	5	$\searrow$	1

따라서 닫힌구간 $[-1, 3]$에서 함수 $f(x)$의 최댓값은 $f(1)=5$

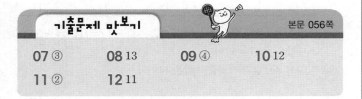

기출문제 맛보기

본문 056쪽

07 ③	08 13	09 ④	10 12
11 ②	12 11		

07 $f(x)=x^3-3x+5$에서
$f'(x)=3x^2-3=3(x+1)(x-1)$
$f'(x)=0$에서 $x=-1$ 또는 $x=1$

x	-1	$\cdots$	1	$\cdots$	3
$f'(x)$	0	$-$	0	$+$	
$f(x)$	7	$\searrow$	3	$\nearrow$	23

따라서 닫힌구간 $[-1, 3]$에서 함수 $f(x)$의 최솟값은 $f(1)=3$

08 $f(x)=x^3-3x^2-9x+8$에서
$f'(x)=3x^2-6x-9=3(x+1)(x-3)$
$f'(x)=0$에서 $x=-1$ 또는 $x=3$

x	-2	$\cdots$	-1	$\cdots$	0
$f'(x)$		$+$	0	$-$	
$f(x)$	6	$\nearrow$	13	$\searrow$	8

따라서 구간 $[-2, 0]$에서 함수 $f(x)$의 최댓값은
$f(-1)=13$

09 $f(x)=x^3-3x^2+a$에서 $f'(x)=3x^2-6x=3x(x-2)$
$f'(x)=0$에서 $x=0$ 또는 $x=2$

x	1	$\cdots$	2	$\cdots$	4
$f'(x)$		$-$	0	$+$	
$f(x)$	$a-2$	$\searrow$	$a-4$	$\nearrow$	$a+16$

즉, 닫힌구간 $[1, 4]$에서 함수 $f(x)$의 최댓값 $M=a+16$, 최솟값 $m=a-4$이다.
$M+m=20$이므로 $2a+12=20$, $2a=8$
$\therefore a=4$

10 $f(x)=x^3+ax^2-a^2x+2$에서
$f'(x)=3x^2+2ax-a^2=(x+a)(3x-a)$
$f'(x)=0$에서 $x=-a$ 또는 $x=\dfrac{a}{3}$

x	$-a$	$\cdots$	$\dfrac{a}{3}$	$\cdots$	a
$f'(x)$	0	$-$	0	$+$	
$f(x)$	a^3+2	$\searrow$	$-\dfrac{5}{27}a^3+2$	$\nearrow$	a^3+2

함수 $f(x)$는 $x=\dfrac{a}{3}$에서 극소이면서 최소이므로
$f\left(\dfrac{a}{3}\right)=-\dfrac{5}{27}a^3+2=\dfrac{14}{27}$, $\dfrac{5}{27}a^3=\dfrac{40}{27}$
$\therefore a=2$
즉, 주어진 함수는 $f(x)=x^3+2x^2-4x+2$이고,
$f(-2)=10, f(2)=10$이다.
따라서 함수 $f(x)$는 $x=-2$ 또는 $x=2$일 때, 최댓값 10을 갖는다.
$\therefore a+M=2+10=12$

11 $f(x), g(x)$의 함숫값의 차가 최대가 된다는 것은 $|f(x)-g(x)|$의 값이 최대가 된다는 의미이므로
$h(x)=f(x)-g(x)$로 놓으면
$h'(x)=f'(x)-g'(x)=0$을 만족시키는 점에서 최댓값이 존재한다.
$x=c$에서 두 함수값의 차인 $|h(c)|$가 최대가 되므로
$h'(c)=f'(c)-g'(c)=0$
$\therefore f'(c)=g'(c)$

12 직선 l의 방정식은
$y=-\dfrac{t}{2}\left(x-\dfrac{t}{2}\right)+1$
y절편은 $\dfrac{t^2}{4}+1$이므로
점 B의 좌표는 $\left(0, \dfrac{t^2}{4}+1\right)$
$f(t)=\dfrac{1}{2}\left(1-\dfrac{t^2}{4}\right)t=\dfrac{1}{2}\left(t-\dfrac{t^3}{4}\right)$
$f'(t)=\dfrac{1}{2}\left(1-\dfrac{3t^2}{4}\right)$

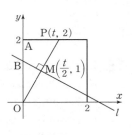

$f'(t)=0$에서 $t=-\dfrac{2\sqrt{3}}{3}$ 또는 $t=\dfrac{2\sqrt{3}}{3}$

t	(0)	$\cdots$	$\dfrac{2\sqrt{3}}{3}$	$\cdots$	(2)
$f'(t)$		$+$	0	$-$	
$f(t)$		↗	$\dfrac{2\sqrt{3}}{9}$	↘	

따라서 삼각형 ABP의 넓이 $f(t)$는 $t=\dfrac{2\sqrt{3}}{3}$일 때

최댓값 $f\!\left(\dfrac{2\sqrt{3}}{3}\right)=\dfrac{2\sqrt{3}}{9}$ 을 갖는다.

$\therefore a+b=11$

본문 057쪽

예상문제 도전하기

13 ⑤   **14** ②   **15** ⑤   **16** ③
17 14   **18** ③

13 $f(x)=2x^3-9x^2+12x+a$에서
$f'(x)=6x^2-18x+12=6(x-1)(x-2)$
$f'(x)=0$에서 $x=1$ 또는 $x=2$

x	1	$\cdots$	2	$\cdots$	3
$f'(x)$	0	$-$	0	$+$	
$f(x)$	$a+5$	↘	$a+4$	↗	$a+9$

즉, 닫힌구간 $[1, 3]$에서 함수 $f(x)$는 $x=3$일 때 최댓값을 가지므로
$f(3)=a+9=10$에서 $a=1$
$x=2$일 때 최소이므로 최솟값은
$f(2)=a+4=1+4=5$

14 $f(x)=-x^3+6x^2-12x$에서
$f'(x)=-3x^2+12x-12$
$\qquad\quad=-3(x^2-4x+4)$
$\qquad\quad=-3(x-2)^2$
모든 실수 x에 대하여 $f'(x)=-3(x-2)^2\leq0$이므로
함수 $f(x)$는 구간 $(-\infty, \infty)$에서 감소한다.
따라서 닫힌구간 $[-2, a]$에서 최솟값은 $f(a)$이므로
$f(a)=-a^3+6a^2-12a=-8$
$(a-2)^3=0$
$\therefore a=2$

15 $f(x)=x^3+ax^2+bx-3$에서
$f'(x)=3x^2+2ax+b$
$f'(2)=0$이므로 $12+4a+b=0$ $\quad\cdots\cdots$ ㉠
$f'(4)=0$이므로 $48+8a+b=0$ $\quad\cdots\cdots$ ㉡
㉠, ㉡을 연립하여 풀면
$a=-9$, $b=24$
$\therefore f(x)=x^3-9x^2+24x-3$

닫힌구간 $[1, 4]$에서 함수 $f(x)$의 증가, 감소를 표로 나타내면 다음과 같다.

x	1	$\cdots$	2	$\cdots$	4
$f'(x)$		$+$	0	$-$	0
$f(x)$	13	↗	17	↘	13

따라서 닫힌구간 $[1, 4]$에서 함수 $f(x)$의 최댓값은 $f(2)=17$, 최솟값은 $f(1)=f(4)=13$이므로 그 합은 30이다.

16 $f(x)=ax^4-4ax^3+b$에서
$f'(x)=4ax^3-12ax^2=4ax^2(x-3)$
$f'(x)=0$에서 $x=0$ 또는 $x=3$

x	1	$\cdots$	3	$\cdots$	4
$f'(x)$		$-$	0	$+$	
$f(x)$	$-3a+b$	↘	$-27a+b$	↗	b

$1\leq x\leq4$에서 함수 $f(x)$의 최댓값은 $f(4)=b$이고 최솟값은
$f(3)=-27a+b$이므로
$b=3$, $-27a+b=-6$
$\therefore a=\dfrac{1}{3}$
$\therefore ab=1$

17 $f(x)=(x+2)^3-3(x+2)^2+1$에 대하여 $x+2=t$라 하면
$-3\leq x\leq2$이므로 $-1\leq t\leq4$이다.
$f(t)=t^3-3t^2+1$ (단, $-1\leq t\leq4$)
$f'(t)=3t^2-6t=3t(t-2)$
$f'(t)=0$에서 $t=0$ 또는 $t=2$

t	-1	$\cdots$	0	$\cdots$	2	$\cdots$	4
$f'(t)$		$+$	0	$-$	0	$+$	
$f(t)$	-3	↗	1	↘	-3	↗	17

$-1\leq t\leq4$에서 함수 $f(t)$의 최솟값은 $f(-1)=f(2)=-3$, 최댓값은 $f(4)=17$이다.
따라서 최댓값과 최솟값의 합은 14이다.

18 점 P의 좌표를 $(t, t(t-2)^2)$ $(0<t<2)$이라 하고, 삼각형 OPH의 넓이를 $f(t)$라 하면
$f(t)=\dfrac{1}{2}t\times t(t-2)^2=\dfrac{1}{2}t^2(t-2)^2=\dfrac{1}{2}t^4-2t^3+2t^2$
$f'(t)=2t^3-6t^2+4t=2t(t-1)(t-2)$
$f'(t)=0$에서 $t=0$ 또는 $t=1$ 또는 $t=2$

t	(0)	$\cdots$	1	$\cdots$	(2)
$f'(t)$		$+$	0	$-$	
$f(t)$		↗	$\dfrac{1}{2}$	↘	

따라서 함수 $f(t)$는 $t=1$에서 극대이면서 최대이므로 삼각형 OPH의 넓이의 최댓값은
$f(1)=\dfrac{1}{2}$

11 방정식, 부등식에의 활용

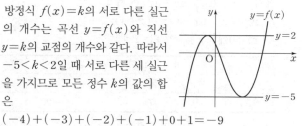

기본문제 다지기

본문 059~060쪽

01 -9	02 ③	03 ⑤	04 22
05 ②	06 ③	07 5	08 2
09 ①			

01 방정식 $f(x)=k$의 서로 다른 실근의 개수는 곡선 $y=f(x)$와 직선 $y=k$의 교점의 개수와 같다. 따라서 $-5<k<2$일 때 서로 다른 세 실근을 가지므로 모든 정수 k의 값의 합은

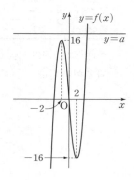

$(-4)+(-3)+(-2)+(-1)+0+1=-9$

02 $f(x)=2x^3-6x^2-18x+a$라 하면
$f'(x)=6x^2-12x-18=6(x^2-2x-3)=6(x+1)(x-3)$
$f'(x)=0$에서 $x=-1$ 또는 $x=3$

x	$\cdots$	-1	$\cdots$	3	$\cdots$
$f'(x)$	$+$	0	$-$	0	$+$
$f(x)$	↗	극대	↘	극소	↗

함수 $f(x)$는 $x=-1$에서 극대, $x=3$에서 극소이다.
삼차방정식 $f(x)=0$이 서로 다른 세 실근을 가지려면 삼차함수 $y=f(x)$의 그래프가 x축과 서로 다른 세 점에서 만나야 한다.
즉, $f(x)$의 (극댓값)×(극솟값)<0이어야 하므로
$f(-1)f(3)<0$에서
$(a+10)(a-54)<0$
$\therefore -10<a<54$

03 $x^3-12x-a=0$에서 $x^3-12x=a$
$f(x)=x^3-12x$라 하면
$f'(x)=3x^2-12=3(x+2)(x-2)$
$f'(x)=0$에서 $x=-2$ 또는 $x=2$
$f(-2)=-8+24=16$
$f(2)=8-24=-16$
따라서 그림에서 양의 실근 한 개만 갖는 a의 값의 범위는 $a>16$이므로 정수 a의 최솟값은 17이다.

04 $f(x)=x^3-3x^2-9x+a$라 하면
$f'(x)=3x^2-6x-9=3(x^2-2x-3)=3(x+1)(x-3)$
$f'(x)=0$에서 $x=-1$ 또는 $x=3$

x	$\cdots$	-1	$\cdots$	3	$\cdots$
$f'(x)$	$+$	0	$-$	0	$+$
$f(x)$	↗	극대	↘	극소	↗

즉, 함수 $f(x)$는 $x=-1$에서 극대, $x=3$에서 극소이다.
삼차함수 $y=f(x)$의 그래프가 x축에 접하려면 극댓값 또는 극솟값이 0이어야 하므로
$f(-1)f(3)=0$에서 $(a+5)(a-27)=0$
$\therefore a=-5$ 또는 $a=27$
따라서 모든 실수 a의 값의 합은 22이다.

05 $3x^4-4x^3-12x^2-k=0$에서 $3x^4-4x^3-12x^2=k$
$f(x)=3x^4-4x^3-12x^2$이라 하면
$f'(x)=12x^3-12x^2-24x=12x(x^2-x-2)$
$\quad=12x(x+1)(x-2)$
$f'(x)=0$에서 $x=-1$ 또는 $x=0$ 또는 $x=2$
$f(-1)=3+4-12=-5$
$f(0)=0$
$f(2)=48-32-48=-32$
따라서 그림에서 서로 다른 두 양의 실근만 갖는 k의 값의 범위는
$-32<k<-5$

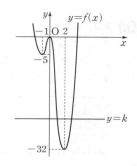

06 $x^3-11x=x+k$에서 $x^3-12x-k=0$
$f(x)=x^3-12x-k$라 하면
$f'(x)=3x^2-12=3(x^2-4)$
$\quad=3(x+2)(x-2)$
$f'(x)=0$에서 $x=-2$ 또는 $x=2$

x	$\cdots$	-2	$\cdots$	2	$\cdots$
$f'(x)$	$+$	0	$-$	0	$+$
$f(x)$	↗	극대	↘	극소	↗

즉, 함수 $f(x)$는 $x=-2$에서 극대, $x=2$에서 극소이다.
삼차방정식 $f(x)=0$이 서로 다른 세 실근을 가지려면
(극댓값)×(극솟값)<0이어야 하므로
$f(-2)f(2)<0$에서 $(16-k)(-16-k)<0$
$(k-16)(k+16)<0$
$\therefore -16<k<16$

07 $f'(-2)=f'(2)=0$이므로
$f'(x)=a(x+2)(x-2)$ $(a<0)$라 하면
함수 $y=f(x)$는 $x=-2$에서 극솟값 $f(-2)$, $x=2$에서 극댓값 $f(2)$를 갖고, 도함수 $y=f'(x)$의 그래프에서 함수 $y=f(x)$의 그래프의 개형을 추론하면 다음과 같다.

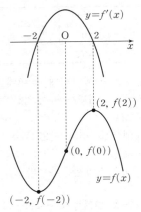

$f(-2)=-2, f(2)=4$이므로
방정식 $f(x)=k$가 서로 다른 세 실근을 갖도록 하는 정수 k의 값은 $-1, 0, 1, 2, 3$이다.
∴ $(-1)+0+1+2+3=5$

08 $f(x)=x^3-3x-1$이므로
$f'(x)=3x^2-3=3(x+1)(x-1)$
$f'(x)=0$에서 $x=-1$ 또는 $x=1$
함수 $y=f(x)$의 증가, 감소를 표로 나타내면 다음과 같다.

x	$\cdots$	-1	$\cdots$	1	$\cdots$
$f'(x)$	$+$	0	$-$	0	$+$
$f(x)$	↗	1	↘	-3	↗

따라서 함수 $y=|f(x)|$의 그래프는 다음과 같다.

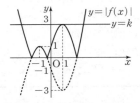

방정식 $|f(x)|=k$가 서로 다른 네 실근을 가지려면 곡선 $y=|f(x)|$와 직선 $y=k$의 교점의 개수가 4이어야 하므로 정수 k의 값은 2이다.

09 $f(x)=x^3-6x^2+9x+k$라 하면
$f'(x)=3x^2-12x+9=3(x^2-4x+3)=3(x-1)(x-3)$
$f'(x)=0$에서 $x=1$ 또는 $x=3$

x	(0)	$\cdots$	1	$\cdots$	3	$\cdots$
$f'(x)$		$+$	0	$-$	0	$+$
$f(x)$	k	↗	$k+4$	↘	k	↗

즉, $x>0$일 때, 함수 $f(x)$의 최솟값은 k이므로
$k>0$

본문 060~062쪽

10 ③	**11** 7	**12** ④	**13** 15
14 4	**15** 21	**16** ③	**17** ①
18 ①	**19** ③	**20** ④	**21** ②
22 21	**23** ⑤	**24** 3	**25** 31

10 방정식 $2x^3-3x^2-12x+k=0$, 즉
$2x^3-3x^2-12x=-k$ $\cdots\cdots$ ㉠
에서 $f(x)=2x^3-3x^2-12x$라 하자.
$f'(x)=6x^2-6x-12=6(x+1)(x-2)$
$f'(x)=0$에서 $x=-1$ 또는 $x=2$

x	$\cdots$	-1	$\cdots$	2	$\cdots$
$f'(x)$	$+$	0	$-$	0	$+$
$f(x)$	↗	7	↘	-20	↗

함수 $f(x)$는 $x=-1$에서 극댓값 7을 갖고, $x=2$에서 극솟값 -20을 갖는다.
방정식 ㉠이 서로 다른 세 실근을 가지려면 함수 $y=f(x)$의 그래프와 직선 $y=-k$가 서로 다른 세 점에서 만나야 하므로
$-20<-k<7$
즉, $-7<k<20$이다.
따라서 정수 k의 값은 $-6, -5, -4,$ $\cdots$, 19이고, 그 개수는 26이다.

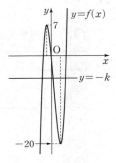

11 방정식
$2x^3-6x^2+k=0$ $\cdots\cdots$ ㉠
에서 $f(x)=2x^3-6x^2+k$라 하면 방정식의 실근은 함수 $y=f(x)$의 그래프와 x축이 만나는 점의 x좌표이다.
$f'(x)=6x^2-12x=6x(x-2)$이므로
$f'(x)=0$에서 $x=0$ 또는 $x=2$
그러므로 함수 $f(x)$의 증가와 감소를 표로 나타내면 다음과 같다.

x	$\cdots$	0	$\cdots$	2	$\cdots$
$f'(x)$	$+$	0	$-$	0	$+$
$f(x)$	↗	k	↘	$k-8$	↗

이때 ㉠이 2개의 서로 다른 양의 실근을 갖기 위해서는 다음 그림과 같아야 한다.

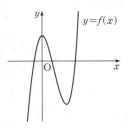

즉, 함수 $f(x)$의 극댓값은 양수이어야 하고 함수 $f(x)$의 극솟값은 음수이어야 한다.
그러므로 $k>0$이고 $k-8<0$이므로

$0 < k < 8$

따라서, 정수 k의 개수는 1, 2, 3, 4, 5, 6, 7의 7이다.

12 $f(x)=x^3-3x^2-9x+k$로 놓으면

$f'(x)=3x^2-6x-9=3(x+1)(x-3)$

$f'(x)=0$에서 $x=-1$ 또는 $x=3$

$f(-1)=k+5$, $f(3)=k-27$이므로

삼차함수 $y=f(x)$의 그래프는 $x=-1$에서 극댓값 $k+5$를 갖고, $x=3$에서 극솟값 $k-27$을 갖는다.

이때 방정식 $f(x)=0$의 서로 다른 실근의 개수가 2가 되려면 극댓값 또는 극솟값이 0이어야 하므로

$k+5=0$ 또는 $k-27=0$

즉, $k=-5$ 또는 $k=27$

따라서 조건을 만족시키는 모든 실수 k의 값의 합은

$-5+27=22$

13 $f(x)=4x^3-12x+7$이라 하면

$f'(x)=12x^2-12=12(x-1)(x+1)$

이때, $f'(x)=0$의 해가 $x=-1$ 또는 $x=1$이므로

함수 $f(x)$는 $x=-1$일 때 극대이고, $x=1$일 때 극소이다.

한편, 곡선 $y=f(x)$와 직선 $y=k$가 두 점에서 만나는 경우는 직선 $y=k$가 극댓점 또는 극솟점을 지나는 경우이다.

$f(-1)=-4+12+7=15$

$f(1)=4-12+7=-1$

이므로 $k=15$일 때 곡선과 직선이 만나는 점의 개수가 2이다.

14 $f(x)=3x^4-4x^3-12x^2$이라 하면

$f'(x)=12x^3-12x^2-24x$

$\qquad =12x(x+1)(x-2)$

이므로 $f'(x)=0$에서

$x=0$ 또는 $x=-1$ 또는 $x=2$

이때 함수 $f(x)$의 증가와 감소를 표로 나타내면 다음과 같다.

x	$\cdots$	-1	$\cdots$	0	$\cdots$	2	$\cdots$
$f'(x)$	$-$	0	$+$	0	$-$	0	$+$
$f(x)$	$\searrow$	극소	$\nearrow$	극대	$\searrow$	극소	$\nearrow$

따라서 사차함수 $f(x)$는 $x=0$에서 극댓값 $f(0)=0$을 갖고, $x=-1$, $x=2$에서 각각 극솟값

$f(-1)=-5$, $f(2)=-32$를 갖는다.

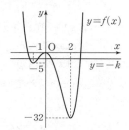

주어진 방정식의 서로 다른 실근의 개수는 곡선 $y=f(x)$와 직선 $y=-k$의 교점의 개수와 같으므로 주어진 방정식이 서로 다른 네 실근을 가질 조건은 위의 그래프에서

$-5 < -k < 0$, 즉 $0 < k < 5$

이어야 한다.

따라서 구하는 자연수 k의 개수는 4이다.

15 $x^3-3x^2+2x-3=2x+k$에서

$x^3-3x^2-3=k \qquad \cdots\cdots$ ㉠

따라서 $y=x^3-3x^2-3$이라 하면

$y'=3x^2-6x$

이므로 $y'=0$에서

$3x^2-6x=3x(x-2)=0$

$x=0$ 또는 $x=2$

함수 $y=x^3-3x^2-3$의 증가와 감소를 표로 나타내면 다음과 같다.

x	$\cdots$	0	$\cdots$	2	$\cdots$
y'	$+$	0	$-$	0	$+$
y	$\nearrow$	-3	$\searrow$	-7	$\nearrow$

따라서 곡선 $y=x^3-3x^2-3$은 다음 그림과 같으므로 곡선 $y=x^3-3x^2-3$과 직선 $y=k$의 교점의 개수가 2이어야 한다.

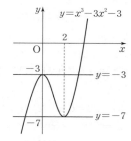

$\therefore k=-3$ 또는 $k=-7$

따라서 모든 실수 k의 값의 곱은

$(-3)\times(-7)=21$

16 $x^3-x^2+k=2x^2-1$에서

$x^3-3x^2+k+1=0$

$f(x)=x^3-3x^2+k+1$이라 하면

$f'(x)=3x^2-6x=3x(x-2)$

$f'(x)=0$에서 $x=0$ 또는 $x=2$

함수 $f(x)$의 증가와 감소를 표로 나타내면 다음과 같다.

x	$\cdots$	0	$\cdots$	2	$\cdots$
$f'(x)$	$+$	0	$-$	0	$+$
$f(x)$	$\nearrow$	$k+1$	$\searrow$	$k-3$	$\nearrow$

즉, 함수 $f(x)$는 $x=0$에서 극대, $x=2$에서 극소이다.

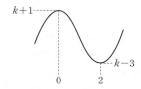

삼차방정식 $f(x)=0$이 서로 다른 두 실근을 가지려면 삼차함수 $f(x)$의 극댓값 또는 극솟값이 0이어야 하므로

$f(0)f(2)=0$에서 $(k+1)(k-3)=0$

$\therefore k=-1$ 또는 $k=3$

따라서 양수 k의 값은 3이다.

17 $x(x+1)(x-4)=5x+k$에서

$x^3-3x^2-9x-k=0$

$g(x)=x^3-3x^2-9x-k$라 하면

$g'(x)=3x^2-6x-9$
$\qquad =3(x^2-2x-3)$
$\qquad =3(x+1)(x-3)$
$g'(x)=0$에서 $x=-1$ 또는 $x=3$

x	$\cdots$	-1	$\cdots$	3	$\cdots$
$g'(x)$	$+$	0	$-$	0	$+$
$g(x)$	↗	극대	↘	극소	↗

삼차방정식 $g(x)=0$이 서로 다른 두 실근을 가지려면 삼차함수 $g(x)$의 극댓값 또는 극솟값이 0이어야 하므로
$g(-1)g(3)=0$에서 $(5-k)(-27-k)=0$
$\therefore k=-27$ 또는 $k=5$
따라서 양수 k의 값은 5이다.

18 $f(x)=g(x)$에서
$3x^3-x^2-3x=x^3-4x^2+9x+a$이므로
$2x^3+3x^2-12x=a$
$h(x)=2x^3+3x^2-12x$로 놓으면 함수 $y=h(x)$의 그래프와 직선 $y=a$의 교점의 x좌표가 서로 다른 양의 실수 2개, 음의 실수 1개이어야 한다.
$h'(x)=6x^2+6x-12=6(x+2)(x-1)$
$h'(x)=0$에서 $x=-2$ 또는 $x=1$
즉, $h(-2)=20$, $h(1)=-7$이므로
함수 $y=h(x)$의 그래프는 그림과 같다.
따라서 $-7<a<0$일 때, 함수 $y=h(x)$의 그래프와 직선 $y=a$의 교점의 x좌표가 서로 다른 양의 실수 2개, 음의 실수 1개이므로 정수 a의 개수는 -6, -5, -4, -3, -2, -1의 6이다.

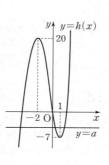

19 $f(x)=2x^3+6x^2+a$라 하면
$f'(x)=6x^2+12x=6x(x+2)$
$f'(x)=0$에서 $x=-2$ 또는 $x=0$

x	$\cdots$	-2	$\cdots$	0	$\cdots$
$f'(x)$	$+$	0	$-$	0	$+$
$f(x)$	↗	$8+a$	↘	a	↗

방정식 $f(x)=0$이 $-2\le x\le 2$에서 서로 다른 두 실근을 갖기 위해서는 함수 $y=f(x)$의 그래프가 오른쪽 그림과 같아야 한다.

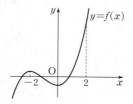

$f(2)=40+a$이므로 $f(2)>f(-2)$
조건을 만족시키기 위해서는
$f(-2)\ge 0$이고 $f(0)<0$이어야 한다.
$f(-2)\ge 0$에서 $8+a\ge 0$, $a\ge -8$ $\qquad$ ……㉠
$f(0)<0$에서 $a<0$ $\qquad$ ……㉡
따라서 ㉠, ㉡에서 $-8\le a<0$이므로 구하는 정수 a의 개수는 -8, -7, -6, -5, -4, -3, -2, -1의 8이다.

20 두 함수 $f(x)=6x^3-x$와 $g(x)=|x-a|$의 그래프가 서로 다른 두 점에서 만나는 경우는 [그림1], [그림2]와 같이 두 가지

가 있다.

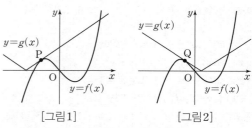

[그림1]　　　　　[그림2]

(ⅰ) [그림1]에서 함수 $g(x)=|x-a|$가 $x>a$일 때
$y=x-a$이므로 함수 $f(x)=6x^3-x$의 그래프와 점 P에서 접한다.
따라서 $f'(x)=1$이므로
$18x^2-1=1$
$x^2=\dfrac{1}{9}$ $\quad \therefore x=-\dfrac{1}{3}$ $(\because x<0)$
접점 P의 좌표는 $\left(-\dfrac{1}{3}, \dfrac{1}{9}\right)$이므로
$\dfrac{1}{9}=-\dfrac{1}{3}-a$ $\quad \therefore a=-\dfrac{4}{9}$

(ⅱ) [그림2]에서 함수 $g(x)=|x-a|$가 $x\le a$일 때
$y=-x+a$이므로 함수 $f(x)=6x^3-x$의 그래프와 점 Q에서 접한다.
따라서 $f'(x)=-1$이므로
$18x^2-1=-1$
$18x^2=0$ $\quad \therefore x=0$
접점 Q의 좌표는 $(0, 0)$이므로
$0=0+a$ $\quad \therefore a=0$
(ⅰ), (ⅱ)에서 구하는 모든 실수 a의 값의 합은
$\left(-\dfrac{4}{9}\right)+0=-\dfrac{4}{9}$

21 세 실근을 a, ar, ar^2이라 하면
$f(x)=(x-a)(x-ar)(x-ar^2)+9$
$\qquad =x^3-a(1+r+r^2)x^2+a^2r(1+r+r^2)x-(ar)^3+9$
$f(0)=-(ar)^3+9=1$에서 $ar=2$ $\qquad$ ……㉠
$f'(x)=3x^2-2a(1+r+r^2)x+a^2r(1+r+r^2)$
$f'(2)=12-4a(1+r+r^2)+a^2r(1+r+r^2)=-2$에서
$a(1+r+r^2)=7$ $(\because$ ㉠$)$
$\therefore f(x)=x^3-7x^2+14x+1$
$\therefore f(3)=27-63+42+1=7$

22 함수 $g(x)$를 $g(x)=f(x)+|f(x)+x|-6x$라 하면
$g(x)=\begin{cases} -7x & (f(x)<-x) \\ 2f(x)-5x & (f(x)\ge -x) \end{cases}$
이고, 주어진 방정식은 $g(x)=k$와 같다.
$f(x)=-x$에서
$\dfrac{1}{2}x^3-\dfrac{9}{2}x^2+10x=-x$, $\dfrac{x}{2}(x^2-9x+22)=0$
이때 모든 실수 x에 대하여
$x^2-9x+22=\left(x-\dfrac{9}{2}\right)^2+\dfrac{7}{4}>0$
이므로 곡선 $y=f(x)$와 직선 $y=-x$는 오직 원점 $(0, 0)$에서만 만난다.

따라서 함수 $h(x)$를
$$h(x)=2f(x)-5x=x^3-9x^2+15x$$
라 하면
$$g(x)=\begin{cases} -7x & (x<0) \\ h(x) & (x\geq 0) \end{cases}$$
$$h'(x)=3x^2-18x+15=3(x-1)(x-5)$$
이므로 $h'(x)=0$에서 $x=1$ 또는 $x=5$
따라서 함수 $h(x)$는 $x=1$에서 극댓값
$$h(1)=1-9+15=7$$
을 갖고, $x=5$에서 극솟값
$$h(5)=125-225+75=-25$$
를 갖는다.
따라서 함수 $y=g(x)$의 그래프는 그림과 같다.

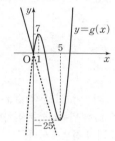

주어진 방정식의 서로 다른 실근의 개수가 4가 되기 위해서는 곡선 $y=g(x)$와 직선 $y=k$의 교점의 개수가 4이어야 하므로 실수 k의 값의 범위는 $0<k<7$
따라서 모든 정수 k의 값의 합은
$$1+2+3+\cdots+6=\frac{6}{2}(1+6)=21$$

23 $h(x)=f(x)-g(x)$라 하면
$$h(x)=x^3-x^2-x+6-a$$
이때 $x\geq 0$인 모든 실수 x에 대하여 부등식 $h(x)\geq 0$이 성립하려면 $x\geq 0$에서 함수 $h(x)$의 최솟값이 0 이상이어야 한다.
$$h'(x)=3x^2-2x-1=(3x+1)(x-1)$$
이므로 $h'(x)=0$에서
$x=-\dfrac{1}{3}$ 또는 $x=1$
$x\geq 0$에서 함수 $h(x)$의 증가와 감소를 표로 나타내면 다음과 같다.

x	0	$\cdots$	1	$\cdots$
$h'(x)$		$-$	0	$+$
$h(x)$	$6-a$	$\searrow$	$5-a$	$\nearrow$

즉, $x\geq 0$에서 함수 $h(x)$의 최솟값이 $5-a$이므로 주어진 조건을 만족시키려면 $5-a\geq 0$이어야 한다.
따라서 $a\leq 5$이므로 구하는 실수 a의 최댓값은 5이다.

24 $h(x)=f(x)-3g(x)$로 놓으면
$$h(x)=x^3-3x^2-9x+30-k$$
이고, 닫힌구간 $[-1, 4]$에서 $f(x)\geq 3g(x)$
이므로 $h(x)\geq 0$이어야 한다.
$$h'(x)=3x^2-6x-9=3(x+1)(x-3)$$
이므로 $h'(x)=0$에서 $x=-1$ 또는 $x=3$

즉, 함수 $h(x)$는 $x=3$에서 극소이자 최솟값을 가지므로 닫힌구간 $[-1, 4]$에서 $h(x)\geq 0$이려면
$$h(3)=3-k\geq 0$$
즉, $k\leq 3$이어야 한다.
따라서 구하는 k의 최댓값은 3이다.

25 $2k-8\leq\dfrac{f(k+2)-f(k)}{2}\leq 4k^2+14k$ $\cdots\cdots$ ㉠
에서
$$2k-8=4k^2+14k,\ k^2+3k+2=0$$
$$(k+1)(k+2)=0$$
$$k=-1\ \text{또는}\ k=-2$$
즉, ㉠에 $k=-1$을 대입하면
$$-10\leq\frac{f(1)-f(-1)}{2}\leq -10$$
이므로 $f(1)-f(-1)=-20$ $\cdots\cdots$ ㉡
또 ㉠에 $k=-2$를 대입하면
$$-12\leq\frac{f(0)-f(-2)}{2}\leq -12$$
이므로 $f(0)-f(-2)=-24$ $\cdots\cdots$ ㉢
삼차함수 $f(x)$의 최고차항의 계수가 1이므로 상수 a, b, c에 대하여
$$f(x)=x^3+ax^2+bx+c$$
로 놓으면 ㉡에서
$$f(1)-f(-1)=(1+a+b+c)-(-1+a-b+c)$$
$$=2+2b=-20$$
$$\therefore b=-11$$
㉢에서
$$f(0)-f(-2)=c-(-8+4a-2b+c)$$
$$=8-4a+2\times(-11)\ (\because b=-11)$$
$$=-4a-14=-24$$
$$\therefore a=\frac{5}{2}$$
즉, $f(x)=x^3+\dfrac{5}{2}x^2-11x+c$에서
$$f'(x)=3x^2+5x-11$$
이므로
$$f'(3)=3\times 3^2+5\times 3-11$$
$$=31$$

예상문제 도전하기 본문 063쪽

26 31	27 ②	28 13	29 6
30 52	31 ③	32 ③	

26 $f(x)=x^3-6x^2+2-n$이라 하면
$$f'(x)=3x^2-12x=3x(x-4)$$
$$f'(x)=0\text{에서 }x=0\text{ 또는 }x=4$$

x	$\cdots$	0	$\cdots$	4	$\cdots$
$f'(x)$	$+$	0	$-$	0	$+$
$f(x)$	$\nearrow$	극대	$\searrow$	극소	$\nearrow$

삼차방정식 $f(x)=0$이 서로 다른 세 실근을 가지려면 삼차함수
$y=f(x)$의 그래프가 x축과 서로 다른 세 점에서 만나야 한다.
즉, $f(x)$의 (극댓값)$\times$(극솟값)<0이어야 하므로
$f(0)f(4)<0$에서 $(2-n)\times(-30-n)<0$
$(n-2)\times(n+30)<0$
$\therefore -30<n<2$
따라서 구하는 정수 n의 개수는 -29, -28, $\cdots$, 1의 31이다.

27 주어진 두 곡선이 서로 다른 세 점에서 만나야 하므로 방정식
$x^3-4x^2+3x=2x^2-6x+a$, 즉 $x^3-6x^2+9x-a=0$이 서로
다른 세 실근을 가져야 한다.
$f(x)=x^3-6x^2+9x-a$라 하면
$f'(x)=3x^2-12x+9=3(x-1)(x-3)$
$f'(x)=0$에서 $x=1$ 또는 $x=3$

x	$\cdots$	1	$\cdots$	3	$\cdots$
$f'(x)$	$+$	0	$-$	0	$+$
$f(x)$	$\nearrow$	극대	$\searrow$	극소	$\nearrow$

즉, $f(x)$는 $x=1$에서 극대이고 $x=3$에서 극소이다.
방정식이 서로 다른 세 실근을 가지려면
(극댓값)$\times$(극솟값)<0이어야 하므로
$f(1)f(3)<0$에서 $(4-a)(-a)<0$
$a(a-4)<0$
$\therefore 0<a<4$
따라서 모든 정수 a의 값의 합은
$1+2+3=6$

28 방정식 $f(x)=g(x)$가 서로 다른 두 실근을 가지려면 함수
$y=f(x)$의 그래프와 직선 $y=g(x)$가 서로 다른 두 점에서 만나
야 한다.
$f'(x)=6x^2+6x-12=6(x+2)(x-1)$
$f'(x)=0$에서 $x=-2$ 또는 $x=1$
즉, $f(-2)=20$, $f(1)=-7$이므로
함수 $y=f(x)$의 그래프는 그림과 같다.
따라서 $y=-7$ 또는 $y=20$일 때, 함수
$y=f(x)$의 그래프와 직선 $y=g(x)$가
서로 다른 두 점에서 만나므로
$a=-7$ 또는 $a=20$이다.
그러므로 모든 a의 값의 합은 13이다.

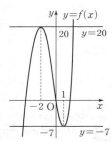

29 $3f(x)-k=0$에서 $f(x)=\dfrac{k}{3}$ $\cdots\cdots$ ㉠
이고, 주어진 도함수 $y=f'(x)$의 그래프에서
$f'(-1)=0$, $f'(2)=0$
$f(-1)=4$, $f(2)=-2$이므로 함수 $y=f(x)$의 증가, 감소를
표로 나타내고 그 그래프를 그리면 다음과 같다.

x	$\cdots$	-1	$\cdots$	2	$\cdots$
$f'(x)$	$+$	0	$-$	0	$+$
$f(x)$	$\nearrow$	4	$\searrow$	-2	$\nearrow$

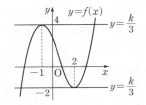

방정식 ㉠의 서로 다른 실근의 개수는 곡선 $y=f(x)$와 직선
$y=\dfrac{k}{3}$의 교점의 개수와 같다.
따라서 주어진 방정식이 서로 다른 두 실근을 가지려면
$\dfrac{k}{3}=4$ 또는 $\dfrac{k}{3}=-2$
$\therefore k=12$ 또는 $k=-6$
$\therefore 12+(-6)=6$

30 최고차항의 계수가 1이고 모든 실수 x에 대하여
$f(-x)=-f(x)$를 만족시키는 삼차함수 $y=f(x)$의 그래프는
다음과 같이 두 가지 경우가 있다.

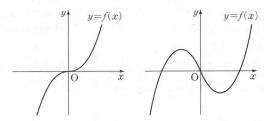

방정식 $|f(x)|=2$의 서로 다른 실근의 개수가 4인 경우는 그림
과 같다.

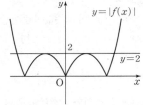

즉, $y=f(x)$의 극솟값은 -2, 극댓값은 2이므로
$f(x)=x^3-bx$ (b는 상수)라 하면
$f'(x)=3x^2-b=0$에서
$x=\pm\sqrt{\dfrac{b}{3}}$
$f\left(\sqrt{\dfrac{b}{3}}\right)=-2$이므로
$\left(\sqrt{\dfrac{b}{3}}\right)^3-b\times\sqrt{\dfrac{b}{3}}=-2$
$b^3=27$ $\therefore b=3$
따라서 $f(x)=x^3-3x$이므로
$f(4)=4^3-3\times4=52$

31 주어진 도함수의 그래프와 함숫값으로부터 사차함수 $f(x)$의 그래프를 그리면 그림과 같다.

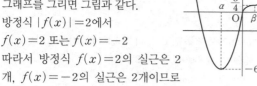

방정식 $|f(x)|=2$에서
$f(x)=2$ 또는 $f(x)=-2$
따라서 방정식 $f(x)=2$의 실근은 2개, $f(x)=-2$의 실근은 2개이므로
방정식 $|f(x)|=2$의 서로 다른 실근의 개수는 4이다.

32 $f(x)=x^3-3a^2x+2$라 하면
$f'(x)=3x^2-3a^2=3(x-a)(x+a)$
(i) $a>0$일 때,
　$f'(x)=0$에서 $x=a$ ($\because x\geq 0$)

x	0	$\cdots$	a	$\cdots$
$f'(x)$		$-$	0	$+$
$f(x)$		$\searrow$	극소	$\nearrow$

즉, 함수 $f(x)$는 $x=a$에서 극소이면서 최소이므로 최솟값은
$f(a)=a^3-3a^3+2=-2a^3+2=-2(a^3-1)$
$-2(a^3-1)\geq 0$에서 $(a-1)(a^2+a+1)\leq 0$
$\therefore 0<a\leq 1$
(ii) $a=0$일 때,
　$f(x)=x^3+2$이므로 $x\geq 0$에서 $f(x)\geq 0$이 성립한다.
(iii) $a<0$일 때,
　$f'(x)=0$에서 $x=-a$ ($\because x\geq 0$)

x	0	$\cdots$	$-a$	$\cdots$
$f'(x)$		$-$	0	$+$
$f(x)$		$\searrow$	극소	$\nearrow$

즉, 함수 $f(x)$는 $x=-a$에서 극소이면서 최소이므로 최솟값은
$f(-a)=-a^3+3a^3+2=2a^3+2=2(a^3+1)$
$2(a^3+1)\geq 0$에서 $(a+1)(a^2-a+1)\geq 0$
$\therefore -1\leq a<0$
(i), (ii), (iii)에서 a의 값의 범위는 $-1\leq a\leq 1$
따라서 a의 최댓값과 최솟값의 합은
$1+(-1)=0$

12 속도와 가속도

기본문제 다지기

본문 065쪽

01 ③　　**02** ④　　**03** ④　　**04** ②
05 ①　　**06** ④

01 $v=\dfrac{dx}{dt}=6t^2-10t$, $a=\dfrac{dv}{dt}=12t-10$이므로
$t=2$일 때, 속도 $p=6\times 2^2-10\times 2=4$
$t=2$일 때, 가속도 $q=12\times 2-10=14$
$\therefore p+q=18$

02 점 P의 운동 방향이 바뀌는 것은 속도가 0일 때이다.
$v=\dfrac{dx}{dt}=9t^2-18t=9t(t-2)$
$9t(t-2)=0$에서 $t=2$
따라서 $t=2$일 때의 가속도는
$\dfrac{dv}{dt}=18t-18$에서 $18\times 2-18=18$

03 점 P의 시각 t에서의 위치 x가
$x=t^3-6t^2$
이므로 점 P의 시각 t에서의 속도 v는
$v=3t^2-12t$
또 점 P의 시각 t에서의 가속도 a는
$a=6t-12$
가속도가 0이 되는 순간은 $6t-12=0$에서 $t=2$
$t=2$일 때, 점 P의 속도 v는 $v=12-24=-12$
$\therefore p=-12$
$t=2$일 때, 점 P의 위치 x는 $x=8-24=-16$
$\therefore q=-16$
$\therefore p-q=-12-(-16)=4$

04 점 P의 시각 t에서의 위치가 $x=t^3+kt^2-9t$
이므로 시각 t에서의 점 P의 속도를 v라 하면
$v=3t^2+2kt-9$
$t=1$에서의 점 P의 속도가 0이므로
$3+2k-9=0$　　$\therefore k=3$
$\therefore v=3t^2+6t-9$
또 시각 t에서의 점 P의 가속도를 a라 하면 $a=6t+6$
따라서 $t=1$에서의 점 P의 가속도는 $6+6=12$

05 두 점 P, Q가 만날 때, 두 점 P, Q의 좌표가 같으므로
$t^2-4t+5=2t$에서 $(t-1)(t-5)=0$
$\therefore t=1$ 또는 $t=5$
즉, $t=5$일 때, 두 점 P, Q는 두 번째 만난다.
따라서 두 점 P, Q의 시각 t에서의 속도를 각각 v_P, v_Q라 하면
$v_P=\dfrac{dx_P}{dt}=2t-4$, $v_Q=\dfrac{dx_Q}{dt}=2$이므로
$t=5$일 때, 점 P의 속도는 $v_P=2\times 5-4=6$
점 Q의 속도는 $v_Q=2$

06 두 점 P, Q의 t초 후의 속도를 각각 v_P, v_Q라 하면
$v_P=\dfrac{dx_P}{dt}=3t-18=3(t-6)$
$v_Q=\dfrac{dx_Q}{dt}=3t-30=3(t-10)$
두 점 P, Q가 서로 반대 방향으로 움직이므로 $v_P\times v_Q<0$
$9(t-6)(t-10)<0$　　$\therefore 6<t<10$
따라서 두 점 P, Q가 서로 반대 방향으로 움직이는 시간은
$10-6=4$(초)

기출문제 맛보기

07 8	**08** ②	**09** ④	**10** 22
11 ①	**12** ①	**13** 27	**14** ②
15 ①	**16** ①		

07 점 P의 시각 t에서의 위치가 $x=t^3-5t^2+6t$
이므로 시각 t에서의 점 P의 속도를 v라 하면
$v=3t^2-10t+6$
또 시각 t에서의 점 P의 가속도를 a라 하면
$a=6t-10$
따라서 $t=3$에서 점 P의 가속도는 $6\times3-10=8$

08 $v=\dfrac{dx}{dt}=-2t+4$
$t=a$에서 속도가 0이므로 $-2a+4=0$
$\therefore a=2$

09 점 P의 시각 t에서의 위치 x가 $x=t^3-12t+k$
이므로 점 P의 시각 t에서의 속도 v는 $v=3t^2-12$
점 P의 운동 방향이 바뀔 때의 점 P의 속도는 0이므로
$3t^2-12=0$, $3(t+2)(t-2)=0$
$t>0$이므로 $t=2$
점 P의 운동 방향이 원점에서 바뀌므로 $t=2$일 때, 점 P의 위치
는 원점이다.
즉, $2^3-12\times2+k=0$에서 $k=16$

10 점 P의 시각 $t\,(t\geq0)$에서의 위치 x가 $x=-\dfrac{1}{3}t^3+3t^2+k$
이므로 점 P의 시각 t에서의 속도 v는 $v=-t^2+6t$
이고, 점 P의 시각 t에서의 가속도 a는 $a=-2t+6$
점 P의 가속도가 0이므로 $-2t+6=0$에서 $t=3$
$t=3$일 때, 점 P의 위치가 40이므로
$-\dfrac{1}{3}\times3^3+3\times3^2+k=40$ $\therefore k=22$

11 두 점 P, Q의 시각 t일 때의 위치는 각각
$f(t)=2t^2-2t$, $g(t)=t^2-8t$이므로 속도는 각각
$f'(t)=4t-2$, $g'(t)=2t-8$
두 점 P, Q가 서로 반대 방향으로 움직이려면
$f'(t)g'(t)<0$이어야 하므로
$(4t-2)(2t-8)=4(2t-1)(t-4)<0$
$\therefore \dfrac{1}{2}<t<4$

12 $x_1=t^2+t-6$, $x_2=-t^3+7t^2$
이므로 $x_1=x_2$에서
$t^2+t-6=-t^3+7t^2$, $t^3-6t^2+t-6=0$
$t^2(t-6)+t-6=0$, $(t-6)(t^2+1)=0$
$t\geq0$이므로 $t=6$
즉, 두 점 P, Q의 위치가 같아지는 순간의 시각은 $t=6$이다.
한편 두 점 P, Q의 시각 t에서의 속도를 각각 v_1, v_2라 하면
$v_1=\dfrac{dx_1}{dt}=2t+1$, $v_2=\dfrac{dx_2}{dt}=-3t^2+14t$

두 점 P, Q의 시각 t에서의 가속도를 각각 a_1, a_2라 하면
$a_1=\dfrac{dv_1}{dt}=2$,
$a_2=\dfrac{dv_2}{dt}=-6t+14$
시각 $t=6$에서의 두 점 P, Q의 가속도가 각각 p, q이므로
$p=2$, $q=-6\times6+14=-22$
$\therefore p-q=2-(-22)=24$

13 두 점 P, Q의 시각 t에서의 속도를 각각 v_1, v_2라 하면
$v_1=3t^2-4t+3$, $v_2=2t+12$이므로
$3t^2-4t+3=2t+12$에서
$3t^2-6t-9=0$, $(t+1)(t-3)=0$
$\therefore t=3\ (\because t\geq0)$
즉, $t=3$일 때, 두 점 P, Q의 위치는 각각 18, 45이다.
따라서 구하는 두 점 사이의 거리는
$45-18=27$

14 점 P의 시각 t에서의 속도와 가속도를 각각 v, a라 하면
$v=x'=3t^2-3t-6$
$a=v'=6t-3$
이때 출발한 후 점 P의 운동 방향이 바뀌는 시각은
$v=3t^2-3t-6=3(t-2)(t+1)=0$
에서
$t=2$
따라서 $t=2$에서 점 P의 운동 방향이 바뀌므로 구하는 가속도는
$6\times2-3=9$

15 시각 $t=1$에서 운동 방향을 바꾸므로 시각 t에서의 속도를 $v(t)$
라 하면 $v(1)=0$
$x=t^3+at^2+bt$에서 $v(t)=3t^2+2at+b$이므로
$v(1)=3+2a+b=0$ ······㉠
또 시각 t에서의 가속도를 $a(t)$라 하면 $a(t)=6t+2a$
$a(2)=0$이므로 $a(2)=12+2a=0$
$\therefore a=-6$
$a=-6$을 ㉠에 대입하면 $b=9$
$\therefore a+b=(-6)+9=3$

16 점 P의 시각 t에서의 속도를 v라 하면
$v=\dfrac{dx}{dt}=3t^2-10t+a$
점 P가 움직이는 방향이 바뀌지 않으려면 시각 $t\,(t\geq0)$에 대하여
항상 $v\geq0$이거나 $v\leq0$이어야 한다.
$v=3\left(t-\dfrac{5}{3}\right)^2+a-\dfrac{25}{3}$
이므로 시각 t에 대하여 항상 $v\leq0$일 수는 없다.
즉, 시각 t에 대하여 항상 $v\geq0$이어야 하므로
$a-\dfrac{25}{3}\geq0$
따라서 $a\geq\dfrac{25}{3}=8.\times\times\times$에서 조건을 만족시키는 자연수 a의
최솟값은 9이다.

본문 067쪽

예상문제 도전하기

17 ②	18 ③	19 ③	20 ④
21 42	22 ③	23 ②	24 25

17 시각 t에서의 점 P의 속도는 $P'(t)=3t^2-18t+34$

점 P의 속도가 10이므로 $3t^2-18t+34=10$

$t^2-6t+8=0$, $(t-2)(t-4)=0$ ∴ $t=2$ 또는 $t=4$

따라서 점 P의 속도가 처음으로 10이 되는 순간은 $t=2$이므로

$t=2$에서의 점 P의 위치는

$P(2)=8-36+68=40$

18 점 P의 시각 t에서의 위치가 $x=t^3+kt^2+t$

이므로 시각 t에서의 점 P의 속도를 v라 하면

$v=3t^2+2kt+1$

또 시각 t에서의 점 P의 가속도를 a라 하면

$a=6t+2k$

$t=1$에서의 점 P의 가속도가 2이므로

$6+2k=2$ ∴ $k=-2$

따라서 $t=2$에서의 점 P의 가속도는

$6\times2+2\times(-2)=8$

19 시각 $t=1$에서 운동 방향을 바꾸므로 시각 t에서의 점 P의 속도를 $v(t)$라 하면 $v(1)=0$

$x=t^3+at^2+bt$에서 $v(t)=3t^2+2at+b$이므로

$v(1)=3+2a+b=0$ ……㉠

또 시각 t에서의 가속도를 $a(t)$라 하면 $a(t)=6t+2a$

$a(2)=6$이므로 $a(2)=6\times2+2a=6$ ∴ $a=-3$

$a=-3$을 ㉠에 대입하면 $b=3$

따라서 $v(t)=3t^2-6t+3$이므로

$v(2)=3\times4-6\times2+3=3$

20 시각 $t=3$에서 운동 방향을 바꾸므로 시각 t에서의 속도를 $v(t)$라 하면 $v(3)=0$

$x=t^3+at^2+bt+10$에서 $v(t)=3t^2+2at+b$이므로

$v(3)=27+6a+b=0$ ∴ $b=-6a-27$ ……㉠

또 시각 t에서의 가속도를 $a(t)$라 하면 $a(t)=6t+2a$

$a(3)=10$이므로 $a(3)=18+2a=10$

∴ $a=-4$ ……㉡

㉡을 ㉠에 대입하면 $b=-3$

따라서 $x=t^3-4t^2-3t+10$이므로

$t=1$에서의 점 P의 위치는

$1^3-4\times1^2-3\times1+10=4$

21 점 P의 시각 t에서의 속도를 v라 하면

$v=\dfrac{dx}{dt}=3t^2-12t+k$

$t=a$와 $t=b$에서 점 P가 운동 방향을 바꾸므로

$t=a$와 $t=b$에서 속도 $v=0$이다.

따라서 $3t^2-12t+k=0$의 두 근이 a, b이고

이차방정식의 근과 계수의 관계에서

$a+b=4$, $ab=\dfrac{k}{3}$

$|a-b|^2=(a+b)^2-4ab=4^2-\dfrac{4}{3}k=2^2$

$\dfrac{4}{3}k=4^2-2^2=12$ ∴ $k=9$

$a=\dfrac{dv}{dt}=6t-12$이므로 $t=9$에서의 가속도는

$6\times9-12=42$

22 두 점 A, B가 만나려면 $x_A=x_B$이어야 하므로

$2t^2+7t=t^3-\dfrac{11}{2}t^2+19t-3$, $t^3-\dfrac{15}{2}t^2+12t-3=0$

$0\le t\le10$에서 이 방정식의 실근의 개수를 조사하면 된다.

$f(t)=t^3-\dfrac{15}{2}t^2+12t-3$이라 하면

$f'(t)=3t^2-15t+12=3(t-1)(t-4)$

$f'(t)=0$에서 $t=1$ 또는 $t=4$

t	0	$\cdots$	1	$\cdots$	4	$\cdots$	10
$f'(t)$		$+$	0	$-$	0	$+$	
$f(t)$	-3	↗	$\dfrac{5}{2}$	↘	-11	↗	367

따라서 $0\le t\le10$에서 $f(t)=0$인 t의 값이 3개 존재하므로 두 점 A, B가 처음 10초 동안 만나는 횟수는 3이다.

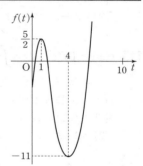

23 점 P의 t초 후의 속도를 v라 하면

$v=\dfrac{dx}{dt}=6t^2-18t+12=6(t-1)(t-2)$

ㄱ. 3초 후의 속도는 $6(3-1)(3-2)=12$이다. (참)

ㄴ. 운동 방향을 바꿀 때 $v=0$이므로 $6(t-1)(t-2)=0$에서

$t=1$ 또는 $t=2$

즉, 처음 출발 후 운동 방향을 두 번 바꾼다. (참)

ㄷ. 원점을 지날 때,

$2t^3-9t^2+12t=0$이므로 $t(2t^2-9t+12)=0$

∴ $t=0$ ($\because 2t^2-9t+12>0$)

즉, 처음 원점에서 출발하고 다시 원점으로 돌아오지 않는다.

(거짓)

따라서 옳은 것은 ㄱ, ㄴ이다.

24 $x=35+at+bt^2$에서 t초 후의 속도를 v라 하면

$v=\dfrac{dx}{dt}=a+2bt$

최고 높이에 도달할 때 $v=0$이므로

$t=3$일 때 $a+6b=0$ ……㉠

또 $t=3$일 때 $x=80$이므로 $35+3a+9b=80$ ……㉡

㉠, ㉡을 연립하여 풀면 $a=30$, $b=-5$

∴ $a+b=25$

본문 069쪽

01 ③ **02** 4 **03** 23 **04** 6
05 7 **06** 4

01 $f(x)=\int f'(x)\,dx=\int (3x^2-8x)\,dx$
$\qquad =x^3-4x^2+C$
$f(0)=3$이므로 $C=3$
$\therefore f(x)=x^3-4x^2+3$

02 $f(x)=\int f'(x)\,dx=\int (3x^2-6x+3)\,dx$
$\qquad =x^3-3x^2+3x+C$
$f(0)=2$이므로 $C=2$
따라서 $f(x)=x^3-3x^2+3x+2$이므로
$f(2)=2^3-3\times 2^2+6+2=4$

03 $f(x)=\int f'(x)\,dx=\int (6x^2+2x)\,dx$
$\qquad =2x^3+x^2+C$ (단, C는 적분상수)
$f(0)=3$이므로 $C=3$
따라서 $f(x)=2x^3+x^2+3$이므로
$f(2)=2\times 2^3+2^2+3=23$

04 $f(x)=\int f'(x)\,dx=\int (6x^2-4)\,dx$
$\qquad =2x^3-4x+C$ (단, C는 적분상수)
$f(1)=2$이므로 $2-4+C=2$ $\therefore C=4$
따라서 $f(x)=2x^3-4x+4$이므로
$f(-1)=-2+4+4=6$

05 $f(x)=\int f'(x)\,dx=\int (8x^3+2x+1)\,dx$
$\qquad =2x^4+x^2+x+C$ (단, C는 적분상수)
$f(0)=3$이므로 $C=3$
따라서 $f(x)=2x^4+x^2+x+3$이므로
$f(1)=7$

06 $f(x)=\int f'(x)\,dx=\int (4x^3+2x-1)\,dx$
$\qquad =x^4+x^2-x+C$ (단, C는 적분상수)
$f(1)=2$이므로 $C=1$
따라서 $f(x)=x^4+x^2-x+1$이므로
$f(-1)=1+1+1+1=4$

본문 070쪽

07 33 **08** 4 **09** 15 **10** ④
11 ① **12** ④ **13** 12

07 $f(x)=\int f'(x)\,dx=\int (9x^2+4x)\,dx$
$\qquad =3x^3+2x^2+C$ (단, C는 적분상수)
이때 $f(1)=6$이므로 $C=1$
따라서 $f(x)=3x^3+2x^2+1$이므로
$f(2)=24+8+1=33$

08 $f(x)=\int f'(x)\,dx=\int (3x^2+2x)\,dx$
$\qquad =x^3+x^2+C$ (단, C는 적분상수)
$f(0)=2$이므로 $C=2$
따라서 $f(x)=x^3+x^2+2$이므로
$f(1)=1+1+2=4$

09 $f(x)=\int f'(x)\,dx$
$\qquad =\int (4x^3-2x)\,dx$
$\qquad =x^4-x^2+C$ (C는 적분상수)
이때 $f(0)=3$이므로 $C=3$
따라서
$f(x)=x^4-x^2+3$이므로
$f(2)=16-4+3=15$

10 $f(x)=\int f'(x)\,dx=\int (3x^2-6x)\,dx=x^3-3x^2+C$
$\qquad\qquad\qquad$ (단, C는 적분상수)
$f(1)=1-3+C=6$에서 $C=8$
$f(x)=x^3-3x^2+8$이므로
$f(2)=8-12+8=4$

11 $f(x)=\int f'(x)\,dx=\int (3x^2-kx+1)\,dx$
$\qquad =x^3-\dfrac{k}{2}x^2+x+C$
$f(0)=1$이므로 $C=1$
$\therefore f(x)=x^3-\dfrac{k}{2}x^2+x+1$
$f(2)=8-2k+2+1=11-2k$
$11-2k=1$이므로 $k=5$

12 $f'(x)=6x^2-2f(1)x$에서
$f(x)=2x^3-f(1)x^2+C$ (C는 적분상수)
라 하면 $f(0)=4$이므로
$C=4$
$\therefore f(x)=2x^3-f(1)x^2+4$
$x=1$을 대입하면
$f(1)=2-f(1)+4=6-f(1)$
$f(1)=3$
따라서 $f(x)=2x^3-3x^2+4$이므로

$$f(2)=16-12+4$$
$$=8$$

13 $f'(x)=6x^2+4$이므로

$$f(x)=\int f'(x)dx=\int (6x^2+4)dx$$
$$=2x^3+4x+C \text{ (단, }C\text{는 적분상수)}$$

함수 $y=f(x)$의 그래프가 점 $(0,\ 6)$을 지나므로

$f(0)=6$에서 $C=6$

따라서 $f(x)=2x^3+4x+6$이므로

$$f(1)=2+4+6=12$$

예상문제 도전하기   본문 071쪽

14 13	**15** 7	**16** 14	**17** 6
18 3	**19** 11		

14 $f(x)=\int f'(x)dx=\int (x^3-2x+5)dx$

$$=\frac{1}{4}x^4-x^2+5x+C \text{ (단, }C\text{는 적분상수)}$$

$f(0)=3$이므로 $C=3$

$f(x)=\frac{1}{4}x^4-x^2+5x+3$이므로

$$f(2)=\frac{1}{4}\times 16-4+10+3=13$$

15 $f(x)=\int f'(x)dx=\int (4x^3-3x^2-4x)dx$

$$=x^4-x^3-2x^2+C \text{ (단, }C\text{는 적분상수)}$$

$f(1)=5$이므로 $1-1-2+C=5$ $\therefore C=7$

따라서 $f(x)=x^4-x^3-2x^2+7$이므로 $f(2)=7$

16 $f(x)=\int f'(x)dx=\int (3x^2+6x+k)dx$

$$=x^3+3x^2+kx+C \text{ (단, }C\text{는 적분상수)}$$

$f(0)=2$이므로 $C=2$

$f(1)=2$이므로 $1+3+k+2=2$ $\therefore k=-4$

따라서 $f(x)=x^3+3x^2-4x+2$이므로

$$f(2)=8+12-8+2=14$$

17 $f(x)=\int f'(x)dx=\int (3x^2+2ax-1)dx$

$$=x^3+ax^2-x+C$$

$f(0)=1$이므로 $C=1$

$f(1)=6$이므로 $1+a-1+1=6$ $\therefore a=5$

따라서 $f(x)=x^3+5x^2-x+1$이므로

$$f(-1)=-1+5-(-1)+1=6$$

18 $f(x)=\int f'(x)dx=\int (3x^2+2ax+2)dx$

$$=x^3+ax^2+2x+C \text{ (단, }C\text{는 적분상수)}$$

$f(0)=4$이므로 $C=4$

$f(1)=f'(1)$이므로 $a+7=2a+5$ $\therefore a=2$

따라서 $f(x)=x^3+2x^2+2x+4$이므로

$$f(-1)=-1+2-2+4=3$$

19 $f(x)=\int f'(x)dx=\int (4x^3+2ax+b)dx$

$$=x^4+ax^2+bx+C \text{ (단, }C\text{는 적분상수)}$$

$f(0)=3$이므로 $C=3$

$f(1)=f(-1)=2$이므로

$a+b+4=2$에서 $a+b=-2$ ……㉠

$a-b+4=2$에서 $a-b=-2$ ……㉡

㉠, ㉡을 연립하여 풀면 $a=-2$, $b=0$

따라서 $f(x)=x^4-2x^2+3$이므로

$$f(2)=16-8+3=11$$

14 정적분

본문 073쪽

| 01 2 | 02 6 | 03 ⑤ | 04 ④ |
| 05 ③ | 06 2 | | |

01 $\int_0^1 (6x^2-4x+2)\,dx = \Big[2x^3-2x^2+2x\Big]_0^1 = 2$

02 $\int_0^2 (2x^2+1)\,dx + 2\int_0^2 (x-x^2)\,dx$

$= \int_0^2 (2x^2+1)\,dx + \int_0^2 (2x-2x^2)\,dx$

$= \int_0^2 (2x^2+1+2x-2x^2)\,dx$

$= \int_0^2 (2x+1)\,dx = \Big[x^2+x\Big]_0^2 = 6$

03 $\int_0^3 (2x^3+5)\,dx + \int_3^2 (2x^3+5)\,dx - \int_1^2 (2x^3+5)\,dx$

$= \int_0^3 (2x^3+5)\,dx + \int_3^2 (2x^3+5)\,dx + \int_2^1 (2x^3+5)\,dx$

$= \int_0^1 (2x^3+5)\,dx$

$= \Big[\frac{1}{2}x^4+5x\Big]_0^1 = \frac{11}{2}$

04 $-1 \le x < 1$에서 $f(x)=x^2$, $1 \le x \le 2$에서
$f(x)=2x-x^2$이므로

$\int_{-1}^2 f(x)\,dx = \int_{-1}^1 x^2\,dx + \int_1^2 (2x-x^2)\,dx$

$= \Big[\frac{1}{3}x^3\Big]_{-1}^1 + \Big[x^2-\frac{1}{3}x^3\Big]_1^2$

$= \left\{\frac{1}{3}-\left(-\frac{1}{3}\right)\right\} + \left\{\left(4-\frac{8}{3}\right)-\left(1-\frac{1}{3}\right)\right\} = \frac{4}{3}$

05 $|x^2-2x| = \begin{cases} x^2-2x & (x \le 0 \text{ 또는 } x \ge 2) \\ -x^2+2x & (0 < x < 2) \end{cases}$ 이므로

$\int_{-2}^2 |x^2-2x|\,dx$

$= \int_{-2}^0 (x^2-2x)\,dx + \int_0^2 (-x^2+2x)\,dx$

$= \Big[\frac{1}{3}x^3-x^2\Big]_{-2}^0 + \Big[-\frac{1}{3}x^3+x^2\Big]_0^2$

$= -\left(-\frac{8}{3}-4\right) + \left(-\frac{8}{3}+4\right) = 8$

06 $\int_0^2 (x+k)^2\,dx - \int_0^2 (x-k)^2\,dx$

$= \int_0^2 \{(x+k)^2-(x-k)^2\}\,dx = \int_0^2 4kx\,dx = \Big[2kx^2\Big]_0^2$

$= 8k = 16$

$\therefore k=2$

07 ①	08 10	09 25	10 ④
11 ②	12 ⑤	13 ①	14 ④
15 ①	16 110	17 45	18 ②
19 ②			

07 $\int_0^a (3x^2-4)\,dx = \Big[x^3-4x\Big]_0^a = a^3-4a$

$= a(a+2)(a-2) = 0$

$a=-2$ 또는 $a=0$ 또는 $a=2$

$\therefore a=2 \ (\because a>0)$

08 $\int_1^4 (x+|x-3|)\,dx$

$= \int_1^3 (x+|x-3|)\,dx + \int_3^4 (x+|x-3|)\,dx$

$= \int_1^3 \{x-(x-3)\}\,dx + \int_3^4 \{x+(x-3)\}\,dx$

$= \int_1^3 3\,dx + \int_3^4 (2x-3)\,dx$

$= \Big[3x\Big]_1^3 + \Big[x^2-3x\Big]_3^4 = 10$

09 $\int_{-a}^a (3x^2+2x)\,dx = 2\int_0^a 3x^2\,dx = 2\Big[x^3\Big]_0^a = 2a^3 = \frac{1}{4}$

즉, $a^3=\frac{1}{8}$이므로 $a=\frac{1}{2}$

$\therefore 50a=25$

10 $\int_{-2}^a f(x)\,dx = \int_{-2}^0 f(x)\,dx$ ······ ㉠

㉠의 좌변은 정적분의 성질을 이용하여 다음과 같이 나타낼 수 있다.

$\int_{-2}^a f(x)\,dx = \int_{-2}^0 f(x)\,dx + \int_0^a f(x)\,dx$

$\therefore \int_{-2}^0 f(x)\,dx + \int_0^a f(x)\,dx = \int_{-2}^0 f(x)\,dx$

즉, $\int_0^a f(x)\,dx = 0$

$\int_0^a f(x)\,dx = \int_0^a (3x^2-16x-20)\,dx$

$= \Big[x^3-8x^2-20x\Big]_0^a$

$= a^3-8a^2-20a$

이므로 $a^3-8a^2-20a=0$에서

$a(a^2-8a-20)=0$, $a(a+2)(a-10)=0$

따라서 양수 a의 값은 10이다.

11 $(x-1)f(x) = 3x(x^3-1) = 3x(x-1)(x^2+x+1)$

$\therefore f(x) = 3x(x^2+x+1)$

$\int_{-2}^2 f(x)\,dx = \int_{-2}^2 (3x^3+3x^2+3x)\,dx$

$= 2\int_0^2 3x^2\,dx = 2\Big[x^3\Big]_0^2$

$= 2(8-0) = 16$

12 $f(x)=x^2+x$이므로

$$5\int_0^1 f(x)dx-\int_0^1 (5x+f(x))dx$$

$$=5\int_0^1 f(x)dx-\int_0^1 5x\,dx-\int_0^1 f(x)dx$$

$$=4\int_0^1 f(x)dx-\int_0^1 5x\,dx=4\int_0^1 (x^2+x)dx-\int_0^1 5x\,dx$$

$$=\int_0^1 (4x^2+4x)dx-\int_0^1 5x\,dx=\int_0^1 (4x^2-x)dx$$

$$=\left[\frac{4}{3}x^3-\frac{1}{2}x^2\right]_0^1=\frac{4}{3}-\frac{1}{2}=\frac{5}{6}$$

13 $h(x)=a_{2n+1}x^{2n+1}+a_{2n-1}x^{2n-1}+\cdots+a_1 x$로 놓으면

$h'(x)=(2n+1)a_{2n+1}x^{2n}+(2n-1)a_{2n-1}x^{2n-2}+\cdots+a_1$

이므로 $h'(-x)=h'(x)$를 만족시킨다.

$$\int_{-3}^3 (x+5)h'(x)\,dx=\int_{-3}^3 xh'(x)\,dx+\int_{-3}^3 5h'(x)\,dx$$

$$=2\int_0^3 5h'(x)\,dx=10\Big[h(x)\Big]_0^3$$

$$=10\{h(3)-h(0)\}=10$$

$h(-x)=f(-x)g(-x)=-f(x)g(x)=-h(x)$

이므로 $h(0)=0$

$\therefore 10\{h(3)-h(0)\}=10h(3)=10$

$\therefore h(3)=1$

14 $\int_{-1}^1 \{f(x)\}^2 dx=\int_{-1}^1 (x+1)^2 dx=\int_{-1}^1 (x^2+2x+1)\,dx$

$$=2\int_0^1 (x^2+1)dx=2\left[\frac{1}{3}x^3+x\right]_0^1=\frac{8}{3}$$

$\int_{-1}^1 f(x)\,dx=\int_{-1}^1 (x+1)\,dx=2\int_0^1 1\,dx=2$

$\int_{-1}^1 \{f(x)\}^2 dx=k\left(\int_{-1}^1 f(x)\,dx\right)^2$이므로 $\frac{8}{3}=4k$

$\therefore k=\frac{2}{3}$

15 $\int_0^1 f(t)dt=k$로 놓으면 $f(x)=4x^3+kx$

$k=\int_0^1 (4t^3+kt)dt=\left[t^4+\frac{k}{2}t^2\right]_0^1=1+\frac{k}{2}$

이므로 $k=2$

따라서 $f(x)=4x^3+2x$이므로 $f(1)=4+2=6$

16 $f(x+1)-xf(x)=ax+b$에 $x=0$을 대입하면

$f(1)=b$

닫힌구간 $[0,\,1]$에서 $f(x)=x$이므로 $b=1$

또, $f(x+1)-xf(x)=ax+1$이므로

$0\le x\le 1$에서

$f(x+1)=xf(x)+ax+1=x^2+ax+1$

$x+1=t$로 치환하면

$f(t)=(t-1)^2+a(t-1)+1$

$\quad=t^2+(a-2)t+2-a$ $\quad\cdots\cdots$ ㉠

$f'(t)=2t+(a-2)$이고, 닫힌구간 $[0,\,1]$에서 $f(x)=x$이고,

함수 $f(x)$가 실수 전체의 집합에서 미분가능한 함수이므로

$f'(1)=1$이므로 $a=1$

따라서 ㉠에서 $1\le x\le 2$일 때 $f(x)=x^2-x+1$이다.

$$\int_1^2 f(x)dx=\int_1^2 (x^2-x+1)dx=\left[\frac{1}{3}x^3-\frac{1}{2}x^2+x\right]_1^2$$

$$=\frac{8}{3}-\frac{5}{6}=\frac{11}{6}$$

즉, $60\times\int_1^2 f(x)dx=60\times\frac{11}{6}=110$

17 이차함수 $f(x)$를 $f(x)=ax^2+bx+c$로 놓으면

$f(0)=0$이므로 $f(x)=ax^2+bx$

조건 ㈎에서 $\int_0^2 |f(x)|\,dx=-\int_0^2 f(x)\,dx$이므로

$0\le x\le 2$인 범위에서 $f(x)\le 0$

조건 ㈏에서 $\int_2^3 |f(x)|\,dx=\int_2^3 f(x)\,dx$이므로

$2\le x\le 3$인 범위에서 $f(x)\ge 0$

따라서 함수 $f(x)$의 그래프는 원점과 점 $(2,\,0)$을 지나고 아래

로 볼록한 그래프이므로

$f(x)=ax(x-2)=ax^2-2ax$

$$\int_0^2 f(x)\,dx=\int_0^2 (ax^2-2ax)\,dx=\left[\frac{1}{3}ax^3-ax^2\right]_0^2$$

$$=\frac{8}{3}a-4a=-\frac{4}{3}a$$

즉, $\frac{4}{3}a=4$이므로 $a=3$

따라서 $f(x)=3x^2-6x$이므로 $f(5)=75-30=45$

18 함수 $f(x)$가 실수 전체의 집합에서 연속이므로

$n-1\le x\le n$일 때,

$f(x)=6(x-n+1)(x-n)$

또는

$f(x)=-6(x-n+1)(x-n)$

함수 $g(x)$가 $x=2$에서 최솟값 0을 가지므로

$g(2)=\int_0^2 f(t)dt-\int_2^4 f(t)dt=0 \quad\therefore \int_0^2 f(t)dt=\int_2^4 f(t)dt$

이때 함수 $g(x)$가 $x=2$에서 최솟값을 가져야 하므로 닫힌구간

$[0,\,4]$에서 함수 $y=f(x)$의 그래프는 다음과 같다.

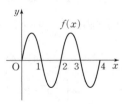

$\therefore \int_{\frac{1}{2}}^4 f(x)dx$

$$=\int_{\frac{1}{2}}^1 f(x)dx+\int_1^2 f(x)dx+\int_2^3 f(x)dx+\int_3^4 f(x)dx$$

$$=\int_{\frac{1}{2}}^1 f(x)dx-\int_0^1 f(x)dx+\int_0^1 f(x)dx-\int_0^1 f(x)dx$$

$$=-\int_0^{\frac{1}{2}} f(x)dx$$

$$=-\int_0^{\frac{1}{2}} \{-6x(x-1)\}dx=\int_0^{\frac{1}{2}} (6x^2-6x)dx$$

$$=\left[2x^3-3x^2\right]_0^{\frac{1}{2}}=-\frac{1}{2}$$

19 함수 $y=-f(x+1)+1$의 그래프는 함수 $y=f(x)$의 그래프를 x축에 대하여 대칭이동시킨 후, x축의 방향으로 -1만큼, y축의 방향으로 1만큼 평행이동시킨 것이다.

$f(0)=0$, $f(1)=1$, $\int_0^1 f(x)\,dx=\dfrac{1}{6}$이므로 조건 (가)에서

$$\int_{-1}^0 g(x)\,dx=\int_{-1}^0 \{-f(x+1)+1\}\,dx=1-\dfrac{1}{6}=\dfrac{5}{6}$$

$$\int_0^1 g(x)\,dx=\int_0^1 f(x)\,dx=\dfrac{1}{6}$$

$$\int_{-1}^1 g(x)\,dx=\int_{-1}^0 g(x)\,dx+\int_0^1 g(x)\,dx=\dfrac{5}{6}+\dfrac{1}{6}=1$$

조건 (나)에서 $g(x+2)=g(x)$이므로

$$\int_{-3}^2 g(x)\,dx=\int_{-3}^{-1} g(x)\,dx+\int_{-1}^1 g(x)\,dx+\int_1^2 g(x)\,dx$$
$$=2\int_{-1}^1 g(x)\,dx+\int_{-1}^0 g(x)\,dx$$
$$=2\times 1+\dfrac{5}{6}=\dfrac{17}{6}$$

예상문제 도전하기
본문 076~077쪽

20 ②	21 ⑤	22 ④	23 198
24 ②	25 ④	26 19	27 ②
28 ③	29 ④	30 80	31 ⑤

20
$$\int_{-1}^1 (3x^2-x+2)\,dx=2\int_0^1 (3x^2+2)\,dx$$
$$=2\left[x^3+2x\right]_0^1=6$$

21
$$\int_0^2 (x^2+1)\,dx-\int_0^2 x^2\,dx=\int_0^2 1\,dx=\left[x\right]_0^2=2$$

22 $(x-|x|+1)^2=\begin{cases}(2x+1)^2 & (x\le 0) \\ 1 & (x>0)\end{cases}$ 이므로

$$\int_{-1}^2 (x-|x|+1)^2\,dx=\int_{-1}^0 (2x+1)^2\,dx+\int_0^2 1\,dx$$
$$=\int_{-1}^0 (4x^2+4x+1)\,dx+\int_0^2 1\,dx$$
$$=\left[\dfrac{4}{3}x^3+2x^2+x\right]_{-1}^0+\left[x\right]_0^2$$
$$=\dfrac{1}{3}+2=\dfrac{7}{3}$$

23
$$\int_0^9 \dfrac{x^3}{x+2}\,dx+\int_0^9 \dfrac{8}{x+2}\,dx=\int_0^9 \dfrac{x^3+8}{x+2}\,dx$$
$$=\int_0^9 \dfrac{(x+2)(x^2-2x+4)}{x+2}\,dx$$
$$=\int_0^9 (x^2-2x+4)\,dx$$
$$=\left[\dfrac{1}{3}x^3-x^2+4x\right]_0^9$$
$$=243-81+36$$
$$=198$$

24
$$\int_{-a}^a (2x+3)\,dx=2\int_0^a 3\,dx=2\left[3x\right]_0^a=6a=6$$
$$\therefore a=1$$

25 $\int_0^2 f(t)\,dt=k$ (k는 상수)로 놓으면 $f(x)=2x+k$이므로

$$k=\int_0^2 f(t)\,dt=\int_0^2 (2t+k)\,dt=\left[t^2+kt\right]_0^2=4+2k$$
$$\therefore k=-4$$

따라서 $f(x)=2x-4$이므로 $f(4)=4$

26 $\int_0^1 f(t)\,dt=a$, $\int_0^1 tf(t)\,dt=b$ (a, b는 상수)로 놓으면

$f(x)=3x^2-4ax+b$이므로

$$a=\int_0^1 f(t)\,dt=\int_0^1 (3t^2-4at+b)\,dt$$
$$=\left[t^3-2at^2+bt\right]_0^1=1-2a+b$$
$$\therefore 3a-b=1 \quad\cdots\cdots ㉠$$

$$b=\int_0^1 tf(t)\,dt=\int_0^1 t(3t^2-4at+b)\,dt$$
$$=\int_0^1 (3t^3-4at^2+bt)\,dt$$
$$=\left[\dfrac{3}{4}t^4-\dfrac{4}{3}at^3+\dfrac{b}{2}t^2\right]_0^1=\dfrac{3}{4}-\dfrac{4}{3}a+\dfrac{1}{2}b$$
$$\therefore 16a+6b=9 \quad\cdots\cdots ㉡$$

㉠, ㉡을 연립하여 풀면 $a=\dfrac{15}{34}$, $b=\dfrac{11}{34}$

따라서 $\int_0^1 f(x)\,dx=\dfrac{15}{34}$이므로

$$p-q=34-15=19$$

27
$$\int_{-1}^2 f(x)\,dx-\int_0^2 f(x)\,dx+\int_0^1 f(x)\,dx$$
$$=\int_{-1}^2 f(x)\,dx+\int_2^0 f(x)\,dx+\int_0^1 f(x)\,dx$$
$$=\int_{-1}^1 f(x)\,dx$$
$$=\int_{-1}^1 (x^5+x^4+ax^3+x^2+x+a)\,dx$$
$$=2\int_0^1 (x^4+x^2+a)\,dx$$
$$=2\left[\dfrac{1}{5}x^5+\dfrac{1}{3}x^3+ax\right]_0^1=2\left(\dfrac{1}{5}+\dfrac{1}{3}+a\right)=2$$
$$\therefore a=\dfrac{7}{15}$$

28 조건 (가)에서 $f(-x)=f(x)$이므로 $y=f(x)$의 그래프는 y축에 대하여 대칭이다.

$$\int_0^1 f(x)\,dx=\int_{-1}^0 f(x)\,dx=10$$

조건 (나)에서 $g(-x)=-g(x)$이므로 $y=g(x)$의 그래프는 원점에 대하여 대칭이다.

$$\int_0^1 g(x)\,dx=-\int_{-1}^0 g(x)\,dx=\int_0^{-1} g(x)\,dx=4$$

$$\therefore \int_0^1 \{f(x)-g(x)\}\,dx=\int_0^1 f(x)\,dx-\int_0^1 g(x)\,dx$$
$$=10-4=6$$

29 조건 ㈎에서 $f(-x)=f(x)$이므로 $y=f(x)$의 그래프는 y축에 대하여 대칭이다.

$$\int_0^2 f(x)\,dx=\int_{-2}^0 f(x)\,dx=8$$

조건 ㈏에서 $f(x+4)=f(x)$이므로

$$\int_0^2 f(x)\,dx=\int_{-4}^{-2} f(x)\,dx=8$$

$$\therefore \int_{-8}^4 f(x)\,dx=\int_{-8}^{-4} f(x)\,dx+\int_{-4}^0 f(x)\,dx+\int_0^4 f(x)\,dx$$

$$=3\int_{-4}^0 f(x)\,dx$$

$$=3\left\{\int_{-4}^{-2} f(x)\,dx+\int_{-2}^0 f(x)\,dx\right\}$$

$$=3(8+8)=48$$

30 $-1\le x\le 1$에서 $f(x)=x^2+1$이고 임의의 실수 x에 대하여 $f(x+1)=f(x-1)$, 즉 $f(x+2)=f(x)$를 만족시키므로 함수 $y=f(x)$의 그래프는 그림과 같다.

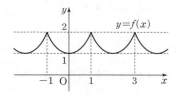

$$\therefore \int_0^{60} f(x)\,dx=60\int_0^1 (x^2+1)\,dx$$

$$=60\left[\frac{x^3}{3}+x\right]_0^1=60\left(\frac{1}{3}+1\right)=80$$

31 조건 ㈎에서 $f(-x)=f(x)$이므로 $g(x)=xf(x)$라 하면

$g(-x)=(-x)f(-x)=-xf(x)=-g(x)$

즉, $y=g(x)$의 그래프는 원점에 대하여 대칭이므로

$$\int_{-a}^a g(x)\,dx=0 \text{ (단, } a\text{는 상수)}$$

$$\int_{-3}^1 g(x)\,dx=\int_{-3}^3 g(x)\,dx-\int_1^3 g(x)\,dx$$

$$=-\int_1^3 g(x)\,dx=4$$

$$\therefore \int_1^3 g(x)\,dx=-4$$

$$\int_{-1}^5 g(x)\,dx=\int_{-1}^1 g(x)\,dx+\int_1^5 g(x)\,dx$$

$$=\int_1^5 g(x)\,dx=6$$

$$\therefore \int_3^5 xf(x)\,dx=\int_3^5 g(x)\,dx$$

$$=\int_1^5 g(x)\,dx-\int_1^3 g(x)\,dx$$

$$=6-(-4)=10$$

15 정적분의 응용

기본문제 다지기

본문 079쪽

01 ④	02 ④	03 ④	04 ①
05 ⑤	06 ④		

01 $f(x)=\int_0^x (t^2+2t+3)\,dt$의 양변을 x에 대하여 미분하면

$f'(x)=x^2+2x+3$

$\therefore f'(1)=1+2+3=6$

02 $\int_2^x f(t)\,dt=x^3-3ax^2+2ax$의 양변에 $x=2$를 대입하면

$0=8-12a+4a$ $\therefore a=1$

즉, $\int_2^x f(t)\,dt=x^3-3x^2+2x$이므로 양변을 x에 대하여 미분하면

$f(x)=3x^2-6x+2$

$\therefore f(3)=27-18+2=11$

03 $\int_a^x f(t)\,dt=3x^2+x-4$의 양변에 $x=a$를 대입하면

$0=3a^2+a-4$, $(3a+4)(a-1)=0$

a는 양수이므로 $a=1$

주어진 식의 양변을 x에 대하여 미분하면

$f(x)=6x+1$이므로 $f'(x)=6$

$\therefore f(1)+f'(1)=7+6=13$

04 $\displaystyle\lim_{h\to 0}\frac{f(1+2h)-f(1)}{h}=\lim_{h\to 0}\frac{f(1+2h)-f(1)}{2h}\times 2$

$$=2f'(1)$$

$f(x)=\int_1^x (2t-3)(t^2+1)\,dt$의 양변을 x에 대하여 미분하면

$f'(x)=(2x-3)(x^2+1)$이므로 $f'(1)=-2$

$\therefore \displaystyle\lim_{h\to 0}\frac{f(1+2h)-f(1)}{h}=2f'(1)=-4$

05 $\int_{-1}^x f(t)\,dt=x^3+ax+b$의 양변을 x에 대하여 미분하면

$f(x)=3x^2+a$

$f(1)=4$이므로 $3+a=4$ $\therefore a=1$

즉, $f(x)=3x^2+1$이고,

$\int_{-1}^x f(t)\,dt=x^3+x+b$의 양변에 $x=-1$을 대입하면

$0=-1-1+b$ $\therefore b=2$

$\therefore f(b)=f(2)=12+1=13$

06 $\int_0^x tf(t)\,dt=x^3+5x^2$의 양변을 x에 대하여 미분하면

$xf(x)=3x^2+10x$

즉, $xf(x)=x(3x+10)$이므로

$f(x)=3x+10$

$\therefore f(3)=9+10=19$

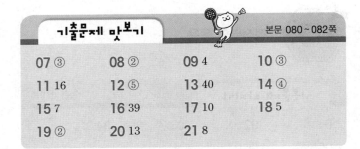

07 ③	08 ②	09 4	10 ③
11 16	12 ⑤	13 40	14 ④
15 7	16 39	17 10	18 5
19 ②	20 13	21 8	

07 $F(x)=\int_0^x (t^3-1)\,dt$의 양변을 x에 대하여 미분하면
$F'(x)=x^3-1$ ∴ $F'(2)=8-1=7$

08 $f'(x)=(x-2)(x-3)$이므로 $f'(4)=(4-2)(4-3)=2$

09 $f(x)=\int_0^x (2at+1)\,dt$의 양변을 x에 대하여 미분하면
$f'(x)=2ax+1$
$f'(2)=17$이므로 $4a+1=17$ ∴ $a=4$

10 $\int_0^x f(t)\,dt=3x^3+2x$의 양변을 x에 대하여 미분하면
$f(x)=9x^2+2$
따라서
$f(1)=9\times 1^2+2=11$

11 $\int_1^x f(t)\,dt=x^3-2ax^2+ax$의 양변에 $x=1$을 대입하면
$0=1-2a+a$ ∴ $a=1$
즉, $\int_1^x f(t)\,dt=x^3-2x^2+x$이므로 양변을 x에 대하여 미분하면
$f(x)=3x^2-4x+1$ ∴ $f(3)=27-12+1=16$

12 주어진 식의 양변에 $x=1$을 대입하면
$0=1+a-2$에서 $a=1$
한편, $\dfrac{d}{dt}f(t)=f'(t)$이므로 $\int_1^x f'(t)\,dt=x^3+x^2-2$
위의 식의 양변을 x에 대하여 미분하면 $f'(x)=3x^2+2x$
∴ $f'(a)=f'(1)=3+2=5$

13 $\int_0^x f(t)\,dt=x^3-2x^2-2x\int_0^1 f(t)\,dt$의 양변에 $x=1$을 대입하면
$\int_0^1 f(t)\,dt=1-2-2\int_0^1 f(t)\,dt$ ∴ $\int_0^1 f(t)\,dt=-\dfrac{1}{3}$
즉, $\int_0^x f(t)\,dt=x^3-2x^2+\dfrac{2}{3}x$이므로 양변을 x에 대하여 미분하면
$f(x)=3x^2-4x+\dfrac{2}{3}$
따라서 $f(0)=\dfrac{2}{3}$이므로 $a=\dfrac{2}{3}$
∴ $60a=60\times\dfrac{2}{3}=40$

14 $xf(x)=2x^3+ax^2+3a+\int_1^x f(t)\,dt$ ...... ㉠
㉠의 양변에 $x=1$을 대입하면
$f(1)=2+a+3a+0$

이므로
$f(1)=2+4a$ ...... ㉡
㉠의 양변에 $x=0$을 대입하면
$0=3a+\int_1^0 f(t)\,dt$
즉,
$0=3a-\int_0^1 f(t)\,dt$
이므로
$\int_0^1 f(t)\,dt=3a$ ...... ㉢
$f(1)=\int_0^1 f(t)\,dt$이므로 ㉡, ㉢에서
$2+4a=3a$
즉, $a=-2$, $f(1)=-6$
㉠의 양변을 미분하면
$f(x)+xf'(x)=6x^2+2ax+f(x)$
이므로
$f'(x)=6x+2a=6x-4$
따라서
$f(x)=\int f'(x)\,dx$
$=3x^2-4x+C$ (C는 적분상수)
$f(1)=3-4+C=-6$에서
$C=-5$
따라서
$f(3)=27-12-5=10$
이므로
$a+f(3)=-2+10=8$

15 조건 ㈎에서 주어진 등식의 양변을 x에 대하여 미분하면
$f(x)=\dfrac{1}{2}f(x)+\dfrac{1}{2}f(1)+\dfrac{x-1}{2}f'(x)$
∴ $f(x)=f(1)+(x-1)f'(x)$ ...... ㉠
㉠에서 $f(x)$의 최고차항을 ax^n (a는 0이 아닌 상수, n은 자연수)라 하면
㉠의 우변의 최고차항은 $x\times anx^{n-1}=anx^n$이므로
$ax^n=anx^n$에서 $n=1$
$f(0)=1$이므로 일차함수 $f(x)$는
$f(x)=ax+1$로 놓을 수 있다.
$\int_0^2 f(x)\,dx=\int_0^2 (ax+1)\,dx=\left[\dfrac{a}{2}x^2+x\right]_0^2=2a+2$
$\int_{-1}^1 xf(x)\,dx=\int_{-1}^1 (ax^2+x)\,dx=2\int_0^1 ax^2\,dx$
$=2\left[\dfrac{a}{3}x^3\right]_0^1=\dfrac{2a}{3}$
조건 ㈏에서 $2a+2=5\times\dfrac{2a}{3}$
∴ $a=\dfrac{3}{2}$
따라서 $f(x)=\dfrac{3}{2}x+1$이므로 $f(4)=\dfrac{3}{2}\times 4+1=7$

16 $f(x)=x^2+ax+b$라 하면
$g(x)=\int_0^x f(t)\,dt$에서 $g'(x)=f(x)$이므로

$g(x)$는 최고차항의 계수가 $\dfrac{1}{3}$인 삼차함수이다.

조건에서 $x\geq 1$인 모든 실수 x에 대하여 $g(x)\geq g(4)$이므로 $g(x)$는 $x=4$에서 극솟값을 갖는다. 즉, $g'(4)=0$이므로
$$f(4)=16+4a+b=0,\ b=-4a-16$$
$$\therefore f(x)=x^2+ax-4a-16$$
한편 조건에서 $x\geq 1$인 모든 실수 x에 대하여 $|g(x)|\geq|g(3)|$ 이므로

(i) $g(3)>0$이면 $g(3)$은 극솟값이어야 한다.

　그런데 $g(x)$는 삼차함수이므로 극솟값이 두 개가 될 수 없다.

(ii) $g(3)<0$이면 $g(x)$는 최고차항의 계수가 $\dfrac{1}{3}$인 삼차함수이므로 $g(k)=0$인 $k\,(k>3)$이 존재한다.

　$|g(k)|<|g(3)|$이므로 조건을 만족시키지 않는다.

(i), (ii)에서 $g(3)=0$이므로
$$g(3)=\int_0^3 f(t)dt=\int_0^3(t^2+at-4a-16)dt$$
$$=\left[\dfrac{1}{3}t^3+\dfrac{1}{2}at^2-(4a+16)t\right]_0^3$$
$$=9+\dfrac{9}{2}a-12a-48$$
$$=-\dfrac{15}{2}a-39=0$$
$$\therefore a=-\dfrac{26}{5},\ b=\dfrac{24}{5}$$
$$f(x)=x^2-\dfrac{26}{5}x+\dfrac{24}{5}$$
$$\therefore f(9)=81-\dfrac{26}{5}\times 9+\dfrac{24}{5}=39$$

17 조건 ㈎의 양변을 x에 대하여 미분하면
$$f(x)=f(x)+xf'(x)-4x$$
$f(x)$는 다항함수이므로
$f'(x)=4$에서
$$f(x)=4x+C_1\ (C_1\text{은 적분상수})$$
로 놓을 수 있다.

조건 ㈎에 $x=1$을 대입하면
$0=f(1)-3$에서 $f(1)=3$
즉, $f(1)=4+C_1=3$에서 $C_1=-1$
$$\therefore f(x)=4x-1$$
$$\therefore F(x)=2x^2-x+C_2\ (\text{단},\ C_2\text{는 적분상수})$$
조건 ㈏에서
$$f(x)G(x)+F(x)g(x)=\{F(x)G(x)\}'$$
이므로 조건 ㈏의 양변을 x에 대하여 적분하면
$$F(x)G(x)=2x^4+x^3+x+C_3\ (\text{단},\ C_3\text{은 적분상수})$$
이때 $F(x)=2x^2-x+C_2$이고 $G(x)$도 다항함수이므로 $G(x)$는 최고차항의 계수가 1인 이차함수이다.
$$G(x)=x^2+ax+b\ (a,\ b\text{는 상수})$$
로 놓으면
$$(2x^2-x+C_2)(x^2+ax+b)=2x^4+x^3+x+C_3$$
양변의 x^3의 계수를 비교하면
$2a-1=1$에서 $a=1$
$$\therefore G(x)=x^2+x+b$$
따라서 구하는 값은

$$\int_1^3 g(x)dx=\Big[G(x)\Big]_1^3$$
$$=G(3)-G(1)$$
$$=(12+b)-(2+b)$$
$$=10$$

18 $f(x)=-x^2-4x+a$이고
$$g(x)=\int_0^x f(t)dt$$
이므로
$$g'(x)=f(x)$$
$$=-x^2-4x+a$$
$$=-(x+2)^2+a+4$$

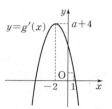

함수 $g(x)$가 닫힌구간 $[0,\ 1]$에서 증가해야 하므로
$$g'(1)=a-5\geq 0$$
즉, $a\geq 5$이어야 한다.
따라서 a의 최솟값은 5이다.

19 $f(x)=x^3-3x+a$에 대하여
$$F(x)=\int_0^x f(t)dt\text{이므로}\ F'(x)=f(x)$$
$$f'(x)=3x^2-3=3(x+1)(x-1)\text{이므로}$$
$F'(x)=f(x)$는 $x=-1$ 또는 $x=1$일 때 극값을 가진다.

한편, 함수 $F(x)$가 오직 하나의 극값을 가지려면 $F'(x)$, 즉 $f(x)$의 부호가 오직 한 번 변해야 한다.
따라서 삼차함수 $f(x)$가 x축과 오직 한 번 만나거나 x축과 접해야 하므로 (극댓값)$\times$(극솟값)≥ 0이어야 한다.
즉, $f(-1)f(1)\geq 0$이므로
$$(2+a)(-2+a)\geq 0\qquad\therefore a\leq -2\text{ 또는 }a\geq 2$$
따라서 양수 a의 최솟값은 2이다.

20 모든 실수 x에 대하여 $f(x)\geq 0$이면
$$g(x)=\int_x^{x+1}|f(t)|dt$$
$$=\int_x^{x+1}f(t)dt$$
이므로 $g(x)$는 이차함수이고 이때 $g(x)$가 극소인 x의 값은 1개뿐이다.
따라서 조건을 만족시키지 못한다.
$f(x)=2(x-\alpha)(x-\beta)\ (\alpha<\beta)$라 하면 함수 $y=|f(x)|$의 그래프는 그림과 같고 $x=1,\ x=4$에서 함수 $g(x)$가 극소이므로 $g'(1)=0,\ g'(4)=0$이다.

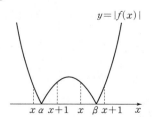

(i) $x<\alpha<x+1$일 때

$$g(x)=\int_x^{x+1}|f(t)|\,dt$$

$$=\int_x^\alpha f(t)\,dt+\int_\alpha^{x+1}\{-f(t)\}\,dt$$

$$=-\int_\alpha^x f(t)\,dt-\int_\alpha^{x+1}f(t)\,dt$$

$$=-\int_\alpha^x 2(t-\alpha)(t-\beta)\,dt$$

$$\qquad-\int_\alpha^{x+1}2(t-\alpha)(t-\beta)\,dt$$

$$=-\int_\alpha^x 2(t-\alpha)(t-\beta)\,dt$$

$$\qquad-\int_{\alpha-1}^x 2(t+1-\alpha)(t+1-\beta)\,dt$$

이므로

$$g'(x)=-2(x-\alpha)(x-\beta)-2(x+1-\alpha)(x+1-\beta)$$

$$g'(1)=-2(1-\alpha)(1-\beta)-2(2-\alpha)(2-\beta)$$

$$=6\alpha+6\beta-4\alpha\beta-10=0$$

$$3\alpha+3\beta-2\alpha\beta-5=0 \quad\cdots\cdots\ \ominus$$

(ii) $x<\beta<x+1$일 때

$$g(x)=\int_x^{x+1}|f(t)|\,dt$$

$$=\int_x^\beta \{-f(t)\}\,dt+\int_\beta^{x+1}f(t)\,dt$$

$$=\int_\beta^x f(t)\,dt+\int_\beta^{x+1}f(t)\,dt$$

$$=\int_\beta^x 2(t-\alpha)(t-\beta)\,dt+\int_\beta^{x+1}2(t-\alpha)(t-\beta)\,dt$$

$$=\int_\beta^x 2(t-\alpha)(t-\beta)\,dt$$

$$\qquad+\int_{\beta-1}^x 2(t+1-\alpha)(t+1-\beta)\,dt$$

이므로

$$g'(x)=2(x-\alpha)(x-\beta)+2(x+1-\alpha)(x+1-\beta)$$

$$g'(4)=2(4-\alpha)(4-\beta)+2(5-\alpha)(5-\beta)$$

$$=82-18\alpha-18\beta+4\alpha\beta=0$$

$$9\alpha+9\beta-2\alpha\beta-41=0 \quad\cdots\cdots\ \ominus$$

$\ominus$, $\ominus$에서

$$\alpha\beta=\frac{13}{2}$$

이므로

$$f(0)=2\alpha\beta=2\times\frac{13}{2}=13$$

21 $f(x)=x^3-12x^2+45x+3$에서

$$f'(x)=3x^2-24x+45$$

$$=3(x-3)(x-5)$$

$$g(x)=\int_a^x \{f(x)-f(t)\}\times\{f(t)\}^4\,dt$$

$$=f(x)\int_a^x \{f(t)\}^4\,dt-\int_a^x \{f(t)\}^5\,dt$$

$$g'(x)=f'(x)\int_a^x \{f(t)\}^4\,dt+\{f(x)\}^5-\{f(x)\}^5$$

$$=f'(x)\int_a^x \{f(t)\}^4\,dt$$

$g'(x)=0$에서

$$f'(x)=0 \ \text{또는} \ x=a$$

(i) $a\neq3$, $a\neq5$일 때

$g'(x)=0$에서 $x=3$ 또는 $x=5$ 또는 $x=a$

함수 $g(x)$는 $x=3$, $x=5$, $x=a$에서 모두 극값을 갖는다.

(ii) $a=3$일 때

$g'(x)=0$에서 $x=3$ 또는 $x=5$

함수 $g(x)$의 증가와 감소를 표로 나타내면 다음과 같다.

x	$\cdots$	3	$\cdots$	5	$\cdots$
$g'(x)$	$-$	0	$-$	0	$+$
$g(x)$	$\searrow$		$\searrow$	극소	$\nearrow$

함수 $g(x)$는 $x=5$에서만 극값을 갖는다.

(iii) $a=5$일 때

$g'(x)=0$에서 $x=3$ 또는 $x=5$

함수 $g(x)$의 증가와 감소를 표로 나타내면 다음과 같다.

x	$\cdots$	3	$\cdots$	5	$\cdots$
$g'(x)$	$-$	0	$+$	0	$+$
$g(x)$	$\searrow$	극소	$\nearrow$		$\nearrow$

함수 $g(x)$는 $x=3$에서만 극값을 갖는다.

(i), (ii), (iii)에서

함수 $g(x)$가 오직 하나의 극값을 갖도록 하는 a의 값은 3 또는 5이다.

따라서 모든 a의 값의 합은

$$3+5=8$$

본문 082~083쪽

예상문제 도전하기

22 6	**23** 13	**24** 10	**25** ②
26 ②	**27** ①	**28** 6	**29** ⑤
30 3			

22 $\int_a^x f(t)\,dt=x^2+2x-3$의 양변에 $x=a$를 대입하면

$$0=a^2+2a-3, \ (a+3)(a-1)=0$$

$a>0$이므로 $a=1$

주어진 식의 양변을 x에 대하여 미분하면

$$f(x)=2x+2 \quad \therefore af(2)=1\times6=6$$

23 $\int_1^x \left\{\dfrac{d}{dt}f(t)\right\}dt=x^2+ax-3$의 양변에 $x=1$을 대입하면

$$0=1+a-3 \quad \therefore a=2$$

$\int_1^x \{f'(t)\}\,dt=x^2+2x-3$의 양변을 x에 대하여 미분하면

$$f'(x)=2x+2 \quad \therefore f(x)=\int f'(x)\,dx=x^2+2x+C$$

$f(0)=5$이므로 $C=5$

따라서 $f(x)=x^2+2x+5$이므로 $f(2)=4+4+5=13$

24 조건 (개)에서

$\int_1^x f(t)\,dt = x^3 + ax^2 + bx$의 양변에 $x=1$을 대입하면

$\int_1^1 f(t)\,dt = 1 + a + b$

$0 = 1 + a + b$　　$\therefore a+b = -1$　　$\cdots\cdots$ ㉠

$\int_1^x f(t)\,dt = x^3 + ax^2 + bx$의 양변을 x에 대하여 미분하면

$f(x) = 3x^2 + 2ax + b$

조건 (나)에서 $f(1) = 4$이므로

$f(1) = 3 + 2a + b = 4$　　$\therefore 2a+b = 1$　　$\cdots\cdots$ ㉡

㉠, ㉡을 연립하여 풀면 $a=2$, $b=-3$

즉, $\int_1^x f(t)\,dt = x^3 + 2x^2 - 3x$이므로 양변을 x에 대하여 미분

하면 $f(x) = 3x^2 + 4x - 3$

따라서 $f'(x) = 6x + 4$이므로 $f'(1) = 6 + 4 = 10$

25 $\int_1^x f(t)\,dt = x^3 + ax^2 + bx + 5$의 양변에 $x=1$을 대입하면

$\int_1^1 f(t)\,dt = 1 + a + b + 5$

$0 = 6 + a + b$　　$\therefore b = -a - 6$　　$\cdots\cdots$ ㉠

$\int_1^x f(t)\,dt = x^3 + ax^2 + bx + 5$의 양변을 x에 대하여 미분하면

$f(x) = 3x^2 + 2ax + b$

$f'(x) = 6x + 2a$이고 $x=1$에서 극솟값을 가지므로

$f'(1) = 6 + 2a = 0$　　$\therefore a = -3$

$a = -3$을 ㉠에 대입하면 $b = -3$

따라서 $f(x) = 3x^2 - 6x - 3$이므로

$f(1) = 3 - 6 - 3 = -6$

26 $f(x) = \int_{-3}^x (3t^2 - 6t - 9)\,dt$의 양변을 x에 대하여 미분하면

$f'(x) = 3x^2 - 6x - 9 = 3(x+1)(x-3)$

$f'(x) = 0$에서 $x=-1$ 또는 $x=3$

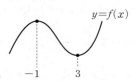

따라서 $x=-1$에서 극댓값, $x=3$에서 극솟값을 갖는다.

$\therefore a - b = -1 - 3 = -4$

27 주어진 식의 양변에 $x=2$를 대입하면

$0 = 8 + 4a + 2b + 2$　　$\therefore 2a + b = -5$　　$\cdots\cdots$ ㉠

$\dfrac{d}{dt} f(t) = f'(t)$이므로

$\int_2^x \left\{\dfrac{d}{dt} f(t)\right\} dt = \int_2^x f'(t)\,dt = \Big[f(t)\Big]_2^x = f(x) - f(2)$

즉, $f(x) - f(2) = x^3 + ax^2 + bx + 2$이므로 양변을 x에 대하여

미분하면 $f'(x) = 3x^2 + 2ax + b$

$f'(-1) = 3 - 2a + b = 2$이므로 $-2a + b = -1$　　$\cdots\cdots$ ㉡

㉠, ㉡을 연립하여 풀면 $a = -1$, $b = -3$

$\therefore f'(x) = 3x^2 - 2x - 3$

$f(x) = \int (3x^2 - 2x - 3)\,dx = x^3 - x^2 - 3x + C$이므로

$f(1) = 1 - 1 - 3 + C = 0$에서 $C = 3$

따라서 $f(x) = x^3 - x^2 - 3x + 3$이므로

$f(2) = 8 - 4 - 6 + 3 = 1$

28 $xf(x) = x^2 + \int_1^x f(t)\,dt$의 양변에 $x=1$을 대입하면

$f(1) = 1$

주어진 식의 양변을 x에 대하여 미분하면

$f(x) + xf'(x) = 2x + f(x)$　　$\therefore f'(x) = 2$

$f(x) = \int 2\,dx = 2x + C$

$f(1) = 1$이므로 $f(1) = 2 + C = 1$　　$\therefore C = -1$

$\therefore f(x) = 2x - 1$

$\therefore \displaystyle\lim_{x \to 2} \dfrac{f(x) - f(2)}{x - 2} \times f(2) = f'(2) \times f(2) = 2 \times 3 = 6$

29 $f(x)$가 $x-3$으로 나누어떨어지므로 인수정리에 의하여

$f(3) = 0$

$f(x) = x^3 + ax^2 + \int_3^x (t^2 + 2t + 2)\,dt$의 양변에 $x=3$을 대입하면

$f(3) = 27 + 9a = 0$　　$\therefore a = -3$

즉, $f(x) = x^3 - 3x^2 + \int_3^x (t^2 + 2t + 2)\,dt$이므로 양변을 x에 대하여 미분하면

$f'(x) = 3x^2 - 6x + x^2 + 2x + 2 = 4x^2 - 4x + 2$

$\therefore f'(-1) = 4 + 4 + 2 = 10$

30 $\int_1^x xf(t)\,dt = 2x^3 + ax^2 + 1 + \int_1^x tf(t)\,dt$에서

$x\int_1^x f(t)\,dt = 2x^3 + ax^2 + 1 + \int_1^x tf(t)\,dt$

이므로 양변에 $x=1$을 대입하면

$0 = 2 + a + 1$　　$\therefore a = -3$

즉, $x\int_1^x f(t)\,dt = 2x^3 - 3x^2 + 1 + \int_1^x tf(t)\,dt$이므로 양변을 x에 대하여 미분하면

$\int_1^x f(t)\,dt + xf(x) = 6x^2 - 6x + xf(x)$

$\int_1^x f(t)\,dt = 6x^2 - 6x$

이 식의 양변을 x에 대하여 미분하면

$f(x) = 12x - 6$

$\therefore f(1) + a = 6 + (-3) = 3$

16 넓이

기본문제 다지기

본문 085~086쪽

01 ② 02 ⑤ 03 ① 04 ④
05 ② 06 ⑤ 07 ② 08 ①
09 ④

01 곡선 $y=x^2-4x$와 x축의 교점의
x좌표는 $x^2-4x=0$에서
$x(x-4)=0$
$\therefore x=0$ 또는 $x=4$
따라서 구하는 넓이는

$-\int_0^4 (x^2-4x)\,dx = -\left[\frac{1}{3}x^3-2x^2\right]_0^4$
$= \frac{32}{3}$

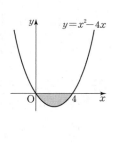

02 곡선 $y=x^3-2x^2-3x$와 x축의
교점의 x좌표는
$x^3-2x^2-3x=0$에서
$x(x+1)(x-3)=0$
$\therefore x=-1$ 또는 $x=0$ 또는 $x=3$
따라서 구하는 넓이는

$\int_{-1}^0 (x^3-2x^2-3x)\,dx$
$\qquad -\int_0^3 (x^3-2x^2-3x)\,dx$
$=\left[\frac{1}{4}x^4-\frac{2}{3}x^3-\frac{3}{2}x^2\right]_{-1}^0 -\left[\frac{1}{4}x^4-\frac{2}{3}x^3-\frac{3}{2}x^2\right]_0^3$
$=\frac{7}{12}-\left(-\frac{45}{4}\right)=\frac{71}{6}$

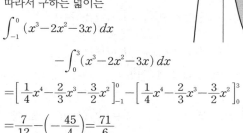

03 곡선 $y=x^2+2x$와 x축의 교점의
x좌표는
$x^2+2x=0$에서 $x(x+2)=0$
$\therefore x=-2$ 또는 $x=0$
따라서 구하는 넓이는

$-\int_{-1}^0 (x^2+2x)\,dx$
$\qquad\qquad +\int_0^1 (x^2+2x)\,dx$
$=-\left[\frac{1}{3}x^3+x^2\right]_{-1}^0 +\left[\frac{1}{3}x^3+x^2\right]_0^1$
$=\frac{2}{3}+\frac{4}{3}=2$

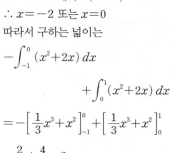

04 곡선 $y=-x^2+ax\ (a>3)$와 x축의
교점의 x좌표는
$-x^2+ax=0$에서 $-x(x-a)=0$
$\therefore x=0$ 또는 $x=a$
그림의 어두운 부분의 넓이는
$\int_0^3 (-x^2+ax)\,dx=\left[-\frac{1}{3}x^3+\frac{a}{2}x^2\right]_0^3$
$\qquad\qquad =-9+\frac{9}{2}a$

즉, $-9+\frac{9}{2}a=9$이므로 $\frac{9}{2}a=18$ $\therefore a=4$

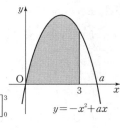

05 $y=x|x-1|=\begin{cases} x(x-1) & (x\geq 1) \\ -x(x-1) & (x<1) \end{cases}$

곡선 $y=x|x-1|$과 x축의 교점의
x좌표는 $x\geq 1$일 때,
$x(x-1)=0$에서 $x=1$
$x<1$일 때,
$-x(x-1)=0$에서 $x=0$
따라서 구하는 넓이는
$\int_0^1 \{-x(x-1)\}\,dx+\int_1^2 x(x-1)\,dx$
$=\int_0^1 (-x^2+x)\,dx+\int_1^2 (x^2-x)\,dx$
$=\left[-\frac{1}{3}x^3+\frac{1}{2}x^2\right]_0^1 +\left[\frac{1}{3}x^3-\frac{1}{2}x^2\right]_1^2=\frac{1}{6}+\frac{5}{6}=1$

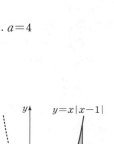

06 곡선 $y=x^3-4x^2+4x$와 직선
$y=x$의 교점의 x좌표는
$x^3-4x^2+4x=x$에서
$x^3-4x^2+3x=0$
$x(x-1)(x-3)=0$
$\therefore x=0$ 또는 $x=1$ 또는 $x=3$
따라서 구하는 넓이는
$\int_0^1 \{(x^3-4x^2+4x)-x\}\,dx+\int_1^3 \{x-(x^3-4x^2+4x)\}\,dx$
$=\int_0^1 (x^3-4x^2+3x)\,dx+\int_1^3 (-x^3+4x^2-3x)\,dx$
$=\left[\frac{1}{4}x^4-\frac{4}{3}x^3+\frac{3}{2}x^2\right]_0^1 +\left[-\frac{1}{4}x^4+\frac{4}{3}x^3-\frac{3}{2}x^2\right]_1^3$
$=\frac{5}{12}+\frac{8}{3}=\frac{37}{12}$

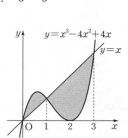

07 $y=x^2$에서 $y'=2x$이므로 곡선 위의
점 $(1,1)$에서의 접선의 방정식은
$y-1=2(x-1)$
$\therefore y=2x-1$
따라서 구하는 넓이는
$\int_0^1 \{x^2-(2x-1)\}\,dx$
$=\int_0^1 (x^2-2x+1)\,dx$
$=\left[\frac{1}{3}x^3-x^2+x\right]_0^1=\frac{1}{3}$

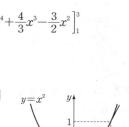

08 두 함수 $y=f(x)$, $y=g(x)$는 서로 역함수 관계이므로 어두운 부분은 직선 $y=x$에 의하여 이등분된다. 따라서 어두운 부분의 넓이는 곡선 $y=f(x)$와 직선 $y=x$로 둘러싸인 부분의 넓이의 2배와 같으므로

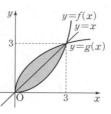

$$2\left(\frac{1}{2}\times 3\times 3-\int_0^3 f(x)\,dx\right)=2\left(\frac{9}{2}-3\right)=3$$

09 곡선 $y=x^2-5x$와 직선 $y=3x$의 교점의 x좌표는
$x^2-5x=3x$에서
$x^2-8x=0$, $x(x-8)=0$
$\therefore x=0$ 또는 $x=8$
곡선 $y=x^2-5x$와 직선 $y=3x$로 둘러싸인 부분의 넓이를 S라 하면

$$S=\int_0^8\{3x-(x^2-5x)\}dx$$
$$=\int_0^8(8x-x^2)\,dx$$

이것은 곡선 $y=8x-x^2$과 x축으로 둘러싸인 부분의 넓이와 같다. 그런데 이 넓이는 곡선 $y=8x-x^2$의 대칭축인 직선 $x=4$에 의하여 이등분되므로 $k=4$

기출문제 맛보기

본문 086~088쪽

10 4	**11** ④	**12** 36	**13** 4
14 14	**15** ④	**16** ①	**17** ③
18 ③	**19** ④	**20** ④	**21** ⑤
22 ②	**23** ③		

10 곡선 $y=-2x^2+3x$와 직선 $y=x$의 교점의 x좌표는 $-2x^2+3x=x$에서
$2x^2-2x=0$, $x(x-1)=0$
$\therefore x=0$ 또는 $x=1$
따라서 구하는 넓이는

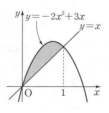

$$\int_0^1\{(-2x^2+3x)-x\}\,dx$$
$$=\int_0^1(-2x^2+2x)\,dx=\left[-\frac{2}{3}x^3+x^2\right]_0^1=\frac{1}{3}$$
$$\therefore p+q=3+1=4$$

11 곡선 $y=3x^2-x$와 직선 $y=5x$의 교점의 x좌표는
$3x^2-x=5x$
$3x^2-6x=0$
$3x(x-2)=0$
$x=0$ 또는 $x=2$
구간 $[0,\ 2]$에서 직선 $y=5x$가 곡선 $y=3x^2-x$보다 위쪽에 있거나 만나므로 구하는 넓이는

$$S=\int_0^2\{5x-(3x^2-x)\}\,dx$$
$$=\int_0^2(6x-3x^2)\,dx$$
$$=\left[3x^2-x^3\right]_0^2$$
$$=3(4-0)-(8-0)$$
$$=4$$

12 곡선 $y=x^2-7x+10$과 직선 $y=-x+10$의 교점의 x좌표는
$x^2-7x+10=-x+10$에서
$x^2-6x=0$, $x(x-6)=0$ $\therefore x=0$ 또는 $x=6$
따라서 구하는 넓이는

$$\int_0^6\{(-x+10)-(x^2-7x+10)\}\,dx$$
$$=\int_0^6(-x^2+6x)\,dx=\left[-\frac{1}{3}x^3+3x^2\right]_0^6=36$$

13 두 곡선 $y=3x^3-7x^2$, $y=-x^2$이 만나는 점의 x좌표는
$3x^3-7x^2=-x^2$
$3x^2(x-2)=0$에서 $x=0$ 또는 $x=2$

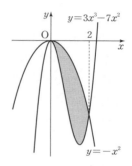

따라서 구하는 넓이는

$$\int_0^2\{-x^2-(3x^3-7x^2)\}dx=\int_0^2(-3x^3+6x^2)\,dx$$
$$=\left[-\frac{3}{4}x^4+2x^3\right]_0^2$$
$$=-12+16=4$$

14 $x<1$일 때, $g(x)=-x$이므로
$\frac{1}{3}x(4-x)=-x$에서 $x=0$

$x\geq 1$일 때, $g(x)=x-2$이므로 $\frac{1}{3}x(4-x)=x-2$에서
$4x-x^2=3x-6$, $x^2-x-6=0$
$(x-3)(x+2)=0$ $\therefore x=3$
즉, 두 함수 $f(x)=\frac{1}{3}x(4-x)$, $g(x)=|x-1|-1$의 그래프는 다음과 같다.

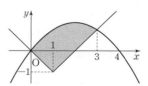

따라서 구하는 넓이는
$$S=\int_0^1\{f(x)-g(x)\}dx+\int_1^3\{f(x)-g(x)\}dx$$

$$= \int_0^1 \left(-\frac{1}{3}x^2 + \frac{7}{3}x\right)dx + \int_1^3 \left(-\frac{1}{3}x^2 + \frac{1}{3}x + 2\right)dx$$

$$= \left[-\frac{1}{9}x^3 + \frac{7}{6}x^2\right]_0^1 + \left[-\frac{1}{9}x^3 + \frac{1}{6}x^2 + 2x\right]_1^3$$

$$= \left(-\frac{1}{9} + \frac{7}{6}\right) + \left\{\left(-3 + \frac{3}{2} + 6\right) - \left(-\frac{1}{9} + \frac{1}{6} + 2\right)\right\}$$

$$= \frac{7}{2}$$

$$\therefore 4S = 14$$

15 $A = B$이므로

$\int_0^2 \{(x^3 + x^2) - (-x^2 + k)\}dx = 0$에서

$$\int_0^2 \{(x^3 + x^2) - (-x^2 + k)\}dx = \int_0^2 (x^3 + 2x^2 - k)dx$$

$$= \left[\frac{1}{4}x^4 + \frac{2}{3}x^3 - kx\right]_0^2$$

$$= 4 + \frac{16}{3} - 2k = 0$$

$$\therefore k = \frac{14}{3}$$

16 $x^2 - 5x = x$에서 $x(x-6) = 0$

$x = 0$ 또는 $x = 6$

곡선 $y = x^2 - 5x$와 직선 $y = x$가 만나는 점은 원점과 $(6, 6)$이다.

곡선 $y = x^2 - 5x$와 직선 $y = x$로 둘러싸인 부분의 넓이는

$$\int_0^6 \{x - (x^2 - 5x)\}dx$$

$$= \int_0^6 (6x - x^2)dx$$

$$= \left[3x^2 - \frac{1}{3}x^3\right]_0^6 = 36$$

직선 $x = k$가 넓이를 이등분하므로

$$18 = \int_0^k \{x - (x^2 - 5x)\}dx = \int_0^k (6x - x^2)dx$$

$$= \left[3x^2 - \frac{1}{3}x^3\right]_0^k = 3k^2 - \frac{1}{3}k^3$$

정리하면 $k^3 - 9k^2 + 54 = 0$, $(k-3)(k^2 - 6k - 18) = 0$

즉, $0 < k < 6$이므로 $k = 3$

17 $f(x-1) - 1 = -\{(x-1)^2 - 2(x-1)\} - 1$

$$= -(x^2 - 4x + 3) - 1$$

$$= -x^2 + 4x - 4$$

이므로 두 곡선 $y = f(x)$, $y = -f(x-1) - 1$의 교점의 x좌표는

$x^2 - 2x = -x^2 + 4x - 4$, $x^2 - 3x + 2 = 0$

$(x-1)(x-2) = 0$

$\therefore x = 1$ 또는 $x = 2$

따라서 두 곡선 $y = f(x)$, $y = -f(x-1) - 1$로 둘러싸인 부분의 넓이는

$$\int_1^2 \{(-x^2 + 4x - 4) - (x^2 - 2x)\}dx$$

$$= \int_1^2 (-2x^2 + 6x - 4)dx = \left[-\frac{2}{3}x^3 + 3x^2 - 4x\right]_1^2$$

$$= \left(-\frac{16}{3} + 12 - 8\right) - \left(-\frac{2}{3} + 3 - 4\right) = \frac{1}{3}$$

18 $\lim\limits_{x \to t-} g(x) = \lim\limits_{x \to t+} g(x) = g(t)$이므로

함수 $g(x)$는 실수 전체 집합에서 연속이다.

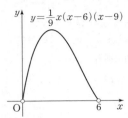

한편 $0 < x < 6$에서 곡선 $y = \frac{1}{9}x(x-6)(x-9)$는 그림과 같고 $x \geq t$일 때, $g(x) = -(x-t) + f(t)$의 기울기는 -1이므로 함수 $g(x)$의 그래프와 x축으로 둘러싸인 영역의 넓이가 최대가 되려면 $f'(t) = -1$이 되는 t를 구하면 된다.

$f'(t) = \frac{1}{3}t^2 - \frac{10}{3}t + 6 = -1$에서

$t^2 - 10t + 21 = 0$, $(t-7)(t-3) = 0$

$\therefore t = 3$ 또는 $t = 7$

$0 < t < 6$이므로 $t = 3$

$$\therefore g(x) = \begin{cases} f(x) & (x < 3) \\ -(x-3) + f(3) & (x \geq 3) \end{cases}$$

$$= \begin{cases} \frac{1}{9}x(x-6)(x-9) & (x < 3) \\ -x + 9 & (x \geq 3) \end{cases}$$

따라서 구하고자 하는 넓이의 최댓값은 다음 그림과 같다.

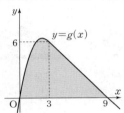

$$\therefore \int_0^3 \frac{1}{9}x(x-6)(x-9)dx + \frac{1}{2} \times 6 \times 6$$

$$= \frac{1}{9}\int_0^3 (x^3 - 15x^2 + 54x)dx + 18$$

$$= \frac{1}{9}\left[\frac{1}{4}x^4 - 5x^3 + 27x^2\right]_0^3 + 18$$

$$= \left(\frac{9}{4} - 15 + 27\right) + 18 = \frac{129}{4}$$

19 함수 $y = f(x)$의 그래프는 y축에 대하여 대칭이므로 곡선 $y = f(x)$와 선분 PQ로 둘러싸인 부분의 넓이는 y축에 의하여 이등분된다.

이때 $A = 2B$이므로

$$\int_0^k (-x^2 + 2x + 6)dx = 0$$

이어야 한다. 즉,

$$\left[-\frac{1}{3}x^3 + x^2 + 6x\right]_0^k = 0$$

$$-\frac{1}{3}k^3 + k^2 + 6k = 0$$

$$-\frac{1}{3}k(k+3)(k-6) = 0$$

$k > 4$이므로 $k = 6$

20 조건 (가)에서 함수 $y=f(x)$의 그래프와 함수 $y=f(x)$의 그래프를 x축의 방향으로 3만큼, y축의 방향으로 4만큼 평행이동한 그래프가 일치해야 한다.

또 조건 (나)에서 $\int_0^6 f(x)dx=0$이므로

$$\int_0^6 f(x)dx=\int_0^3 f(x)dx+\int_3^6 f(x)dx$$
$$=\int_0^3 f(x)dx+\int_3^6 \{f(x-3)+4\}dx$$
$$=\int_0^3 f(x)dx+\int_0^3 \{f(x)+4\}dx$$
$$=2\int_0^3 f(x)dx+12$$

즉, $2\int_0^3 f(x)dx+12=0$이므로 $\int_0^3 f(x)dx=-6$

$$\therefore \int_3^6 f(x)dx=\int_0^3 f(x)dx+12=6$$

$$\therefore \int_6^9 f(x)dx=\int_6^9 \{f(x-3)+4\}dx=\int_3^6 \{f(x)+4\}dx$$
$$=\int_3^6 f(x)dx+\Big[4x\Big]_3^6=18$$

21 $f(x)$는 최고차항의 계수가 1인 삼차함수이고
$f(1)=f(2)=0$이므로
$f(x)=(x-1)(x-2)(x-k)$ (k는 상수)
로 놓을 수 있다.
이때
$f'(x)=(x-2)(x-k)+(x-1)(x-k)+(x-1)(x-2)$
이고, $f'(0)=-7$이므로
$2k+k+2=-7$
즉, $k=-3$이므로
$f(x)=(x-1)(x-2)(x+3)$
이고, $f(3)=12$이므로 점 P의 좌표는
$P(3, 12)$
따라서 직선 OP의 방정식은 $y=4x$이므로

$$B-A=\int_0^3 \{4x-f(x)\}dx$$
$$=\int_0^3 \{4x-(x^3-7x+6)\}dx$$
$$=\int_0^3 (-x^3+11x-6)dx$$
$$=\Big[-\frac{1}{4}x^4+\frac{11}{2}x^2-6x\Big]_0^3$$
$$=-\frac{1}{4}\times81+\frac{11}{2}\times9-6\times3$$
$$=\frac{45}{4}$$

22 $f(x)=kx(x-2)(x-3)$이므로 두 점 P, Q의 좌표는 각각 $(2, 0)$, $(3, 0)$이다.

$(A\text{의 넓이})=\int_0^2 f(x)dx$, $(B\text{의 넓이})=-\int_2^3 f(x)dx$

$(A\text{의 넓이})-(B\text{의 넓이})=\int_0^2 f(x)dx-\Big\{-\int_2^3 f(x)dx\Big\}$
$$=\int_0^2 f(x)dx+\int_2^3 f(x)dx$$
$$=\int_0^3 f(x)dx$$

$$=\int_0^3 k(x^3-5x^2+6x)dx$$
$$=k\Big[\frac{1}{4}x^4-\frac{5}{3}x^3+3x^2\Big]_0^3$$
$$=k\Big(\frac{81}{4}-45+27\Big)$$
$$=\frac{9}{4}k=3$$

$$\therefore k=\frac{4}{9}\times3=\frac{4}{3}$$

23 $f(x)=\frac{1}{4}x^3+\frac{1}{2}x$, $g(x)=mx+2$라 하고 두 곡선 $y=f(x)$, $y=g(x)$의 교점의 x좌표를 α라 하면

$$A=\int_0^\alpha \{g(x)-f(x)\}dx$$
$$B=\int_\alpha^2 \{f(x)-g(x)\}dx$$
따라서
$B-A$
$$=\int_\alpha^2 \{f(x)-g(x)\}dx-\int_0^\alpha \{g(x)-f(x)\}dx$$
$$=\int_\alpha^2 \{f(x)-g(x)\}dx+\int_0^\alpha \{f(x)-g(x)\}dx$$
$$=\int_0^2 \{f(x)-g(x)\}dx$$
$$=\int_0^2 \Big\{\Big(\frac{1}{4}x^3+\frac{1}{2}x\Big)-(mx+2)\Big\}dx$$
$$=\Big[\frac{1}{16}x^4+\frac{1}{4}x^2-\frac{m}{2}x^2-2x\Big]_0^2$$
$$=1+1-2m-4$$
$$=-2m-2=\frac{2}{3}$$
따라서 $m=-\frac{4}{3}$

예상문제 도전하기 본문 088~089쪽

24 ④	25 ③	26 27	27 80
28 20	29 36	30 ⑤	31 ②
32 ②			

24 곡선 $y=3x^2-2x-1$과 직선 $y=-1$의 교점의 x좌표는
$3x^2-2x-1=-1$에서
$3x^2-2x=0$, $x(3x-2)=0$
$$\therefore x=0 \text{ 또는 } x=\frac{2}{3}$$
따라서 구하는 넓이는

$$\int_0^{\frac{2}{3}} \{-1-(3x^2-2x-1)\}dx=\int_0^{\frac{2}{3}} (-3x^2+2x)dx$$
$$=\Big[-x^3+x^2\Big]_0^{\frac{2}{3}}=\frac{4}{27}$$

25 직선 $y=2x$와 곡선 $y=x^2-x$의
교점의 x좌표는
$2x=x^2-x$에서 $x^2-3x=0$
$x(x-3)=0$
$\therefore x=0$ 또는 $x=3$
따라서 구하는 넓이는

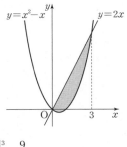

$$\int_0^3 \{2x-(x^2-x)\}\,dx$$
$$=\int_0^3 (3x-x^2)\,dx=\left[\frac{3}{2}x^2-\frac{1}{3}x^3\right]_0^3=\frac{9}{2}$$

26 두 곡선 $y=x^3+2x^2$,
$y=-x^2+4$의 교점의 x좌표는
$x^3+2x^2=-x^2+4$에서
$x^3+3x^2-4=0$
$(x+2)^2(x-1)=0$
$\therefore x=-2$ 또는 $x=1$

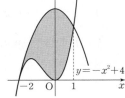

$$\therefore S=\int_{-2}^1 \{(-x^2+4)-(x^3+2x^2)\}\,dx$$
$$=\int_{-2}^1 (-x^3-3x^2+4)\,dx$$
$$=\left[-\frac{1}{4}x^4-x^3+4x\right]_{-2}^1$$
$$=\frac{11}{4}-(-4)=\frac{27}{4}$$
$\therefore 4S=27$

27 $y=x^2+1$에서 $y'=2x$이므로 곡선
위의 점 $(2,5)$에서의 접선의 방정
식은 $y-5=4(x-2)$
$\therefore y=4x-3$

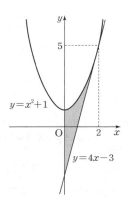

$$\therefore S=\int_0^2 \{x^2+1-(4x-3)\}\,dx$$
$$=\int_0^2 (x^2-4x+4)\,dx$$
$$=\left[\frac{1}{3}x^3-2x^2+4x\right]_0^2=\frac{8}{3}$$
$\therefore 30S=80$

28 조건 ㈎, ㈏에 의하여 함수 $y=f(x)$의 그래프는 그림과 같다.

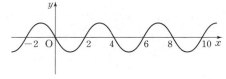

$$\int_0^2 (-x^3+4x)\,dx=\left[-\frac{1}{4}x^4+2x^2\right]_0^2=4$$이므로
구하는 넓이는
$$5\int_0^2 (-x^3+4x)\,dx=5\times 4=20$$

29 두 함수 $y=f(x)$, $y=g(x)$는 서로 역함수 관계이므로 어두운
부분은 직선 $y=x$에 의하여 이등분된다.
곡선 $y=ax^2$과 직선 $y=x$의 교점의 x좌표는

$ax^2=x$에서 $ax^2-x=0$, $x(ax-1)=0$
$$\therefore x=0 \text{ 또는 } x=\frac{1}{a}$$
곡선 $y=ax^2$과 직선 $y=x$로 둘러싸
인 부분의 넓이는

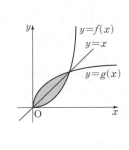

$$\int_0^{\frac{1}{a}} (x-ax^2)\,dx=\left[\frac{1}{2}x^2-\frac{a}{3}x^3\right]_0^{\frac{1}{a}}$$
$$=\frac{1}{6a^2}$$
이므로 $\dfrac{1}{6a^2}=6$ $\therefore \dfrac{1}{a^2}=36$

30 $x^3-x+a=0$의 근 중에서 가장 큰 값을 k라 하면
$k^3-k+a=0$
$\therefore a=k-k^3$ ……㉠

$A=B$이면
$$\int_0^k (x^3-x+a)\,dx=0$$
$$\int_0^k (x^3-x+a)\,dx=\left[\frac{1}{4}x^4-\frac{1}{2}x^2+ax\right]_0^k$$
$$=\frac{1}{4}k^4-\frac{1}{2}k^2+ak=0$$
에서 $k>0$이므로
$k^3-2k+4a=0$ ……㉡
㉠을 ㉡에 대입하여 정리하면 $3k^3-2k=0$에서
$3k^2-2=0$ $\therefore k=\sqrt{\dfrac{2}{3}}=\dfrac{\sqrt{6}}{3}$
이 값을 ㉠에 대입하면 $a=\dfrac{\sqrt{6}}{9}$

31 곡선 $y=x^3-(2+m)x^2+3mx$와 직선 $y=mx$의 교점의 x좌
표는 $x^3-(2+m)x^2+3mx=mx$에서
$x^3-(2+m)x^2+2mx=0$, $x(x-2)(x-m)=0$
$\therefore x=0$ 또는 $x=2$ 또는 $x=m$
곡선 $y=x^3-(2+m)x^2+3mx$와 직선 $y=mx$로 둘러싸인 두
부분의 넓이가 서로 같으므로
$$\int_0^m \{x^3-(2+m)x^2+3mx-mx\}\,dx=0$$
$$\int_0^m \{x^3-(2+m)x^2+2mx\}\,dx=0$$
$$\left[\frac{1}{4}x^4-\frac{(2+m)}{3}x^3+mx^2\right]_0^m=0$$
$$\frac{1}{4}m^4-\frac{(2+m)}{3}m^3+m^3=0$$
$m^3(m-4)=0$ $\therefore m=4\ (\because m>2)$

32 $A=B$이므로 $A+C=B+C$
따라서 직선 $y=kx$와 직선 $x=2$ 및
x축으로 둘러싸인 부분과
곡선 $y=x^2$과 직선 $x=2$ 및 x축으로
둘러싸인 부분의 넓이가 같으므로

$$\frac{1}{2}\times 2\times 2k=\int_0^2 x^2\,dx$$
$2k=\dfrac{8}{3}$ $\therefore k=\dfrac{4}{3}$

17 속도와 거리

기본문제 다지기   본문 091쪽

| 01 ③ | 02 ⑤ | 03 ② | 04 12 |
| 05 −16 | 06 ② | 07 7 | 08 ③ |

01 시각 t에서의 위치를 $x(t)$라 하면

$$x(t)=0+\int_0^t v(t)\,dt$$

따라서 $t=3$에서의 점 P의 위치는

$$x(3)=\int_0^3 (3t^2-2t+4)\,dt=\Big[t^3-t^2+4t\Big]_0^3=30$$

02 $\displaystyle\int_0^3 |2t+3|\,dt=\int_0^3 (2t+3)\,dt=\Big[t^2+3t\Big]_0^3=18$

03 점 P의 운동 방향은 $v(t)=0$일 때 바뀌므로

$-t^2+t+12=0$, $t^2-t-12=0$

$(t+3)(t-4)=0$ ∴ $t=4$ ($\because t>0$)

즉, 4초 후에 점 P의 운동 방향이 바뀌므로 점 P의 운동 방향이 바뀐 후, 1초 동안 움직인 거리는

$$\int_4^5 |v(t)|\,dt=\int_4^5 |-t^2+t+12|\,dt$$
$$=\int_4^5 (t^2-t-12)\,dt$$
$$=\Big[\frac{1}{3}t^3-\frac{1}{2}t^2-12t\Big]_4^5$$
$$=\frac{23}{6}$$

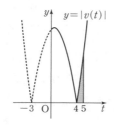

따라서 $a=23$, $b=6$이므로 $a+b=29$

04 시각 t에서의 점 P의 위치를 $x(t)$라 하면
시각 $t=0$에서의 점 P의 위치는 0이므로

$$x(t)=t^3-2t^2+6t$$

따라서 시각 $t=2$에서의 점 P의 위치는

$$x(2)=2^3-2\times2^2+6\times2=12$$

05 시각 t에서의 점 P의 가속도를 $a(t)$라 하면

$a(t)=6t+2k$이므로

$a(1)=6+2k=2$ ∴ $k=-2$

따라서 $v(t)=3t^2-4t-8$이므로 시각 $t=0$에서 $t=2$까지 점 P의 위치의 변화량은

$$\int_0^2 v(t)\,dt=\int_0^2 (3t^2-4t-8)\,dt$$
$$=[t^3-2t^2-8t]_0^2$$
$$=-16$$

06 $t=0$에서 $t=3$까지 점 P가 실제로 움직인 거리는 속도 $v(t)$의 그래프와 t축 및 두 직선 $t=0$, $t=3$으로 둘러싸인 부분의 넓이와 같으므로 $\frac{1}{2}\times2\times2+\frac{1}{2}\times1\times2=2+1=3$

07 두 점 P, Q의 t초 후의 위치를 각각 $x_P(t)$, $x_Q(t)$라 하면

$$x_P(t)=\int_0^t (6t^2-2t+6)\,dt=2t^3-t^2+6t,$$

$$x_Q(t)=\int_0^t (3t^2+10t+1)\,dt=t^3+5t^2+t$$

이고 두 점 P, Q가 만나려면 $x_P(t)=x_Q(t)$이어야 하므로

$2t^3-t^2+6t=t^3+5t^2+t$, $t(t-1)(t-5)=0$

∴ $t=0$ 또는 $t=1$ 또는 $t=5$

따라서 두 점 P, Q가 출발 후 처음으로 만나는 시각은 1초 후이므로 그때의 위치는 $x_P(1)=2-1+6=7$

08 주어진 그림에서 $f(t)=2t-2$, $g(t)=-\frac{2}{3}t+2$

이고, 두 점 P, Q가 출발 후 a초 후에 처음으로 만난다고 하면

$$\int_0^a f(t)\,dt=\int_0^a g(t)\,dt,\ \int_0^a (2t-2)\,dt=\int_0^a \Big(-\frac{2}{3}t+2\Big)dt$$

$$\Big[t^2-2t\Big]_0^a=\Big[-\frac{1}{3}t^2+2t\Big]_0^a$$

$$a^2-2a=-\frac{1}{3}a^2+2a,\ \frac{4}{3}a^2-4a=0$$

$$a(a-3)=0\quad\therefore a=3$$

기출문제 맛보기   본문 092 ~ 093쪽

09 ①	10 ③	11 ④	12 ③
13 16	14 ③	15 17	16 6
17 ③	18 12	19 ⑤	20 ⑤
21 ②	22 ③		

09 $\displaystyle\int_0^4 |-2t+4|\,dt=\int_0^2 (-2t+4)\,dt+\int_2^4 (2t-4)\,dt$
$$=\Big[-t^2+4t\Big]_0^2+\Big[t^2-4t\Big]_2^4$$
$$=4+4=8$$

10 점 P가 $t=3$에서 $t=k$까지 움직인 거리가 25이고 $k>3$이므로

$$\int_3^k |2t-6|\,dt=\int_3^k (2t-6)\,dt=\Big[t^2-6t\Big]_3^k$$
$$=(k-3)^2=25$$

$k>3$에서 $k-3=5$이므로 $k=8$

11 $t=2$에서 점 P의 위치는

$$\int_0^2 v(t)\,dt=\int_0^2 (3t^2+at)\,dt=\Big[t^3+\frac{a}{2}t^2\Big]_0^2=8+2a$$

점 P$(8+2a)$와 점 A(6) 사이의 거리가 10이려면

$|(8+2a)-6|=10$, 즉 $2a+2=\pm10$

이어야 하므로 양수 a의 값은

$2a+2=10$에서 $a=4$

12 점 P가 움직이는 방향을 바꾸는 시각을 $k\,(k>0)$이라 하면

$v(k)=k^2-ak=0$에서 $k=a$

따라서 점 P가 시각 $t=0$일 때부터
시각 $t=a$일 때까지 움직인 거리는

$$\int_0^a |v(t)|\,dt = \int_0^a (-t^2 + at)\,dt$$
$$= \left[-\frac{1}{3}t^3 + \frac{a}{2}t^2 \right]_0^a$$
$$= -\frac{a^3}{3} + \frac{a^3}{2} = \frac{a^3}{6}$$

이므로 $\dfrac{a^3}{6} = \dfrac{9}{2}$에서 $a^3 = 27$

$\therefore a = 3$

13 점 P의 운동 방향이 바뀌는 시각에서 $v(t) = 0$이다.

$0 \le t \le 3$일 때, $-t^2 + t + 2 = 0$에서 $(t-2)(t+1) = 0$

$t > 0$이므로 $t = 2$

$t > 3$일 때, $k(t-3) - 4 = 0$에서 $kt = 3k + 4$

$t = 3 + \dfrac{4}{k}$

따라서 출발 후 점 P의 운동 방향이 두 번째로 바뀌는 시각은

$t = 3 + \dfrac{4}{k}$

원점을 출발한 점 P의 시각 $t = 3 + \dfrac{4}{k}$에서의 위치가 1이므로

$\displaystyle\int_0^{3+\frac{4}{k}} v(t)\,dt = 1$에서

$$\int_0^3 v(t)\,dt + \int_3^{3+\frac{4}{k}} v(t)\,dt$$
$$= \int_0^3 (-t^2 + t + 2)\,dt + \int_3^{3+\frac{4}{k}} (kt - 3k - 4)\,dt$$

이때

$$\int_0^3 (-t^2 + t + 2)\,dt = \left[-\frac{1}{3}t^3 + \frac{1}{2}t^2 + 2t \right]_0^3$$
$$= -9 + \frac{9}{2} + 6 = \frac{3}{2} \quad \cdots\cdots \text{㉠}$$

$$\int_3^{3+\frac{4}{k}} (kt - 3k - 4)\,dt = \left[\frac{1}{2}kt^2 - (3k+4)t \right]_3^{3+\frac{4}{k}}$$
$$= -\frac{8}{k} \quad \cdots\cdots \text{㉡}$$

㉠, ㉡에서 $\displaystyle\int_0^3 v(t)\,dt + \int_3^{3+\frac{4}{k}} v(t)\,dt = \frac{3}{2} + \left(-\frac{8}{k} \right) = 1$

$\dfrac{8}{k} = \dfrac{1}{2}$에서 $k = 16$

14 점 P의 시각 t $(t > 0)$에서의 가속도를 $a(t)$라 하면

$v(t) = -4t^3 + 12t^2$이므로

$a(t) = v'(t) = -12t^2 + 24t$

시각 $t = k$에서 점 P의 가속도가 12이므로

$-12k^2 + 24k = 12$, $k^2 - 2k + 1 = 0$

$(k-1)^2 = 0 \quad \therefore k = 1$

한편, $v(t) = -4t^3 + 12t^2 = -4t^2(t-3)$이므로 $3 \le t \le 4$일 때 $v(t) \le 0$이다.

따라서 $t = 3$에서 $t = 4$까지 점 P가 움직인 거리는

$$\int_3^4 |v(t)|\,dt = \int_3^4 |-4t^3 + 12t^2|\,dt$$
$$= \int_3^4 (4t^3 - 12t^2)\,dt$$
$$= \left[t^4 - 4t^3 \right]_3^4 = 27$$

15 $t \ge 2$일 때

$v(t) = 3t^2 + 4t + C$ (단, C는 적분상수)

이때 $v(2) = 0$이므로

$12 + 8 + C = 0$에서 $C = -20$

즉, $0 \le t \le 3$에서

$$v(t) = \begin{cases} 2t^3 - 8t & (0 \le t \le 2) \\ 3t^2 + 4t - 20 & (2 \le t \le 3) \end{cases}$$

따라서 $t = 0$에서 $t = 3$까지 점 P가 움직인 거리는

$$\int_0^3 |v(t)|\,dt$$
$$= \int_0^2 |v(t)|\,dt + \int_2^3 |v(t)|\,dt$$
$$= -\int_0^2 v(t)\,dt + \int_2^3 v(t)\,dt$$
$$= -\int_0^2 (2t^3 - 8t)\,dt + \int_2^3 (3t^2 + 4t - 20)\,dt$$
$$= -\left[\frac{1}{2}t^4 - 4t^2 \right]_0^2 + \left[t^3 + 2t^2 - 20t \right]_2^3$$
$$= -(-8) + 9 = 17$$

16 시각 t에서 점 P의 위치를 $x(t)$라 하면 시각 $t = 0$에서 점 P의 위치가 0이므로

$v(t) = 3t^2 - 4t + k$에서 $x(t) = t^3 - 2t^2 + kt$

이때 $x(1) = -3$에서

$-1 + k = -3$, $k = -2$

따라서 $x(t) = t^3 - 2t^2 - 2t$이고, $x(3) = 27 - 18 - 6 = 3$이다.

그러므로 시각 $t = 1$에서 $t = 3$까지 점 P의 위치의 변화량은

$x(3) - x(1) = 3 - (-3) = 6$

17 시각 $t = 0$에서 $t = 2$까지 점 P의 위치의 변화량은

$\displaystyle\int_0^2 v(t)\,dt$이다.

(i) $a = 0$인 경우

$v(t) = -t^3(t-1)$

$$\int_0^2 v(t)\,dt = \int_0^2 -t^3(t-1)\,dt = -\frac{12}{5}$$

(ii) $a = \dfrac{1}{2}$인 경우

$v(t) = -t\left(t - \dfrac{1}{2}\right)(t-1)^2$

$$\int_0^2 v(t)\,dt = \int_0^2 -t\left(t - \frac{1}{2}\right)(t-1)^2\,dt = -\frac{11}{15}$$

(iii) $a = 1$인 경우

$v(t) = -t(t-1)^2(t-2)$

$$\int_0^2 v(t)\,dt = \int_0^2 -t(t-1)^2(t-2)\,dt = \frac{4}{15}$$

(iv) $0 < a < \dfrac{1}{2}$, $\dfrac{1}{2} < a < 1$, $a > 1$인 경우

점 P의 운동 방향이 2번 이상 바뀌므로 조건을 만족시키지 않는다.

(i)~(iv)에서 위치의 변화량의 최댓값은 $\dfrac{4}{15}$

18 출발한 후 두 점 P, Q의 속도가 같아지는 순간은 $v_1(t) = v_2(t)$이므로 $3t^2 + t = 2t^2 + 3t$

$t^2 - 2t = 0$, $t(t-2) = 0 \quad \therefore t = 2 \ (\because t > 0)$

$t = 2$일 때 점 P의 위치는

$$0+\int_0^2 v_1(t)\,dt=\int_0^2 (3t^2+t)\,dt=\left[t^3+\frac{1}{2}t^2\right]_0^2=10$$

$t=2$일 때 점 Q의 위치는

$$0+\int_0^2 v_2(t)\,dt=\int_0^2 (2t^2+3t)\,dt$$
$$=\left[\frac{2}{3}t^3+\frac{3}{2}t^2\right]_0^2=\frac{16}{3}+6=\frac{34}{3}$$

따라서 두 점 사이의 거리 a는

$a=\left|\dfrac{34}{3}-10\right|=\dfrac{4}{3}$이므로 $9a=9\times\dfrac{4}{3}=12$

19 점 P의 시각 t에서의 위치를 $s_1(t)$라 하면

$$s_1(t)=1+\int_0^t (3t^2+4t-7)\,dt$$
$$=t^3+2t^2-7t+1$$

점 Q의 시각 t에서의 위치를 $s_2(t)$라 하면

$$s_2(t)=8+\int_0^t (2t+4)\,dt$$
$$=t^2+4t+8$$

두 점 P, Q 사이의 거리가 4가 되는 시각은

$|s_1(t)-s_2(t)|=4$에서

$|(t^3+2t^2-7t+1)-(t^2+4t+8)|=4$

$t^3+t^2-11t-7=4$ 또는 $t^3+t^2-11t-7=-4$

즉,

$t^3+t^2-11t-11=0$ 또는 $t^3+t^2-11t-3=0$

(ⅰ) $t^3+t^2-11t-11=0$일 때

$\quad t^2(t+1)-11(t+1)=0,\ (t+1)(t^2-11)=0$

$\quad t>0$이므로 $t=\sqrt{11}$

(ⅱ) $t^3+t^2-11t-3=0$일 때

$\quad (t-3)(t^2+4t+1)=0$

$\quad t>0$이므로 $t=3$

(ⅰ), (ⅱ)에서 두 점 P, Q 사이의 거리가 처음으로 4가 되는 시각은

$t=3$

$v_1(t)=3t^2+4t-7=(t-1)(3t+7)$이므로

$0\le t<1$일 때, $v_1(t)<0$

$t\ge 1$일 때, $v_1(t)\ge 0$

따라서 점 P가 시각 $t=0$에서 시각 $t=3$까지 움직인 거리는

$$\int_0^3 |v_1(t)|\,dt=-\int_0^1 v_1(t)\,dt+\int_1^3 v_1(t)\,dt$$
$$=-\int_0^1 (3t^2+4t-7)\,dt+\int_1^3 (3t^2+4t-7)\,dt$$
$$=-\left[t^3+2t^2-7t\right]_0^1+\left[t^3+2t^2-7t\right]_1^3$$
$$=-(-4)+\{24-(-4)\}$$
$$=32$$

20 점 P의 시각 $t\ (t\ge 0)$에서의 위치를 $x_1(t)$라 하면

$$x_1(t)=\int_0^t (2-t)\,dt$$
$$=\left[2t-\frac{1}{2}t^2\right]_0^t=2t-\frac{1}{2}t^2$$

따라서 출발 후 점 P가 다시 원점으로 돌아온 시각은

$2t-\dfrac{1}{2}t^2=0,\ t^2-4t=0$

$t(t-4)=0\quad\therefore t=4$

즉, 출발한 시각부터 점 P가 원점으로 돌아올 때까지 점 Q가 움직인 거리는

$$\int_0^4 |3t|\,dt=\int_0^4 3t\,dt=\left[\frac{3}{2}t^2\right]_0^4=24$$

21 $f(t)=\left|\int_0^t v_1(t)\,dt-\int_0^t v_2(t)\,dt\right|$
$$=\left|\int_0^t \{v_1(t)-v_2(t)\}\,dt\right|$$
$$=\left|\frac{1}{3}t^3-4t^2+12t\right|$$

$g(t)=\dfrac{1}{3}t^3-4t^2+12t$라 하면

$g'(t)=v_1(t)-v_2(t)$
$\quad\quad=t^2-8t+12$
$\quad\quad=(t-6)(t-2)$

$g'(t)=0$에서 $t=2$ 또는 $t=6$

$t\ge 0$에서 함수 $g(t)$의 증가와 감소를 표로 나타내면 다음과 같다.

t	0	$\cdots$	2	$\cdots$	6	$\cdots$
$g'(t)$		$+$	0	$-$	0	$+$
$g(t)$	0	$\nearrow$	$\dfrac{32}{3}$	$\searrow$	0	$\nearrow$

따라서 $t\ge 0$일 때, $f(t)=g(t)$이므로

함수 $f(t)$는 구간 $[0,\ 2]$에서 증가하고 구간 $[2,\ 6]$에서 감소하고 구간 $[6,\ \infty)$에서 증가한다.

$\therefore a=2,\ b=6$

한편 시각 $t=2$에서 $t=6$까지 점 Q가 움직인 거리는

$\displaystyle\int_2^6 |v_2(t)|\,dt$이므로 그림에서의 넓이와 같다.

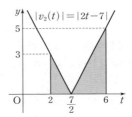

$$\therefore \int_2^6 |v_2(t)|\,dt=\frac{1}{2}\times 3\times\left(\frac{7}{2}-2\right)+\frac{1}{2}\times 5\times\left(6-\frac{7}{2}\right)$$
$$=\frac{9}{4}+\frac{25}{4}=\frac{34}{4}=\frac{17}{2}$$

22 $x(0)=0$, $x(1)=0$이므로 점 P의 위치는 $t=0$일 때 수직선의 원점이고, $t=1$일 때도 수직선의 원점이다.

또, $\displaystyle\int_0^1 |v(t)|\,dt=2$이므로 점 P가 $t=0$에서 $t=1$까지 움직인 거리가 2이다.

ㄱ. 점 P의 $t=0$에서 $t=1$까지 위치의 변화량이 0이므로

$\quad\displaystyle\int_0^1 v(t)\,dt=0$ (참)

ㄴ. $|x(t_1)|>1$이면 점 P와 원점 사이의 거리가 1보다 큰 시각 t_1이 존재하므로 점 P가 $t=0$에서 $t=1$까지 움직인 거리가 2보다 크다. (거짓)

ㄷ. $0\le t\le 1$인 모든 시각 t에서 점 P와 원점 사이의 거리가 1보다 작고, 점 P가 $t=0$에서 $t=1$까지 움직인 거리가 2이므로 점 P는 $0<t<1$에서 적어도 한 번 원점을 지난다. (참)

이상에서 옳은 것은 ㄱ, ㄷ이다.

| **23** ④ | **24** ① | **25** 25 | **26** 12 |
| **27** 64 | **28** 4 | **29** ⑤ | |

23 $\displaystyle\int_0^3 |-t^2+2t|\,dt=\int_0^2 (2t-t^2)\,dt+\int_2^3 (t^2-2t)\,dt$

$\qquad\qquad =\left[t^2-\dfrac{1}{3}t^3\right]_0^2+\left[\dfrac{1}{3}t^3-t^2\right]_2^3$

$\qquad\qquad =\dfrac{4}{3}+\dfrac{4}{3}=\dfrac{8}{3}$

24 $v(t)=24-6t=0$일 때, 즉 $t=4$일 때 자동차가 멈추어 서므로 제동을 건 후 멈추어 설 때까지 움직인 거리는

$\qquad\displaystyle\int_0^4 |24-6t|\,dt=\int_0^4 (24-6t)\,dt$

$\qquad\qquad\qquad\qquad =\Big[24t-3t^2\Big]_0^4=48$

25 $v(t)=30-10t=0$에서 $t=3$
따라서 공은 위로 쏘아 올린 지 3초 후에 최고 높이에 도달하므로 공을 쏘아 올린 지 2초 후부터 5초 후까지 움직인 거리는

$\qquad\displaystyle\int_2^5 |30-10t|\,dt=\int_2^3 (30-10t)\,dt+\int_3^5 (-30+10t)\,dt$

$\qquad\qquad\qquad =\Big[30t-5t^2\Big]_2^3+\Big[-30t+5t^2\Big]_3^5$

$\qquad\qquad\qquad =5+20=25\,(\text{m})$

26 시각 t에서의 점 P의 위치를 x라 하면
시각 $t=0$에서의 점 P의 위치는 0이므로
$x(t)=t^3-kt^2+5t$
시각 $t=0$에서 시각 $t=1$까지의 점 P의 위치의 변화량은
$x(1)-x(0)=(1-k+5)-0=3$
$\therefore k=3$
$v(t)=3t^2-6t+5$이므로
점 P의 시각 $t(t\geq 0)$에서의 가속도 $a(t)$는
$a(t)=6t-6$
$a(k)=a(3)=18-6=12$

27 x초 후의 두 점 P, Q 사이의 거리는 다음과 같이 나타낼 수 있다.

$\left|\displaystyle\int_0^x v_1(t)\,dt-\int_0^x v_2(t)\,dt\right|=\left|\int_0^x \{v_1(t)-v_2(t)\}\,dt\right|$

$f(x)=\displaystyle\int_0^x \{v_1(t)-v_2(t)\}\,dt$라 하면

$f'(x)=v_1(x)-v_2(x)$

$\qquad =(2x^2-8x)-(x^3-10x^2+24x)$

$\qquad =-x^3+12x^2-32x=-x(x-4)(x-8)$

$f'(x)=0$에서 $x=0$ 또는 $x=4$ 또는 $x=8$

$f(x)$의 증가, 감소를 표로 나타내면 다음과 같다.

x	0	$\cdots$	4	$\cdots$	8
$f'(x)$	0	$-$	0	$+$	0
$f(x)$		$\searrow$		$\nearrow$	

$f(x)=\displaystyle\int_0^x \{(2t^2-8t)-(t^3-10t^2+24t)\}\,dt$

$\qquad =\displaystyle\int_0^x (-t^3+12t^2-32t)\,dt$

$\qquad =-\dfrac{1}{4}x^4+4x^3-16x^2$

$x=0$일 때,
$|f(0)|=0$
$x=4$일 때,
$|f(4)|=\left|-\dfrac{1}{4}\times 4^4+4\times 4^3-16\times 4^2\right|=64$
$x=8$일 때,
$|f(8)|=\left|-\dfrac{1}{4}\times 8^4+4\times 8^3-16\times 8^2\right|=0$

따라서 $|f(x)|$는 $x=4$에서 최댓값 64를 가지므로 두 점 사이의 거리의 최댓값은 64이다.

28

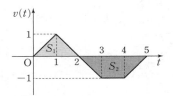

$t=5$에서의 물체의 위치는 그림에서 삼각형의 넓이 S_1에서 사다리꼴의 넓이 S_2를 뺀 것과 같으므로

$\displaystyle\int_0^5 v(t)\,dt=S_1-S_2$

$\qquad\qquad =\dfrac{1}{2}\times 2\times 1-\dfrac{1}{2}\times(1+3)\times 1=-1$

즉, $t=5$에서의 물체와 원점 사이의 거리는 1이므로 $a=1$
또 $t=0$에서 $t=5$까지 물체가 움직인 거리는 삼각형의 넓이 S_1과 사다리꼴의 넓이 S_2의 합과 같으므로

$b=\displaystyle\int_0^5 |v(t)|\,dt=S_1+S_2$

$\quad =\dfrac{1}{2}\times 2\times 1+\dfrac{1}{2}\times(1+3)\times 1=3$

$\therefore a+b=1+3=4$

29 $v(t)$의 그래프는 그림과 같다.

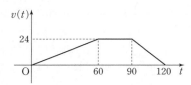

따라서 이 열차가 출발 후 정지할 때까지 운행한 거리는

$\displaystyle\int_0^{120} v(t)\,dt=\dfrac{1}{2}\times(120+30)\times 24=1800\,(\text{m})$

아름다운샘 BOOK LIST

개념기본서
수학의 기본을 다지는 최고의 수학 개념기본서

수학의 샘 ∨

- 공통수학 1
- 공통수학 2
- 대수
- 미적분 I
- 확률과 통계
- 미적분 II
- 기하

문제기본서
기본기를 다지는 문제기본서 [기본+유형]

Hi Math ∨

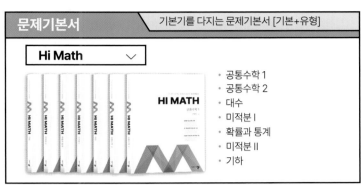

- 공통수학 1
- 공통수학 2
- 대수
- 미적분 I
- 확률과 통계
- 미적분 II
- 기하

Total 내신문제집
한 권으로 끝내는 내신 대비 문제집

Total 짱 ∨

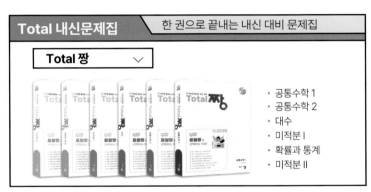

- 공통수학 1
- 공통수학 2
- 대수
- 미적분 I
- 확률과 통계
- 미적분 II

내신 기출유형 문제집
내신 대비하는 수준별·유형별 문제집

짱 쉬운 내신 ∨   ### 짱 중요한 내신 ∨

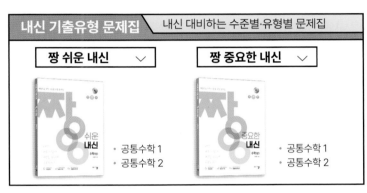

- 공통수학 1
- 공통수학 2

- 공통수학 1
- 공통수학 2

수능 기출유형 문제집
수능 대비하는 수준별·유형별 문제집

짱 쉬운 유형 ∨   ### 짱 쉬운 확장판 ∨

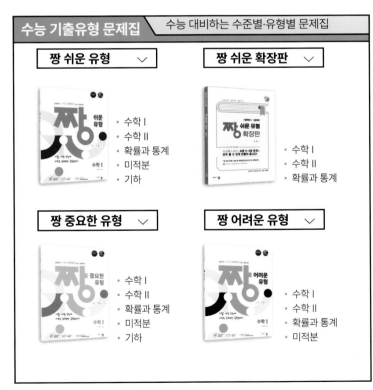

- 수학 I
- 수학 II
- 확률과 통계
- 미적분
- 기하

- 수학 I
- 수학 II
- 확률과 통계

짱 중요한 유형 ∨   ### 짱 어려운 유형 ∨

- 수학 I
- 수학 II
- 확률과 통계
- 미적분
- 기하

- 수학 I
- 수학 II
- 확률과 통계
- 미적분

중간·기말고사 교재
학교 시험 대비 실전모의고사

아샘 내신 FINAL (고1 수학, 고2 수학 I, 고2 수학 II) ∨

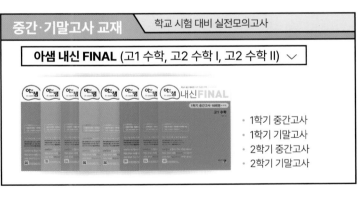

- 1학기 중간고사
- 1학기 기말고사
- 2학기 중간고사
- 2학기 기말고사

수능 실전모의고사
수능 대비 파이널 실전모의고사

짱 Final 실전모의고사 ∨

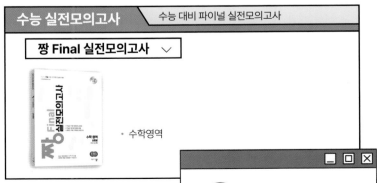

- 수학영역

Are you ready?

Yeah   Nope

3점짜리 + 쉬운 4점짜리 수능 기출유형

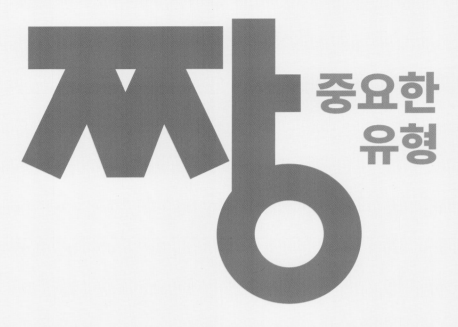

짱 중요한 유형

짱 시리즈 교재
사용 후기 공모

짱 시리즈 교재의 사용 후기를 작성해 보내주시면 상품을 드립니다.

응모 대상 : 짱 시리즈 교재 사용자(고2 및 고3 학생, 재수생, 교사, 강사)

응모 접수 : assam7878@hanmail.net

시상 내역 : ▶채택자 – 모바일상품권 10만 원권

「채택된 글은 짱 시리즈 교재에 수록」

▶응모자 전원 – 모바일상품권 1만 원권

응모 방법 : 첫째, 한글 파일에서 A4 규격으로 0.5쪽(20줄) 정도 분량의 성적 향상의 글을 작성합니다.(글자 크기 10pt)

둘째, 이메일에 개인 정보(이름, 연락처, 소속 등)를 적은 후, 작성한 한글 파일을 첨부하여 발송합니다.

<1차 공모>

응모 기한 : 2025년 10월 10일 (금)까지

채택 발표 : 2025년 10월 29일 (수), 개별 통지

<2차 공모>

응모 기한 : 2025년 11월 21일 (금)까지

채택 발표 : 2025년 12월 10일 (수), 개별 통지

아름다운 샘 에서 장학금을 드립니다.

수학의 샘 시리즈를 통하여 얻어지는 저자 수익금 중 10%를 열심히 공부하고자 하나
형편이 어려운 학생들을 위하여 장학금으로 지급하고자 합니다.

접수방법	하나.	주위에 열심히 공부하고자 하나 형편이 어려운 학생(고1, 고2 대상)을 찾습니다.
	둘.	그 학생의 인적사항(성명, 학교, 전화번호)을 알아내어 학교 수학선생님께 달려가 추천서를 받습니다.
	셋.	우편 또는 메일을 통해 인적사항과 추천 사유를 적고 추천서를 첨부하여 아름다운샘으로 보냅니다.

접수처	주소	(05272) 서울시 강동구 상암로 257, 진승빌딩 3F
		수학의 샘 시리즈 담당자 앞
	e-mail	assam7878@hanmail.net

※ 소정의 심사를 거쳐 선정된 학생에게 장학금을 지급하고자 합니다.
※ 제출된 서류는 심사 후 폐기 처분합니다.